중학 수학
내신 대비
기출문제집

2-2 기말고사

PDF 정답과 풀이는 EBS 중학사이트(mid.ebs.co.kr)에서 다운로드 받으실 수 있습니다.

| 교 재 내 용 문 의 | 교재 내용 문의는 EBS 중학사이트 (mid.ebs.co.kr)의 교재 Q&A 서비스를 활용하시기 바랍니다. | 교 재 정오표 공 지 | 발행 이후 발견된 정오 사항을 EBS 중학사이트 정오표 코너에서 알려 드립니다. **교재학습자료 → 교재 → 교재 정오표** | 교 재 정 정 신 청 | 공지된 정오 내용 외에 발견된 정오 사항이 있다면 EBS 중학사이트를 통해 알려 주세요. **교재학습자료 → 교재 → 교재 선택 → 교재 Q&A** |

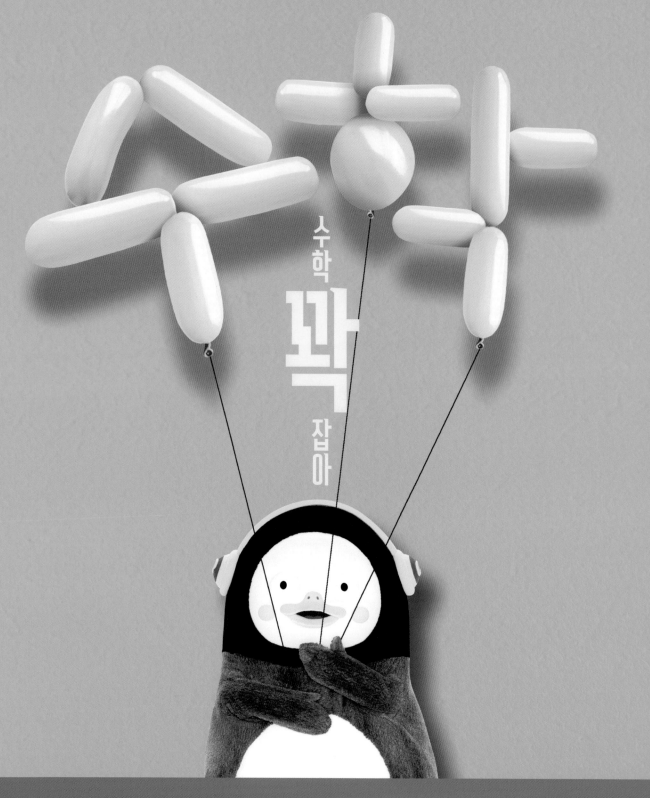

수학 꽉 잡아

중학 수학 완성

EBS 선생님 **무료강의 제공**

1 연산 ➤ **2** 기본 ➤ **3** 심화

1~3학년   1~3학년   1~3학년

중학 수학
내신 대비
기출문제집

2 - 2 기말고사

구성과 활용법

1

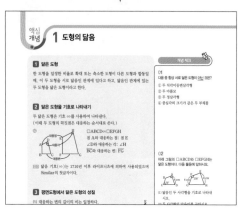

핵심 개념 + 개념 체크

체계적으로 정리된 교과서 개념을 통해 학습한 내용을 복습하고, 개념 체크 문제를 통해 자신의 실력을 점검할 수 있습니다.

2

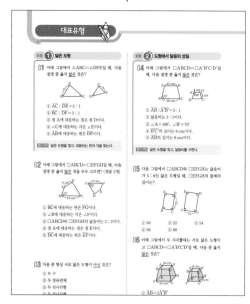

대표 유형 학습

중단원별 출제 빈도가 높은 대표 유형을 선별하여 유형별 유제와 함께 제시하였습니다.

대표 유형별 풀이 전략을 함께 파악하며 문제 해결 능력을 기를 수 있습니다.

8

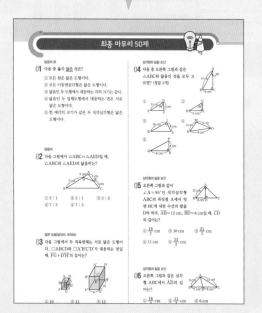

최종 마무리 50제

시험 직전, 최종 실력 점검을 위해 50문제를 선별했습니다. 유형별 문항으로 부족한 개념을 바로 확인하고 학교 시험 준비를 완벽하게 마무리할 수 있습니다.

7 · 부록

실전 모의고사(3회)

실제 학교 시험과 동일한 형식으로 구성한 3회분의 모의고사를 통해, 충분한 실전 연습으로 시험에 대비할 수 있습니다.

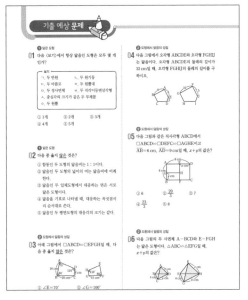

기출 예상 문제

학교 시험을 분석하여 기출 예상 문제를 구성하였습니다. 학교 선생님이 직접 출제하신 적중률 높은 문제들로 대표 유형을 복습할 수 있습니다.

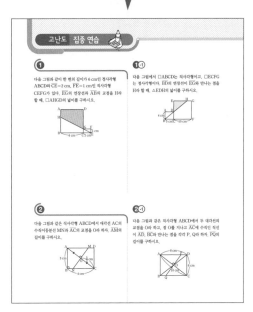

고난도 집중 연습

중단원별 틀리기 쉬운 유형을 선별하여 구성하였습니다. 쌍둥이 문제를 다시 한 번 풀어보며 고난도 문제에 대한 자신감을 키울 수 있습니다.

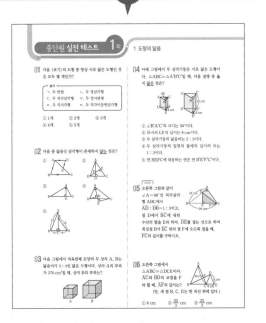

중단원 실전 테스트(2회)

고난도와 서술형 문제를 포함한 실전 형식 테스트를 2회 구성했습니다. 중단원 학습을 마무리하며 자신이 보완해야 할 부분을 파악할 수 있습니다.

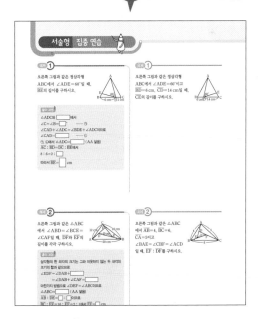

서술형 집중 연습

서술형으로 자주 출제되는 문제를 제시하였습니다. 예제의 빈칸을 채우며 풀이 과정을 서술하는 방법을 연습하고, 유제와 해설의 채점 기준표를 통해 서술형 문제에 완벽하게 대비할 수 있습니다.

이 책의 차례

2 - 2 중간

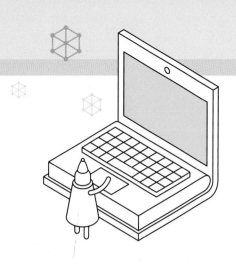

학습 계획표

매일 일정한 분량을 계획적으로 학습하고, 공부한 후 '학습한 날짜'를 기록하며 체크해 보세요.

	대표 유형 학습	기출 예상 문제	고난도 집중 연습	서술형 집중 연습	중단원 실전 테스트 1회	중단원 실전 테스트 2회
도형의 닮음	/	/	/	/	/	/
닮음의 활용	/	/	/	/	/	/
피타고라스 정리	/	/	/	/	/	/
경우의 수	/	/	/	/	/	/
확률	/	/	/	/	/	/

	실전 모의고사 1회	실전 모의고사 2회	실전 모의고사 3회	최종 마무리 50제
부록	/	/	/	/

V. 도형의 닮음과 피타고라스 정리

1

도형의 닮음

1 닮은 도형

한 도형을 일정한 비율로 확대 또는 축소한 도형이 다른 도형과 합동일 때, 이 두 도형을 서로 닮음인 관계에 있다고 하고, 닮음인 관계에 있는 두 도형을 닮은 도형이라고 한다.

2 닮은 도형을 기호로 나타내기

두 닮은 도형은 기호 ∽를 사용하여 나타낸다.
(이때 두 도형의 꼭짓점은 대응하는 순서대로 쓴다.)

예
□ABCD∽□EFGH
점 A와 대응하는 점: 점 E
∠D와 대응하는 각: ∠H
$\overline{BC}$와 대응하는 변: $\overline{FG}$

참고 닮음 기호(∽)는 1710년 이후 라이프니츠에 의하여 사용되었으며 Similar의 첫글자이다.

3 평면도형에서 닮은 도형의 성질

(1) 대응하는 변의 길이의 비는 일정하다.
$$\overline{AB} : \overline{EF} = \overline{BC} : \overline{FG} = \overline{AC} : \overline{EG}$$
(2) 대응하는 각의 크기는 각각 같다.
$$\angle A = \angle E, \ \angle B = \angle F, \ \angle C = \angle G$$
참고 닮은 두 도형에서 대응하는 변의 길이의 비를 닮음비라고 한다. 닮음비는 가장 간단한 자연수의 비로 나타낸다.

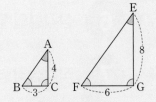
△ABC∽△EFG
(닮음비)=4 : 8=3 : 6
＝1 : 2

4 입체도형에서 닮은 도형의 성질

(1) 대응하는 모서리의 길이의 비는 일정하다.
$$\overline{AB} : \overline{A'B'} = \overline{CD} : \overline{C'D'}$$
$$= \overline{BC} : \overline{B'C'}$$
(2) 대응하는 면은 닮은 도형이다.
$$□ABCD∽□A'B'C'D'$$
참고 닮은 두 입체도형에서 대응하는 모서리의 길이의 비를 닮음비라고 한다.

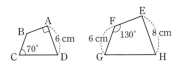
(닮음비)=6 : 8=3 : 4

개념 체크

01
다음 중 항상 서로 닮은 도형이 <u>아닌</u> 것은?
① 두 직각이등변삼각형
② 두 마름모
③ 두 정삼각형
④ 중심각의 크기가 같은 두 부채꼴

02
아래 그림의 □ABCD와 □EFGH는 닮은 도형이다. 다음 물음에 답하시오.

(1) 닮음인 두 사각형을 기호로 나타내시오.
(2) 두 사각형의 닮음비를 구하시오.
(3) $\overline{BC}$의 길이를 구하시오.

03
아래 그림의 두 삼각기둥은 서로 닮음이다. △ABC와 △A'B'C'가 서로 대응하는 면일 때, 다음을 구하시오.

(1) 두 삼각기둥의 닮음비
(2) $\overline{B'E'}$의 길이

V. 도형의 닮음과 피타고라스 정리

5 닮은 도형의 넓이의 비, 부피의 비

(1) 닮은 두 평면도형의 넓이의 비는 닮음비의 제곱과 같다.

닮음비가 $m : n$ ➡ 넓이의 비는 $m^2 : n^2$

(2) 닮은 두 입체도형의 부피의 비는 닮음비의 세제곱과 같다.

닮음비가 $m : n$ ➡ 부피의 비는 $m^3 : n^3$

예 오른쪽 그림과 같은 닮은 두 삼각뿔의

닮음비가 $4 : 6 = 2 : 3$이므로

두 삼각뿔의 겉넓이의 비는 $2^2 : 3^2 = 4 : 9$,

두 삼각뿔의 부피의 비는 $2^3 : 3^3 = 8 : 27$이다.

4 cm 6 cm

6 삼각형의 닮음 조건의 응용

두 삼각형은 다음 세 조건 중에서 어느 하나만 만족하면 닮은 도형이 된다.

(1) 세 쌍의 대응변의 길이의 비가 같다.

(SSS 닮음)

➡ $a : a' = b : b' = c : c'$

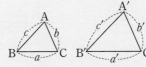

(2) 두 쌍의 대응변의 길이의 비가 같고, 그 끼인각의 크기가 같다. (SAS 닮음)

➡ $a : a' = c : c'$, $\angle B = \angle B'$

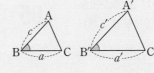

(3) 두 쌍의 대응각의 크기가 각각 같다.

(AA 닮음)

➡ $\angle B = \angle B'$, $\angle C = \angle C'$

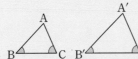

7 직각삼각형의 닮음

$\angle A = 90°$인 직각삼각형 ABC의 꼭짓점 A에서 빗변에 내린 수선의 발을 D라 할 때, $\triangle ABC \backsim \triangle DBA \backsim \triangle DAC$

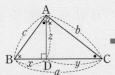 ➡ 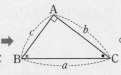 $\backsim$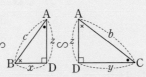

① $c^2 = ax$ ② $b^2 = ay$ ③ $z^2 = xy$

   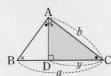   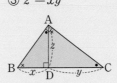

$\triangle ABC \backsim \triangle DBA$ $\triangle ABC \backsim \triangle DAC$ $\triangle ABD \backsim \triangle CAD$

참고 (삼각형의 넓이)$= \dfrac{1}{2} \times$(밑변)$\times$(높이)이므로 $\dfrac{1}{2}az = \dfrac{1}{2}bc$

따라서 $az = bc$

개념 체크

04

아래 그림의 두 원기둥 A, B는 닮은 도형이고, 밑면의 반지름의 길이는 각각 2 cm, 4 cm이다. 다음을 구하시오.

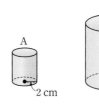
2 cm 4 cm

(1) 두 원기둥 A, B의 겉넓이의 비
(2) 두 원기둥 A, B의 부피의 비

05

다음 그림에서 서로 닮음인 삼각형을 찾아 기호로 나타내고, 닮음 조건을 구하시오.

06

다음 그림에서 서로 닮음인 삼각형을 찾아 기호로 나타내시오.

(1)

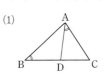

(2)

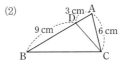

07

다음 그림에서 x의 값을 구하시오.

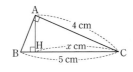

유형 ❶ 닮은 도형

01 아래 그림에서 △ABC∽△DFE일 때, 다음 설명 중 옳지 <u>않은</u> 것은?

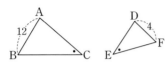

① $\overline{AC} : \overline{DE} = 3 : 1$

② $\overline{BC} : \overline{DF} = 3 : 1$

③ 점 A에 대응하는 점은 점 D이다.

④ ∠C에 대응하는 각은 ∠E이다.

⑤ $\overline{AB}$에 대응하는 변은 $\overline{DF}$이다.

풀이 전략 닮은 도형을 찾고, 대응하는 변과 각을 찾는다.

02 아래 그림에서 □ABCD∽□EFGH일 때, 다음 설명 중 옳지 <u>않은</u> 것을 모두 고르면? (정답 2개)

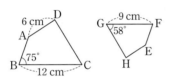

① $\overline{BC}$에 대응하는 변은 $\overline{FG}$이다.

② ∠B에 대응하는 각은 ∠F이다.

③ □ABCD와 □EFGH의 닮음비는 3 : 2이다.

④ 점 A에 대응하는 점은 점 E이다.

⑤ $\overline{DC}$에 대응하는 변은 $\overline{EF}$이다.

03 다음 중 항상 서로 닮은 도형이 <u>아닌</u> 것은?

① 두 구

② 두 정육면체

③ 두 직사각형

④ 두 정사각형

⑤ 두 직각이등변삼각형

유형 ❷ 도형에서 닮음의 성질

04 아래 그림에서 □ABCD∽□A′B′C′D′일 때, 다음 설명 중 옳지 <u>않은</u> 것은?

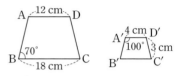

① $\overline{AB} : \overline{A'B'} = 3 : 1$

② 닮음비는 3 : 1이다.

③ ∠A = 100°, ∠B′ = 70°

④ $\overline{B'C'}$의 길이는 6 cm이다.

⑤ $\overline{AB}$의 길이는 9 cm이다.

풀이 전략 닮은 도형을 찾고, 닮음비를 구한다.

05 다음 그림에서 □ABCD와 □EFGH는 닮음비가 5 : 6인 닮은 도형일 때, □EFGH의 둘레의 길이는?

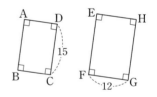

① 50   ② 52   ③ 54

④ 56   ⑤ 60

06 아래 그림에서 두 사각뿔대는 서로 닮은 도형이고 □ABCD∽□A′B′C′D′일 때, 다음 중 옳지 <u>않은</u> 것은?

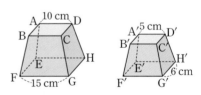

① $\overline{AB} = 2\overline{A'B'}$

② $\overline{HG} = 12$ cm

③ ∠ABC = ∠A′B′C′

④ $\overline{BC} : \overline{B'C'} = 1 : 2$

⑤ □BFGC∽□B′F′G′C′

유형 ③ 닮은 도형의 넓이의 비, 부피의 비

07 아래 그림에서 두 삼각뿔은 닮음비가 2 : 3인 닮은 도형일 때, 다음을 구하시오.

(1) 작은 삼각뿔의 밑면의 넓이가 16 cm²일 때, 큰 삼각뿔의 밑면의 넓이

(2) 큰 삼각뿔의 부피가 540 cm³일 때, 작은 삼각뿔의 부피

풀이 전략 닮음비와 넓이의 비, 부피의 비 사이의 관계를 이용한다.

08 오른쪽 그림과 같은 △ABC에서 세 점 D, E, F는 각각 $\overline{AB}$, $\overline{BC}$, $\overline{CA}$의 중점이다. △ABC의 넓이가 128 cm²일 때, △DEF의 넓이는?

① 32 cm² ② 34 cm² ③ 36 cm²
④ 38 cm² ⑤ 40 cm²

09 오른쪽 그림과 같은 원뿔 모양의 그릇에 전체 높이의 $\frac{2}{3}$까지 물을 넣었다. 그릇 전체의 부피가 108 cm³일 때, 물의 부피는?

① 32 cm³ ② 34 cm³ ③ 36 cm³
④ 38 cm³ ⑤ 40 cm³

유형 ④ 삼각형의 닮음 조건

10 다음 중 닮은 두 삼각형을 고르면?

①   ②

③   ④

⑤

풀이 전략 대응하는 변과 대응하는 각을 찾아 닮은 삼각형을 기호로 나타낸다.

11 아래 그림에서 △ABC와 △DEF가 닮은 도형이 되려면 다음 중 어느 조건을 추가해야 하는가?

① $\overline{AC}$=8 cm, $\overline{DF}$=4 cm
② $\overline{AB}$=14 cm, $\overline{DE}$=7 cm
③ ∠B=70°, ∠D=85°
④ ∠A=60°, ∠F=65°
⑤ $\overline{AB}$=16 cm, $\overline{DF}$=8 cm

12 오른쪽 그림과 같은 △ABC에서 □AFED가 평행사변형일 때, 닮음인 삼각형을 찾아 기호로 나타내고 닮음 조건을 구하시오.

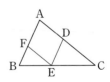

유형 **5** 삼각형의 닮음의 응용

13 아래 그림을 보고, 다음 물음에 답하시오.

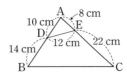

(1) 닮음인 삼각형을 찾아 기호로 나타내고, 닮음 조건을 구하시오.
(2) 닮음비를 구하시오.
(3) $\overline{BC}$의 길이를 구하시오.

풀이 전략 닮은 도형을 찾고, 닮음비를 이용하여 길이를 구한다.

14 다음 그림에서 $\angle ABC = \angle CBD$일 때, $\triangle ABC \circ \boxed{\text{㉠}}$ (이)고 $\overline{AC}$의 길이는 $\boxed{\text{㉡}}$ cm이다. ㉠, ㉡에 알맞은 것을 구하시오.

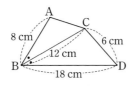

15 아래 그림을 보고, 다음 물음에 답하시오.

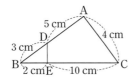

(1) 닮음인 삼각형을 찾아 기호로 나타내고, 닮음 조건을 구하시오.
(2) 닮음비를 구하시오.
(3) $\overline{DE}$의 길이를 구하시오.

유형 **6** 삼각형의 닮음을 이용한 변의 길이 구하기

16 오른쪽 그림과 같은 평행사변형 ABCD에서 꼭짓점 D를 지나는 직선이 $\overline{AB}$의 연장선과 만나는 점을 F, $\overline{BC}$와 만나는 점을 E라 하자. $\overline{CE}$의 길이는?

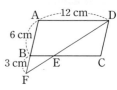

① 5 cm   ② 6 cm   ③ 7 cm
④ 8 cm   ⑤ 9 cm

풀이 전략 닮은 도형의 닮음비를 이용하여 길이를 구한다.

17 오른쪽 그림과 같은 평행사변형 ABCD에서 점 M은 $\overline{AD}$의 중점이고, 점 E는 $\overline{BD}$와 $\overline{CM}$의 교점이다. $\overline{BD} = 30$ cm일 때, $\overline{DE}$의 길이는?

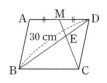

① 6 cm   ② 7 cm   ③ 8 cm
④ 9 cm   ⑤ 10 cm

18 오른쪽 그림에서 □ABCD는 $\overline{AD} /\!/ \overline{BC}$인 사다리꼴이고, 점 O는 $\overline{AC}$와 $\overline{BD}$의 교점이다. $\overline{AO} = 3$, $\overline{BC} = 8$, $\overline{BD} = 6$, $\overline{CO} = 6$일 때, $\triangle AOD$의 둘레의 길이는?

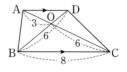

① 6   ② 7   ③ 8
④ 9   ⑤ 10

유형 **7** **직각삼각형의 닮음**

19 오른쪽 그림과 같이 ∠B=90°인 직각삼각형 ABC에서 $\overline{AE}=\overline{CE}$이고, $\overline{DE}⊥\overline{AC}$이다. $\overline{AB}=8$, $\overline{AC}=10$일 때, $\overline{AD}$의 길이를 구하시오.

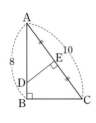

풀이 전략 직각삼각형의 닮음 조건을 이용하여 길이를 구한다.

20 오른쪽 그림에서 $\overline{AB}⊥\overline{ED}$, $\overline{AC}⊥\overline{BE}$일 때, $\overline{EF}$의 길이는?

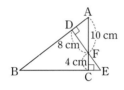

① 7 cm ② $\dfrac{13}{2}$ cm

③ 6 cm ④ $\dfrac{11}{2}$ cm

⑤ 5 cm

21 아래 그림의 평행사변형 ABCD에서 ∠AEB=∠AFD=90°이다. $\overline{AB}=10$ cm, $\overline{AD}=15$ cm, $\overline{AE}=8$ cm일 때, 다음 물음에 답하시오.

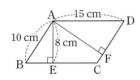

(1) △ABE와 닮음인 도형을 찾아 기호로 나타내고, 닮음 조건을 구하시오.
(2) $\overline{AF}$의 길이를 구하시오.

유형 **8** **직각삼각형의 닮음의 응용**

22 오른쪽 그림과 같이 ∠A=90°인 직각삼각형 ABC에서 $\overline{AD}⊥\overline{BC}$일 때, $\overline{BD}$의 길이는?

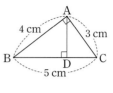

① 3 cm ② $\dfrac{25}{8}$ cm ③ $\dfrac{22}{7}$ cm

④ $\dfrac{19}{6}$ cm ⑤ $\dfrac{16}{5}$ cm

풀이 전략 닮은 직각삼각형을 찾고, 닮음비를 이용하여 길이를 구한다.

23 오른쪽 그림과 같은 △ABC에서 ∠ACB=∠ADC=90°일 때, 다음 중 옳지 않은 것은?

① △ABC∽△CBD
② $\overline{AC}^2=\overline{AD}\times\overline{AB}$
③ $\overline{CD}^2=\overline{AD}\times\overline{DB}$
④ $\overline{BC}^2=\overline{BD}\times\overline{AB}$
⑤ ∠B=∠CAD

24 오른쪽 그림과 같이 ∠A=90°인 직각삼각형 ABC에서 $\overline{AD}⊥\overline{BC}$이고 $\overline{AD}=6$ cm, $\overline{CD}=12$ cm일 때, x의 값은?

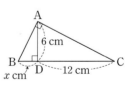

① 3 ② $\dfrac{10}{3}$ ③ 4

④ $\dfrac{17}{4}$ ⑤ 5

❶ 닮은 도형

01 다음 〈보기〉에서 항상 닮음인 도형은 모두 몇 개인가?

─ 보기 ─
ㄱ. 두 반원　　　　ㄴ. 두 원기둥
ㄷ. 두 마름모　　　ㄹ. 두 원뿔대
ㅁ. 두 정사면체　　ㅂ. 두 직각이등변삼각형
ㅅ. 중심각의 크기가 같은 두 부채꼴
ㅇ. 두 원뿔

① 1개　　　　② 2개　　　　③ 3개
④ 4개　　　　⑤ 5개

❶ 닮은 도형

02 다음 중 옳지 <u>않은</u> 것은?

① 합동인 두 도형의 닮음비는 1 : 1이다.
② 닮음인 두 도형의 넓이의 비는 닮음비에 비례한다.
③ 닮음인 두 입체도형에서 대응하는 면은 서로 닮은 도형이다.
④ 닮음을 기호로 나타낼 때, 대응하는 꼭짓점끼리 순서대로 쓴다.
⑤ 닮음인 두 평면도형의 대응각의 크기는 같다.

❷ 도형에서 닮음의 성질

03 아래 그림에서 □ABCD∽□EFGH일 때, 다음 중 옳지 <u>않은</u> 것은?

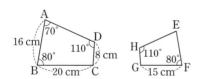

① ∠E=70°　　　　② ∠G=100°
③ $\overline{EF}$=12 cm　　④ $\overline{HG}$=8 cm
⑤ $\overline{DC}$: $\overline{HG}$=4 : 3

❷ 도형에서 닮음의 성질

04 다음 그림에서 오각형 ABCDE와 오각형 FGHIJ는 닮음이다. 오각형 ABCDE의 둘레의 길이가 32 cm일 때, 오각형 FGHIJ의 둘레의 길이를 구하시오.

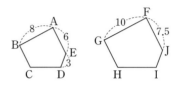

❷ 도형에서 닮음의 성질

05 다음 그림과 같은 직사각형 ABCD에서 □ABCD∽□DEFC∽□AGHE이고 $\overline{AB}$=6 cm, $\overline{AD}$=9 cm일 때, $x+y$의 값은?

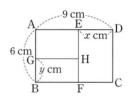

① 6　　　　② $\dfrac{20}{3}$　　　　③ 7
④ $\dfrac{23}{3}$　　⑤ 8

❷ 도형에서 닮음의 성질

06 다음 그림의 두 사면체 A−BCD와 E−FGH는 닮은 도형이다. △ABC∽△EFG일 때, $x+y$의 값은?

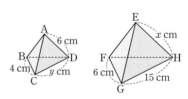

① 16　　　　② 19　　　　③ 22
④ 25　　　　⑤ 28

3 닮은 도형의 넓이의 비, 부피의 비

07 오른쪽 그림과 같은 직사 각형 ABCD에서 $\overline{BC}=12$ cm, $\overline{ED}=9$ cm이다. $\overline{BD}$와 $\overline{CE}$의 교점을 O라 하면 △EOD의 넓이가 18 cm²일 때, 삼각형 BOC의 넓이는?

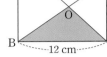

① 32 cm²　　② 34 cm²　　③ 36 cm²

④ 38 cm²　　⑤ 40 cm²

3 닮은 도형의 넓이의 비, 부피의 비

08 오른쪽 그림과 같이 원뿔을 밑면에 평행한 평면으로 잘 라서 생기는 작은 원뿔의 밑 면의 넓이가 36 cm²일 때, 처 음 큰 원뿔의 밑면의 넓이는?

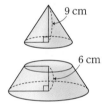

① 70 cm²　　② 80 cm²　　③ 90 cm²

④ 100 cm²　　⑤ 110 cm²

3 닮은 도형의 넓이의 비, 부피의 비

09 다음 그림과 같이 지름의 길이가 5 cm인 구 모 양의 쇠구슬 1개를 녹여 지름의 길이가 1 cm인 구 모양의 쇠구슬을 만들 때, 최대 몇 개까지 만 들 수 있는가?

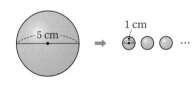

① 85개　　② 95개　　③ 105개

④ 115개　　⑤ 125개

4 삼각형의 닮음 조건

10 다음 삼각형에서 닮은 도형을 있는 대로 찾아 기 호로 나타내고, 닮음 조건을 구하시오.

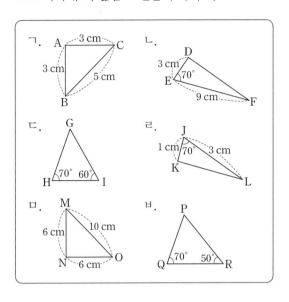

4 삼각형의 닮음 조건

11 다음 그림에서 닮은 삼각형을 찾아 각각 기호로 나타내고, 닮음 조건과 닮음비를 구하시오.

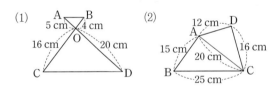

4 삼각형의 닮음 조건

12 아래 그림에 대한 다음 설명 중 옳지 <u>않은</u> 것은?

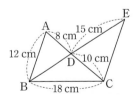

① △ABC와 △ADB의 닮음비는 3 : 2이다.

② $\overline{BD}$의 길이는 12 cm이다.

③ △ABC와 △DCB는 닮은 도형이다.

④ △ADB와 △CDE는 닮은 도형이다.

⑤ △ADB와 △CDE의 닮음비는 4 : 5이다.

5 삼각형의 닮음의 응용

13 오른쪽 그림과 같은 △ABC에서 $\overline{DE}$의 길이는?

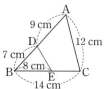

① 4.5 cm   ② 5 cm

③ 5.5 cm   ④ 6 cm

⑤ 6.5 cm

5 삼각형의 닮음의 응용

14 오른쪽 그림과 같은 △ABC에서 $\overline{AD}$의 길이는?

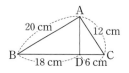

① 10 cm   ② 9.5 cm   ③ 9 cm

④ 8.5 cm   ⑤ 8 cm

5 삼각형의 닮음의 응용

15 오른쪽 그림과 같은 △ABC에서 ∠A＝∠DEC일 때, $\overline{BE}$의 길이는?

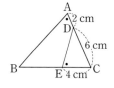

① 7 cm   ② 8 cm   ③ 9 cm

④ 10 cm   ⑤ 11 cm

6 삼각형의 닮음을 이용한 변의 길이 구하기

16 오른쪽 그림과 같은 평행사변형 ABCF에서 $\overline{AB}/\!/\overline{DE}$, $\overline{AD}/\!/\overline{BC}$일 때, $\overline{AE}$의 길이는?

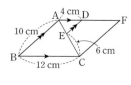

① 3 cm   ② $\dfrac{14}{5}$ cm   ③ $\dfrac{11}{4}$ cm

④ $\dfrac{8}{3}$ cm   ⑤ 2 cm

6 삼각형의 닮음을 이용한 변의 길이 구하기

17 오른쪽 그림과 같은 마름모 ABCD에서 점 O는 두 대각선의 교점이다. $\overline{BE}=\overline{BF}=6$ cm, $\overline{DO}=8$ cm일 때, 다음 중 옳지 않은 것은?

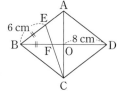

① ∠FBE＝∠FDC

② △CDF∽△EBF

③ $\overline{OF}=2$ cm

④ $\overline{CD}=12$ cm

⑤ □ABCD의 둘레의 길이는 40 cm이다.

6 삼각형의 닮음을 이용한 변의 길이 구하기

18 오른쪽 그림에서 △ABC∽△DCE이고 $\overline{BC}=8$ cm, $\overline{CE}=4$ cm, $\overline{DE}=6$ cm일 때, $\overline{AF}$의 길이를 구하시오.

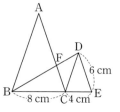

(단, 세 점 B, C, E는 한 직선 위에 있다.)

⑦ 직각삼각형의 닮음

19 오른쪽 그림과 같이 정사각형 모양의 종이 ABCD를 $\overline{EF}$를 접는 선으로 하여 꼭짓점 A가 $\overline{BC}$ 위의 점 G에 오도록 접을 때, $\overline{IH}$의 길이를 구하시오.

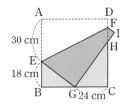

⑦ 직각삼각형의 닮음

20 오른쪽 그림과 같은 △ABC에서 $\overline{AC} \perp \overline{BE}$, $\overline{AD} \perp \overline{BC}$일 때, $\overline{AE}$의 길이는?

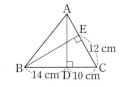

① 4 cm ② 5 cm ③ 6 cm

④ 7 cm ⑤ 8 cm

⑦ 직각삼각형의 닮음

21 오른쪽 그림과 같이 △ABC의 두 꼭짓점 A, B에서 $\overline{BC}$, $\overline{AC}$에 내린 수선의 발을 각각 D, E라 하자. ∠EAF＝∠FBD일 때, 다음 중 옳지 <u>않은</u> 것은?

① △ABE∽△BAD

② △ADC∽△AEF

③ △ADC∽△BEC

④ △AEF∽△BDF

⑤ △BDF∽△BEC

⑧ 직각삼각형의 닮음의 응용

22 오른쪽 그림과 같은 직사각형 ABCD에서 $\overline{AH} \perp \overline{BD}$이고, $\overline{AD}＝10$ cm, $\overline{DH}＝8$ cm이다. $\overline{AH}＝x$ cm, $\overline{BH}＝y$ cm라 할 때, xy의 값은?

① 21 ② 24 ③ 27

④ 30 ⑤ 32

⑧ 직각삼각형의 닮음의 응용

23 다음 그림과 같이 ∠B＝90°인 직각삼각형 ABC에서 $\overline{AC} \perp \overline{BH}$일 때, x의 값이 가장 큰 것은?

①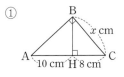

②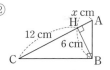

③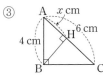

④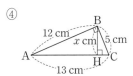

⑤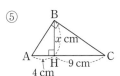

⑧ 직각삼각형의 닮음의 응용

24 오른쪽 그림과 같이 직사각형 ABCD를 $\overline{BE}$를 접는 선으로 하여 꼭짓점 C가 $\overline{AD}$ 위의 점 C′에 오도록 접을 때, $\overline{CE}$의 길이는?

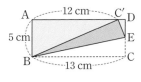

① $\dfrac{11}{5}$ cm ② $\dfrac{12}{5}$ cm ③ $\dfrac{13}{5}$ cm

④ $\dfrac{14}{5}$ cm ⑤ 3 cm

1

다음 그림과 같이 한 변의 길이가 6 cm인 정사각형 ABCD와 $\overline{CE}=2$ cm, $\overline{FE}=1$ cm인 직사각형 CEFG가 있다. $\overline{EG}$의 연장선과 $\overline{AB}$의 교점을 H라 할 때, □AHGD의 넓이를 구하시오.

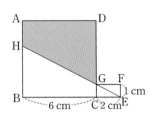

1-1

다음 그림에서 □ABCD는 직사각형이고, □ECFG 는 정사각형이다. $\overline{BD}$의 연장선이 $\overline{EG}$와 만나는 점을 H라 할 때, △EDH의 넓이를 구하시오.

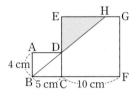

2

다음 그림과 같은 직사각형 ABCD에서 대각선 AC의 수직이등분선 MN과 $\overline{AC}$의 교점을 O라 하자. $\overline{AM}$의 길이를 구하시오.

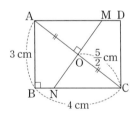

2-1

다음 그림과 같은 직사각형 ABCD에서 두 대각선의 교점을 O라 하고, 점 O를 지나고 $\overline{AC}$에 수직인 직선 이 $\overline{AD}$, $\overline{BC}$와 만나는 점을 각각 P, Q라 하자. $\overline{PQ}$의 길이를 구하시오.

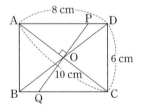

③

다음 그림은 직사각형 ABCD를 대각선 BD를 접는 선으로 하여 접은 것이다. $\overline{AD}$와 $\overline{BC'}$의 교점 E에서 $\overline{BD}$에 내린 수선의 발을 F라 할 때, $\overline{EF}+\overline{EB}$의 길이를 구하시오.

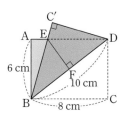

③-1

다음 그림은 직사각형 ABCD를 대각선 BD를 접는 선으로 하여 접은 것이다. $\overline{AD}$와 $\overline{BC'}$의 교점 E에서 $\overline{BD}$에 내린 수선의 발을 F라 할 때, $\overline{EF}$의 길이를 구하시오.

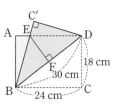

④

다음 그림과 같이 ∠A=90°인 직각삼각형 ABC에서 $\overline{BM}=\overline{CM}$이고, $\overline{AD}\perp\overline{BC}$, $\overline{AM}\perp\overline{DH}$이다. $\overline{BD}=16$ cm, $\overline{CD}=4$ cm일 때, $\overline{HM}$의 길이를 구하시오.

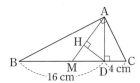

④-1

다음 그림과 같이 ∠A=90°인 직각삼각형 ABC에서 $\overline{BM}=\overline{CM}$이고, $\overline{AG}\perp\overline{BC}$, $\overline{AM}\perp\overline{GH}$이다. $\overline{BG}=18$ cm, $\overline{CG}=2$ cm일 때, △HMG의 둘레의 길이를 구하시오.

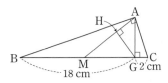

예제 1

오른쪽 그림과 같은 정삼각형 ABC에서 ∠ADE=60°일 때, $\overline{BE}$의 길이를 구하시오.

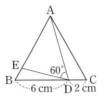

풀이 과정

△ADC와 □에서

∠C=∠B=□° ······ ㉠

∠CAD+∠ADC=∠BDE+∠ADC이므로

∠CAD=□ ······ ㉡

㉠, ㉡에서 △ADC∽□ (AA 닮음)

$\overline{AC}$: $\overline{BD}$=$\overline{DC}$: $\overline{BE}$에서

8 : 6=2 : □

따라서 $\overline{BE}$=□ cm

유제 1

오른쪽 그림과 같은 정삼각형 ABC에서 ∠ADE=60°이고 $\overline{BD}$=6 cm, $\overline{CD}$=14 cm일 때, $\overline{CE}$의 길이를 구하시오.

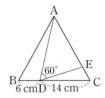

예제 2

오른쪽 그림과 같은 △ABC에서 ∠ABD=∠BCE=∠CAF일 때, $\overline{DF}$와 $\overline{EF}$의 길이를 각각 구하시오.

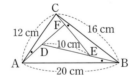

풀이 과정

삼각형의 한 외각의 크기는 그와 이웃하지 않는 두 내각의 크기의 합과 같으므로

∠EDF=∠DAB+□

　　　=∠DAB+∠CAF=□

마찬가지 방법으로 ∠DEF=∠ABC이므로

△ABC∽□ (AA 닮음)

$\overline{AB}$: $\overline{DE}$=□ : □이므로

$\overline{BC}$: $\overline{EF}$=16 : $\overline{EF}$=2 : 1에서 $\overline{EF}$=□ cm

$\overline{AC}$: $\overline{DF}$=12 : $\overline{DF}$=2 : 1에서 $\overline{DF}$=□ cm

유제 2

오른쪽 그림과 같은 △ABC에서 $\overline{AB}$=4, $\overline{BC}$=6, $\overline{CA}$=5이고 ∠BAE=∠CBF=∠ACD 일 때, $\overline{EF}$: $\overline{DF}$를 구하시오.

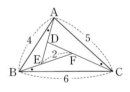

예제 3

오른쪽 그림과 같이 △ABC의 두 꼭짓점 A, B 에서 $\overline{BC}$, $\overline{AC}$에 내린 수선의 발을 각각 D, E라 하자. $\overline{AC}=12$ cm, $\overline{BC}=20$ cm, $\overline{BD}=17$ cm일 때, $\overline{CE}$의 길이를 구하시오.

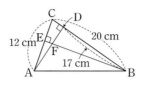

풀이 과정

△ADC와 △BEC에서

∠ADC=∠BEC=90°,

∠C는 공통인 각

이므로 △ADC∽□□□□ (AA 닮음)

$\overline{AC} : \overline{BC}=$□:□에서

$12 : 20=$□:□

따라서 $\overline{CE}=$□ cm

유제 3

오른쪽 그림과 같이 $\overline{AB}=18$ cm, $\overline{AD}=8$ cm, $\overline{CD}=4$ cm인 삼각형 ABC에서 $\overline{AB}\perp\overline{CE}$, $\overline{AC}\perp\overline{BD}$일 때, $\overline{AE}$의 길이를 구하시오.

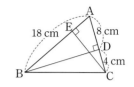

예제 4

오른쪽 그림과 같이 ∠C=90°인 직각삼각형 ABC에서 $\overline{AB}\perp\overline{CH}$일 때, x, y의 값을 각각 구하시오.

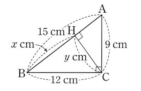

풀이 과정

△ABC∽△CBH (AA 닮음)이므로

$\overline{AB} : $□$=\overline{BC} : $□에서 $\overline{BC}^2=\overline{BA}\times$□

$12^2=$□$\times x, x=$□

$\overline{AB}: $□$=\overline{AC} : $□에서

$15 : 12=9 : $□$, y=$□

[다른 풀이] △ABC의 넓이는

$\frac{1}{2}\times\overline{BC}\times\overline{AC}=\frac{1}{2}\times\overline{AB}\times$□이므로

$\overline{BC}\times\overline{AC}=\overline{AB}\times$□$, 12\times9=15\times$□$, y=$□

유제 4

오른쪽 그림과 같이 ∠C=90°인 직각삼각형 ABC에서 $\overline{AB}\perp\overline{CD}$일 때, △ABC의 넓이를 구하시오.

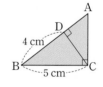

01 다음 〈보기〉의 도형 중 항상 서로 닮은 도형인 것은 모두 몇 개인가?

> ● 보기 ●
> ㄱ. 두 반원   ㄴ. 두 정삼각형
> ㄷ. 두 직각삼각형   ㄹ. 두 정사면체
> ㅁ. 두 직사각형   ㅂ. 두 직각이등변삼각형

① 1개   ② 2개   ③ 3개
④ 4개   ⑤ 5개

02 다음 중 닮음인 삼각형이 존재하지 <u>않는</u> 것은?

① 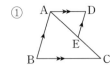   ②

③ 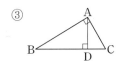   ④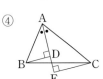

⑤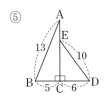

03 다음 그림에서 직육면체 모양의 두 상자 A, B는 닮음비가 3 : 4인 닮은 도형이다. 상자 A의 부피가 270 cm³일 때, 상자 B의 부피는?

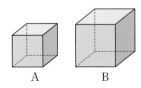

① 450 cm³   ② 540 cm³   ③ 640 cm³
④ 690 cm³   ⑤ 720 cm³

04 아래 그림에서 두 삼각기둥은 서로 닮은 도형이다. △ABC∽△A′B′C′일 때, 다음 설명 중 옳지 <u>않은</u> 것은?

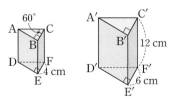

① ∠B′A′C′의 크기는 30°이다.
② 모서리 CF의 길이는 8 cm이다.
③ 두 삼각기둥의 닮음비는 2 : 3이다.
④ 두 삼각기둥의 밑면의 둘레의 길이의 비는 1 : 2이다.
⑤ 면 BEFC에 대응하는 면은 면 B′E′F′C′이다.

고난도

05 오른쪽 그림과 같이 ∠A=90°인 직각삼각형 ABC에서 $\overline{AD} : \overline{DB}=1 : 3$이고, 점 D에서 $\overline{BC}$에 내린 수선의 발을 E라 하자. $\overline{DE}$를 접는 선으로 하여 꼭짓점 B가 $\overline{EC}$ 위의 점 F에 오도록 접을 때, $\overline{FC}$의 길이를 구하시오.

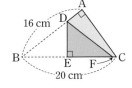

06 오른쪽 그림에서 △ABC∽△DCE이다. $\overline{AC}$와 $\overline{BD}$의 교점을 F라 할 때, $\overline{AF}$의 길이는? (단, 세 점 B, C, E는 한 직선 위에 있다.)

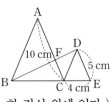

① 8 cm   ② $\dfrac{23}{3}$ cm   ③ $\dfrac{22}{3}$ cm
④ 7 cm   ⑤ $\dfrac{20}{3}$ cm

07 아래 그림을 보고, 다음 중 옳지 <u>않은</u> 것을 모두 고르면? (정답 2개)

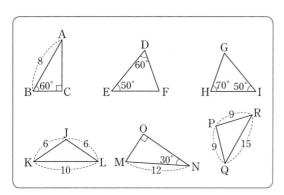

① △ABC∽△NMO ② △FDE∽△ABC
③ △DEF∽△GIH ④ △GIH∽△NOM
⑤ △JKL∽△PQR

08 오른쪽 그림의 △ABC에서 $\overline{AC}=9\,cm$, $\overline{AD}=5\,cm$, $\overline{BC}=6\,cm$, $\overline{BD}=4\,cm$일 때, $\overline{CD}$의 길이는?

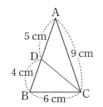

① 5 cm   ② 5.5 cm
③ 6 cm   ④ 6.5 cm
⑤ 7 cm

09 오른쪽 그림과 같이 ∠B=90°인 직각삼각형 ABC에서 $\overline{AC}\perp\overline{ED}$이다. $\overline{BE}=3\,cm$,

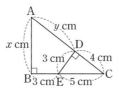

$\overline{CD}=4\,cm$, $\overline{CE}=5\,cm$, $\overline{DE}=3\,cm$일 때, $x+y$의 값은?

① 11.5   ② 12   ③ 12.5
④ 13   ⑤ 13.5

10 오른쪽 그림과 같이 △ABC의 두 꼭짓점 A, B에서 $\overline{BC}$, $\overline{AC}$에 내린 수선의 발을 각각 D, E라 하자. $\overline{AC}=8\,cm$, $\overline{BD}=2\,cm$, $\overline{DC}=4\,cm$일 때, $\overline{AE}$의 길이는?

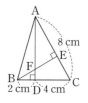

① 4 cm   ② $\dfrac{13}{3}$ cm   ③ $\dfrac{14}{3}$ cm

④ 5 cm   ⑤ $\dfrac{16}{3}$ cm

11 오른쪽 그림과 같이 정삼각형 ABC에서 $\overline{EF}$를 접는 선으로 하여 꼭짓점 C가 $\overline{AB}$ 위의 점 D에 오도록 접었다. $\overline{AD}=5\,cm$, $\overline{AF}=8\,cm$, $\overline{DF}=7\,cm$일 때, $\overline{DE}$의 길이를 구하시오.

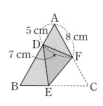

고난도

12 오른쪽 그림과 같은 정삼각형 ABC에서 $\overline{BD}:\overline{DC}=4:1$이 되도록 $\overline{BC}$ 위에 점 D를 잡고, $\overline{AD}$를 한 변으로 하는 정삼각형 ADE를 만들었다. $\overline{AB}$와 $\overline{ED}$의 교점을 F라 할 때, $\overline{BF}$의 길이는 $\overline{AC}$의 길이의 몇 배인가?

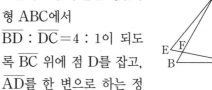

① $\dfrac{1}{9}$배   ② $\dfrac{1}{6}$배   ③ $\dfrac{3}{16}$배

④ $\dfrac{4}{25}$배   ⑤ $\dfrac{1}{3}$배

서술형

13 다음 그림에서 $\overline{AB} \perp \overline{DE}$, $\overline{AC} \perp \overline{BE}$이다. $\overline{BC}=4$ cm, $\overline{CE}=6$ cm, $\overline{CF}=3$ cm일 때, $\overline{AF}$의 길이를 구하시오.

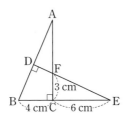

14 오른쪽 그림과 같이 직선 $-4x+3y=24$가 y축, x축과 만나는 점을 각각 A, B라 하고, 원점 O에서 이 직선에 내린 수선의 발을 H라 하자. $\overline{AB}=10$일 때, $\overline{BH}$의 길이를 구하시오.

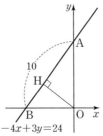

15 오른쪽 그림과 같이 직 사각형 ABCD를 선분 EC를 접는 선으로 하 여 꼭짓점 B가 변 AD 위의 점 F에 오도록 접 었다. $\overline{AE}=3$ cm, $\overline{AF}=4$ cm, $\overline{CD}=8$ cm일 때, $\overline{BC}$의 길이를 구하시오.

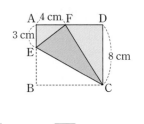

고난도

16 오른쪽 그림과 같이 $\angle C=90°$인 직각삼각 형 ABC 안에 정사각 형 DECF가 있다. 정 사각형 DECF의 꼭짓점 D가 변 AB 위에 있을 때, □DECF의 넓이를 구하시오.

01 아래 그림에서 □ABCD∽□EFGH일 때, 다음 중 옳지 <u>않은</u> 것은?

① $\overline{EF}$=22.5 cm ② $\overline{AD}$=14 cm

③ ∠A=60° ④ ∠F=80°

⑤ 닮음비는 2 : 3이다.

02 다음 그림에서 두 직육면체는 서로 닮은 도형이다. □ABCD∽□IJKL일 때, $x+y$의 값은?

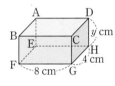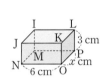

① 5 ② 6 ③ 7

④ 8 ⑤ 9

03 오른쪽 그림과 같은 △ABC에서 $\overline{AB}$의 삼등분점을 각각 D, E라 하고, $\overline{AC}$의 삼등분점을 각각 F, G라 하자. △ABC의 넓이가 135 cm² 일 때, □EBCG의 넓이는?

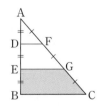

① 72 cm² ② 73 cm² ③ 75 cm²

④ 78 cm² ⑤ 80 cm²

04 오른쪽 그림은 밑면의 반지름의 길이가 8 cm인 원뿔을 밑면에 평행한 평면으로 자른 원뿔대이다. 잘라낸 원뿔에 일정한 속도로 물을 넣어 가득 채우는 데 걸린 시간은 5초이다. 이 원뿔대에 같은 속도로 물을 넣을 때, 가득 채우는 데 걸리는 시간을 구하시오.

05 오른쪽 그림은 정삼각형 ABC의 꼭짓점 A가 선분 BC 위의 점 E에 오도록 접은 것이다.
$\overline{AF}$=35 cm, $\overline{BE}$=20 cm, $\overline{CF}$=25 cm일 때, $\overline{DE}$의 길이는?

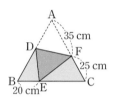

① 24 cm ② 25 cm ③ 26 cm

④ 27 cm ⑤ 28 cm

06 다음 그림에서 ∠ADE=∠ACB이고, $\overline{BC}$∥$\overline{DF}$이다. $\overline{AE}$=1, $\overline{EF}$=3, $\overline{FC}$=8일 때, $x+y$의 값을 구하시오.

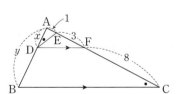

07 오른쪽 그림과 같은 평행사변형 ABCD에서 $\overline{AB}$의 연장선과 $\overline{DE}$의 연장선이 만나는 점을 F라 할 때, $\overline{AG}$의 길이는?

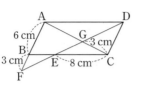

① $\dfrac{7}{2}$ cm ② 4 cm ③ $\dfrac{9}{2}$ cm

④ 5 cm ⑤ $\dfrac{11}{2}$ cm

08 오른쪽 그림과 같은 △ABC에서 $\overline{AC}=6$ cm, $\overline{BC}=3$ cm이다. □DECF가 마름모일 때, 이 마름모의 둘레의 길이는?

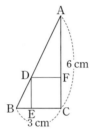

① 7 cm ② 8 cm

③ 9 cm ④ 10 cm

⑤ 12 cm

09 A0 용지를 오른쪽 그림과 같이 반으로 접을 때마다 생기는 용지를 A1, A2, A3, …이라 하는데, 이때 만들어지는 용지들은 모두 닮은 도형이 된다. A0 용지의 짧은 변의 길이를 x, 긴 변의 길이를 y라 하고 A1, A2, A3, A4 용지의 짧은 변의 길이와 긴 변의 길이를 다음과 같은 표로 나타낼 때, 빈칸을 채우고 A0 용지와 A4 용지의 닮음비를 가장 간단한 자연수의 비로 나타내시오.

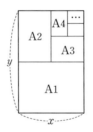

	짧은 변의 길이	긴 변의 길이
A1 용지	$\dfrac{1}{2}y$	x
A2 용지	$\dfrac{1}{2}x$	$\dfrac{1}{2}y$
A3 용지	㉠	㉡
A4 용지	㉢	㉣

10 오른쪽 그림과 같이 ∠C=90°인 직각삼각형 ABC에서 $\overline{AB}\perp\overline{CD}$, $\overline{AC}\perp\overline{DE}$이다. $\overline{AB}=10$ cm, $\overline{AC}=8$ cm, $\overline{BC}=6$ cm일 때, △DBC의 둘레의 길이는?

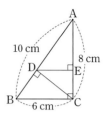

① 9 cm ② 10 cm ③ $\dfrac{53}{5}$ cm

④ 13 cm ⑤ $\dfrac{72}{5}$ cm

11 오른쪽 그림과 같은 △ABC에서 ∠ABC=∠DAC이고 $\overline{AB}=16$ cm, $\overline{AD}=8$ cm, $\overline{CD}=5$ cm일 때, $x-y$의 값은?

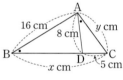

① 9 ② 10 ③ 11

④ 12 ⑤ 13

고난도

12 오른쪽 그림과 같이 직사각형 ABCD를 $\overline{BF}$를 접는 선으로 하여 꼭짓점 C가 $\overline{AD}$ 위의 점 E에 오도록 접었다. 점 D에서 $\overline{EF}$에 내린 수선의 발을 G라 할 때, $\overline{DG}$의 길이를 구하시오.

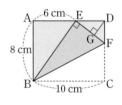

13 오른쪽 그림과 같이
$\overline{AB}=\overline{BC}$인 이등변삼각형
ABC의 ∠A의 이등분선
과 $\overline{BC}$의 교점을 D라 하면
△ABC∽△CAD이다. ∠A와 ∠B의 크기를
구하시오.

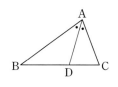

15 오른쪽 그림과 같은 직사각
형 ABCD에서 $\overline{BC}$의 중점
을 M이라 하고, $\overline{AM}$과
$\overline{BD}$의 교점을 E라 하자.
$\overline{BD}=18$ cm일 때, $\overline{BE}$의 길이를 구하시오.

14 오른쪽 그림에서
$\overline{AB}$, $\overline{CD}$는
$\overline{BD}$에 수직이고,
$\overline{AD}$와 $\overline{BC}$의 교점
E에서 $\overline{BD}$에 내린
수선의 발을 F라 하자. $\overline{AB}=4$ cm,
$\overline{BD}=8$ cm, $\overline{CD}=6$ cm일 때, △EBD의 넓이
를 구하시오.

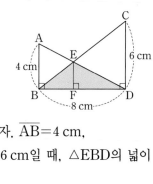

16 오른쪽 그림과 같은
△ABC에서 ∠B의 이등분
선이 $\overline{AC}$와 만나는 점을 D
라 하면 $\overline{AD}=\overline{AE}$이다.
$\overline{BC}=20$ cm이고 $\overline{AD}:\overline{DC}=3:5$일 때, $\overline{AB}$
의 길이를 구하시오.

V. 도형의 닮음과 피타고라스 정리

2

닮음의 활용

2 닮음의 활용

1 삼각형에서 평행선과 선분의 길이의 비

(1) 삼각형 ABC에서 변 BC와 평행한 직선이 두 변 AB, AC 또는 그 연장선과 만나는 점을 각각 D, E라 할 때, 다음이 성립한다.
   ① $\overline{AB} : \overline{AD} = \overline{AC} : \overline{AE} = \overline{BC} : \overline{DE}$
   ② $\overline{AD} : \overline{DB} = \overline{AE} : \overline{EC}$

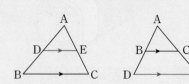
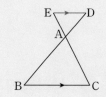

2 삼각형의 두 변의 중점을 연결한 선분

(1) 삼각형의 두 변의 중점을 연결한 선분은 나머지 한 변과 평행하고, 그 길이는 나머지 한 변의 길이의 절반이다.

예 $\overline{AM} = \overline{MB}$, $\overline{AN} = \overline{NC}$이면 $\overline{MN} /\!/ \overline{BC}$, $\overline{MN} = \frac{1}{2}\overline{BC}$

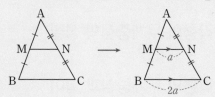

3 평행선 사이의 선분의 길이의 비

(1) 세 개 이상의 평행선이 다른 두 직선과 만날 때, 평행선 사이의 선분의 길이의 비는 같다.

예 $l /\!/ m /\!/ n$일 때, $a : b = c : d$

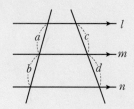
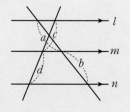

01
다음 그림과 같은 △ABC에서 $\overline{BC} /\!/ \overline{DE}$일 때, $\overline{EC}$의 길이를 구하시오.

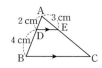

02
다음 그림과 같은 △ABC에서 $\overline{AD} = \overline{DB}$, $\overline{AE} = \overline{EC}$일 때, $\overline{DE}$의 길이를 구하시오.

03
다음 그림에서 $l /\!/ m /\!/ n$일 때, x의 값을 구하시오.

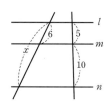

04
다음 그림에서 $\overline{AC}$와 $\overline{BD}$의 교점이 E이고, $\overline{AB} /\!/ \overline{EF} /\!/ \overline{DC}$이다. $\overline{BF} : \overline{FC} = 2 : 3$이고 $\overline{AB} = 5$ cm일 때, $\overline{CD}$의 길이를 구하시오.

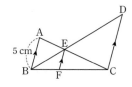

Ⅴ. 도형의 닮음과 피타고라스 정리

4 중선과 무게중심

(1) **중선**: 삼각형의 한 꼭짓점과 그 대변의 중점을 이은 선분
　① 삼각형의 중선은 그 삼각형의 넓이를 이등분한다.
　예 $\overline{AM}$이 △ABC의 중선일 때,
　　$\overline{BM}=\overline{MC}$이고, △ABM=△AMC이다.

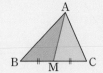

(2) **무게중심**: 삼각형의 세 중선의 교점
　① 삼각형에서 세 중선은 한 점(무게중심)에서 만난다.
　예 세 중선 $\overline{AD}$, $\overline{BE}$, $\overline{CF}$의 교점 G는 삼각형
　　ABC의 무게중심이다.

5 삼각형의 무게중심의 성질

(1) 삼각형의 무게중심은 세 중선의 길이를 각 꼭짓점으로부터 각각
　2 : 1로 나눈다.
　예 점 G가 삼각형 ABC의 무게중심일 때,
　　$\overline{AG} : \overline{GD}=\overline{BG} : \overline{GE}=\overline{CG} : \overline{GF}=2 : 1$

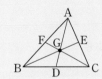

6 삼각형의 무게중심과 넓이

(1) 세 중선에 의하여 나눠지는 6개의 삼각형의 넓이는 모두 같다.
(2) 삼각형의 무게중심과 세 꼭짓점을 이어서 생기는 세 삼각형의 넓이는
　같다.
　예 아래 그림의 △ABC에서 점 G가 △ABC의 무게중심일 때,
　　△GAF=△GFB=△GBD=△GDC=△GCE=△GEA
　　　$=\dfrac{1}{6}$△ABC

　　△GAB=△GBC=△GCA=$\dfrac{1}{3}$△ABC

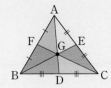

05
아래 그림에서 $\overline{BD}$가 △ABC의 중선일
때, 다음을 구하시오.

(1) $\overline{AC}=8$ cm일 때, $\overline{AD}$의 길이
(2) △ABC의 넓이가 20 cm²일 때,
　△ABD의 넓이

06
다음 그림에서 점 G가 △ABC의 무게
중심일 때, x, y의 값을 구하시오.

07
다음 그림에서 점 G는 △ABC의 무게
중심이고 △ABG의 넓이가 9 cm²일
때, △ABC의 넓이를 구하시오.

08
다음 그림의 정사각형 ABCD에서 두
점 G와 H는 각각 △ABC와 △ACD의
무게중심이다. $\overline{BD}=15$ cm일 때, $\overline{GH}$
의 길이를 구하시오.

01 오른쪽 그림에서 $\overline{BC} /\!/ \overline{ED}$이고, 점 A는 $\overline{BD}$와 $\overline{CE}$의 교점이다. $\overline{AC}=6$, $\overline{AE}=2$일 때, $\dfrac{\overline{BC}}{\overline{ED}}$의 값은?

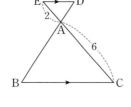

① 2   ② 3   ③ 4

④ 5   ⑤ 6

풀이 전략 $\overline{AB}:\overline{AD}=\overline{AC}:\overline{AE}=\overline{BC}:\overline{DE}$임을 이용한다.

02 오른쪽 그림에서 $\overline{AB} /\!/ \overline{CD}$이고, $\overline{AD}$는 ∠A의 이등분선이다. $\overline{AB}=8$ cm, $\overline{AC}=12$ cm, $\overline{BC}=15$ cm일 때, x의 값은?

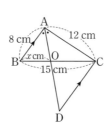

① 4   ② 5   ③ 6

④ 7   ⑤ 8

03 오른쪽 그림과 같은 △ABC에서 $\overline{BC} /\!/ \overline{DE}$이고 $\overline{AD}=4$ cm, $\overline{AE}=3$ cm, $\overline{BG}=5$ cm, $\overline{DF}=2$ cm일 때, xy의 값은?

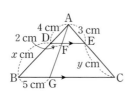

① 20   ② 24   ③ 25

④ 27   ⑤ 30

04 오른쪽 그림과 같은 △ABC에서 두 점 D, E는 각각 $\overline{AB}$, $\overline{AC}$의 중점이다. $\overline{DE}=7$ cm이고 ∠ADE=72°일 때, $x-y$의 값은?

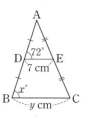

① 55   ② 56   ③ 57

④ 58   ⑤ 59

풀이 전략 △ADE와 △ABC가 닮은 삼각형임을 이용하여 닮음비를 구한다.

05 오른쪽 그림에서 $\overline{AE}=\overline{EB}$, $\overline{EF}=\overline{FD}$이고 $\overline{FC}=2$ cm일 때, $\overline{AF}$의 길이는?

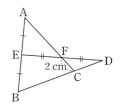

① 4 cm   ② 5 cm

③ 6 cm   ④ 7 cm

⑤ 8 cm

06 오른쪽 그림과 같은 △ABC에서 세 점 D, E, F는 각각 $\overline{AB}$, $\overline{BC}$, $\overline{CA}$의 중점이다. $\overline{AB}=10$ cm, $\overline{BC}=12$ cm, $\overline{CA}=14$ cm일 때, △DEF의 둘레의 길이는?

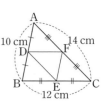

① 14 cm   ② 15 cm   ③ 16 cm

④ 17 cm   ⑤ 18 cm

07 오른쪽 그림에서
$l /\!/ m /\!/ n$일 때, xy의
값은?

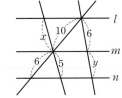

① 28   ② 30
③ 32   ④ 35
⑤ 36

풀이 전략 평행선 사이의 선분의 길이의 비는 같음을 이용한다.

08 오른쪽 그림에서
$l /\!/ m /\!/ n$일 때, x의 값
은?

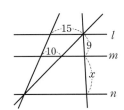

① 16   ② 17
③ 18   ④ 19
⑤ 20

09 오른쪽 그림에서
$\overline{AB} /\!/ \overline{EF} /\!/ \overline{DC}$
이고
$\overline{AB}=20$ cm,
$\overline{DC}=12$ cm일 때,
$\overline{EF}$의 길이는?

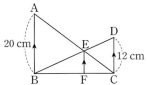

① $\dfrac{13}{2}$ cm   ② 7 cm   ③ $\dfrac{15}{2}$ cm

④ 8 cm   ⑤ $\dfrac{17}{2}$ cm

풀이 전략 △ABE∽△CDE임을 이용하여 $\overline{AE} : \overline{EC}$ 또는
$\overline{BE} : \overline{ED}$를 구한다.

10 오른쪽 그림에서
$\overline{DE} /\!/ \overline{BF}$, $\overline{DF} /\!/ \overline{BC}$이고
$\overline{AD}=8$ cm, $\overline{AE}=4$ cm,
$\overline{DB}=6$ cm일 때, $\overline{FC}$의
길이는?

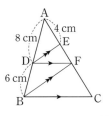

① $\dfrac{9}{2}$ cm   ② $\dfrac{19}{4}$ cm   ③ 5 cm

④ $\dfrac{21}{4}$ cm   ⑤ $\dfrac{11}{2}$ cm

11 오른쪽 그림과 같은 사각
형 ABCD에서 두 점 E,
F는 각각 $\overline{AB}$, $\overline{DC}$의 중
점이고, $\overline{AD} /\!/ \overline{EF} /\!/ \overline{BC}$
이다. $\overline{AD}=20$ cm,
$\overline{BC}=30$ cm일 때, $\overline{EF}$의 길이는?

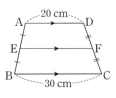

① 22 cm   ② 23 cm   ③ 24 cm
④ 25 cm   ⑤ 26 cm

12 오른쪽 그림과 같은 사다리
꼴 ABCD에서
$\overline{AD} /\!/ \overline{EF} /\!/ \overline{BC}$이고,
$\overline{AE} : \overline{EB}=3 : 1$이다.
$\overline{AD}=14$ cm,
$\overline{BC}=20$ cm일 때, $\overline{GH}$의 길이는?

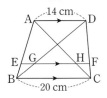

① $\dfrac{23}{2}$ cm   ② 12 cm   ③ $\dfrac{25}{2}$ cm

④ 13 cm   ⑤ $\dfrac{27}{2}$ cm

유형 **5** 중선과 무게중심의 뜻

13 오른쪽 그림에서 $\overline{AE}$는 △ABC의 중선이고, 점 D는 $\overline{AB}$의 중점이다. △ABC의 넓이가 100 cm^2일 때, △DBE의 넓이는?

① 20 cm^2　② 24 cm^2　③ 25 cm^2

④ 30 cm^2　⑤ 32 cm^2

풀이 전략 삼각형의 중선은 그 삼각형의 넓이를 이등분함을 이용한다.

14 오른쪽 그림에서 $\overline{AE}$는 ∠A=90°인 직각삼각형 ABC의 중선이고, 두 점 D와 F는 각각 $\overline{AB}$, $\overline{AC}$의 중점이다. $\overline{AB}=8 \text{ cm}$, $\overline{BC}=10 \text{ cm}$, $\overline{CA}=6 \text{ cm}$일 때, 다음 중 옳지 않은 것은?

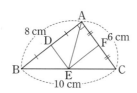

① $\overline{AE}=\overline{DF}$　　　② $\overline{BE}=5 \text{ cm}$

③ △ABE=24 cm^2　④ △AEF≡△CEF

⑤ △BED=△ECF

유형 **6** 삼각형의 무게중심의 성질

15 오른쪽 그림에서 점 G는 △ABC의 무게중심이고, 점 G′는 △GBC의 무게중심이다. $\overline{AG}=18 \text{ cm}$일 때, $\overline{GG'}$의 길이는?

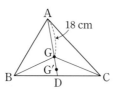

① 5 cm　② 6 cm　③ 7 cm

④ 8 cm　⑤ 9 cm

풀이 전략 삼각형의 무게중심은 중선의 길이를 꼭짓점으로부터 2 : 1로 나눈다는 것을 이용하여 식을 세운다.

16 오른쪽 그림과 같은 평행사변형 ABCD에서 두 점 G와 G′는 각각 △ABD와 △BCD의 무게중심이다. $\overline{AC}=60 \text{ cm}$일 때, $\overline{GG'}$의 길이는?

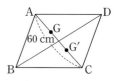

① 15 cm　② 16 cm　③ 18 cm

④ 20 cm　⑤ 21 cm

17 오른쪽 그림에서 점 G는 ∠C=90°인 직각삼각형 ABC의 무게중심이다. $\overline{AB}=16 \text{ cm}$일 때, $\overline{CG}$의 길이는?

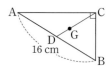

① $\dfrac{16}{3} \text{ cm}$　② $\dfrac{17}{3} \text{ cm}$　③ 6 cm

④ $\dfrac{19}{3} \text{ cm}$　⑤ $\dfrac{20}{3} \text{ cm}$

유형 **7** 삼각형의 무게중심과 넓이

18 오른쪽 그림에서 점 G는 △ABC의 무게중심이고, 점 G′는 △GBC의 무게중심이다. △ABC의 넓이가 90 cm^2일 때, △G′BD의 넓이는?

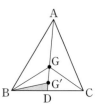

① 5 cm^2　② 6 cm^2　③ 7 cm^2

④ 8 cm^2　⑤ 9 cm^2

풀이 전략 $\overline{AG} : \overline{GD}=2 : 1$, $\overline{GG'} : \overline{G'D}=2 : 1$임을 이용하여 넓이를 구하는 식을 세운다.

19 오른쪽 그림에서 점 G 는 △ABC의 무게중심 이고 △AGC의 넓이가 80 cm²일 때, △DEG 의 넓이는?

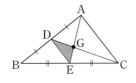

① 10 cm²　② 15 cm²　③ 16 cm²
④ 18 cm²　⑤ 20 cm²

20 오른쪽 그림과 같은 사각 형 ABCD에서 $\overline{BD}$ 위에 있는 두 점 G와 G′는 각각 △ABC와 △ACD의 무게 중심이다. □AGCG′의 넓이가 15 cm²일 때, □ABCD의 넓이는?

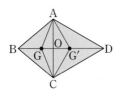

① 42 cm²　② 45 cm²　③ 48 cm²
④ 50 cm²　⑤ 60 cm²

유형 8 삼각형의 무게중심의 활용

21 오른쪽 그림에서 점 G는 △ABC의 무게중심이고, $\overline{EF}/\!/\overline{BC}$이다. $\overline{AF}=10$ cm, $\overline{EG}=4$ cm일 때, $x+y$의 값은?

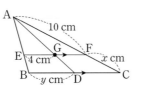

① 11　　② 12　　③ 13
④ 14　　⑤ 15

풀이 전략 $\overline{AG}:\overline{GD}=2:1$임을 이용하여 식을 세운다.

22 오른쪽 그림에서 점 G는 △ABC의 무게중심이고, $\overline{EF}/\!/\overline{BC}$이다. △ABC의 둘레 의 길이가 30 cm일 때, △AEF의 둘레의 길이는?

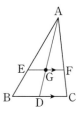

① 15 cm　② 16 cm　③ 18 cm
④ 19 cm　⑤ 20 cm

23 오른쪽 그림에서 $\overline{BC}=\overline{CD}=\overline{DE}=\overline{EF}$이 고, 두 점 G와 G′는 각각 △ABD와 △ADF의 무 게중심이다. $\overline{BC}=6$ cm 일 때, $\overline{GG'}$의 길이는?

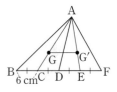

① 7 cm　　② 8 cm　　③ 9 cm
④ 10 cm　⑤ 11 cm

24 오른쪽 그림의 직사각형 ABCD에서 두 점 M, N 은 각각 $\overline{BC}$, $\overline{CD}$의 중점 이고, 점 P는 $\overline{BN}$, $\overline{DM}$의 교점이다. $\overline{CP}=2$ cm일 때, $\overline{AP}$의 길이는?

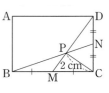

① 4 cm　　② $\dfrac{9}{2}$ cm　　③ 5 cm
④ $\dfrac{11}{2}$ cm　　⑤ 6 cm

① 삼각형에서 평행선과 선분의 길이의 비

01 오른쪽 그림에서 $\overline{AB} /\!/ \overline{FG} /\!/ \overline{DE}$일 때, $x+y$의 값은?

① 40
② 42
③ 45
④ 46
⑤ 48

① 삼각형에서 평행선과 선분의 길이의 비

02 오른쪽 그림과 같은 △ABC에서 $\overline{AC} /\!/ \overline{DE}$이고 $\overline{AC}=12$ cm, $\overline{BE}=7$ cm, $\overline{DE}=5$ cm일 때, $\overline{EC}$의 길이는?

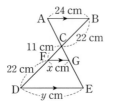

① $\frac{46}{5}$ cm
② $\frac{47}{5}$ cm
③ $\frac{48}{5}$ cm
④ $\frac{49}{5}$ cm
⑤ $\frac{51}{5}$ cm

① 삼각형에서 평행선과 선분의 길이의 비

03 오른쪽 그림과 같은 △ABC에서 $\overline{DE} /\!/ \overline{BC}$이고, ∠BAC=∠FEC이다. $\overline{AD}=6$ cm, $\overline{BC}=20$ cm, $\overline{BD}=12$ cm일 때, $\overline{FC}$의 길이는?

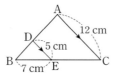

① $\frac{40}{3}$ cm
② $\frac{41}{3}$ cm
③ 14 cm
④ $\frac{44}{3}$ cm
⑤ 15 cm

② 삼각형의 두 변의 중점을 연결한 선분

04 오른쪽 그림과 같이 ∠B=90°인 직각삼각형 ABC에서 두 점 D와 E는 각각 $\overline{AB}$, $\overline{AC}$의 중점이다. $\overline{BC}=16$ cm이고 ∠C=20°일 때, x, y의 값을 차례로 구하면?

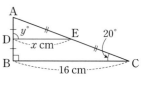

① 8, 70
② 8, 90
③ 9, 70
④ 10, 70
⑤ 10, 90

② 삼각형의 두 변의 중점을 연결한 선분

05 오른쪽 그림과 같은 △ABC에서 $\overline{AF}=\overline{FC}$, $\overline{BG}=\overline{GF}$이고, $\overline{DF} /\!/ \overline{EC}$이다. $\overline{EC}=16$ cm일 때, $\overline{GC}$의 길이는?

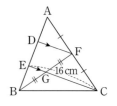

① 9 cm
② 10 cm
③ 11 cm
④ 12 cm
⑤ 13 cm

② 삼각형의 두 변의 중점을 연결한 선분

06 오른쪽 그림과 같은 □ABCD에서 $\overline{AB}$, $\overline{BC}$, $\overline{CD}$, $\overline{DA}$의 중점이 각각 E, F, G, H이고 $\overline{AC}=15$ cm, $\overline{BD}=12$ cm일 때, □EFGH의 둘레의 길이는?

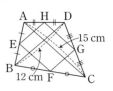

① 26 cm
② 27 cm
③ 28 cm
④ 29 cm
⑤ 30 cm

② 삼각형의 두 변의 중점을 연결한 선분

07 오른쪽 그림과 같은 마름모 ABCD에서 $\overline{AB}$, $\overline{CD}$, $\overline{DA}$의 중점이 각각 E, F, G이고 $\overline{EG}=3$ cm, $\overline{GF}=4$ cm일 때, □ABCD의 넓이는?

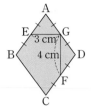

① 24 cm^2 ② 28 cm^2 ③ 30 cm^2

④ 32 cm^2 ⑤ 36 cm^2

③ 평행선 사이의 선분의 길이의 비

08 오른쪽 그림에서 $l /\!/ m /\!/ n$일 때, xy의 값은?

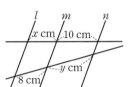

① 40   ② 50

③ 60   ④ 70

⑤ 80

③ 평행선 사이의 선분의 길이의 비

09 오른쪽 그림에서 $l /\!/ m /\!/ n$일 때, $x+y$의 값은?

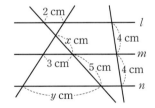

① 11

② 12

③ 13

④ 14

⑤ 15

④ 평행선과 선분의 길이의 비의 활용

10 오른쪽 그림에서 점 F는 $\overline{BE}$와 $\overline{DH}$의 교점이고, $\overline{AH} /\!/ \overline{BG} /\!/ \overline{CF} /\!/ \overline{DE}$이다. $\overline{AB}=\overline{CD}$이고 $\overline{CF}=3$ cm, $\overline{DE}=7$ cm일 때, $y-x$의 값은?

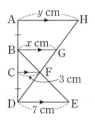

① 2   ② $\dfrac{5}{2}$ ③ 3

④ $\dfrac{7}{2}$ ⑤ 4

④ 평행선과 선분의 길이의 비의 활용

11 오른쪽 그림의 평행사변형 ABCD에서 $\overline{AB} /\!/ \overline{PO}$, $\overline{AD} /\!/ \overline{EF}$이고, $\overline{OH}=\overline{HD}$이다. $\overline{GH}=3$ cm, $\overline{PO}=1$ cm일 때, □ABCD의 둘레의 길이는?

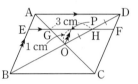

① 16 cm   ② 17 cm   ③ 18 cm

④ 19 cm   ⑤ 20 cm

④ 평행선과 선분의 길이의 비의 활용

12 오른쪽 그림과 같은 사다리꼴 ABCD에서 $\overline{AD} /\!/ \overline{OE} /\!/ \overline{BC}$이고, $\overline{OB}=a$, $\overline{OD}=b$이다. 다음 중 옳지 <u>않은</u> 것은?

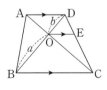

① $\overline{AD} : \overline{OE}=a : b$

② $\overline{AO} : \overline{OC}=b : a$

③ $\overline{DE} : \overline{EC}=b : a$

④ $\overline{OE} : \overline{BC}=b : (a+b)$

⑤ $\triangle AOD : \triangle COB=b^2 : a^2$

4 평행선과 선분의 길이의 비의 활용

13 오른쪽 그림에서 $l /\!/ m /\!/ n /\!/ o /\!/ p$이고, $\overline{AB}=\overline{BC}=\overline{CD}=\overline{DE}$ 이다. $\overline{AF}=27$ cm, $\overline{EJ}=13$ cm일 때, $\overline{BG}+\overline{CH}+\overline{DI}$의 길이는?

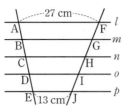

① 48 cm　　② 51 cm　　③ 54 cm

④ 57 cm　　⑤ 60 cm

5 중선과 무게중심의 뜻

14 오른쪽 그림에서 점 G는 △ABC의 무게중심일 때, 다음 〈보기〉 중 옳은 것을 모두 고른 것은?

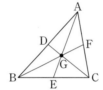

───── 보기 ─────

ㄱ. $\overline{AD}=\overline{AF}$　　　ㄴ. $\overline{BE}=\overline{EC}$

ㄷ. $\overline{GE}=\overline{GF}$　　　ㄹ. △ABF=△FBC

① ㄱ, ㄴ　　② ㄱ, ㄷ　　③ ㄴ, ㄷ

④ ㄴ, ㄹ　　⑤ ㄷ, ㄹ

5 중선과 무게중심의 뜻

15 오른쪽 그림에서 $\overline{AD}$는 △ABC의 중선이고, 두 점 E, F는 각각 $\overline{AC}$, $\overline{DC}$의 중점이다. △ABD의 넓이가 120 cm²일 때, △EFC의 넓이는?

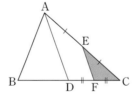

① 20 cm²　　② 25 cm²　　③ 30 cm²

④ 35 cm²　　⑤ 40 cm²

6 삼각형의 무게중심의 성질

16 오른쪽 그림에서 $\overline{AD}$, $\overline{BE}$는 정삼각형 ABC의 중선이고, 점 F는 두 중선의 교점이다. $\overline{BF}=10$ cm일 때, $\overline{FD}$의 길이는?

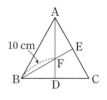

① 3 cm　　② 4 cm　　③ 5 cm

④ 6 cm　　⑤ 7 cm

6 삼각형의 무게중심의 성질

17 오른쪽 그림과 같은 삼각형 ABC에서 $\overline{AE}=\overline{EC}$, $\overline{BD}=\overline{DC}$이고, 점 F는 $\overline{AD}$, $\overline{BE}$의 교점이다. $\overline{DF}=10$ cm, $\overline{EF}=11$ cm일 때, x, y의 값을 차례로 구하면?

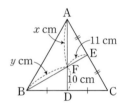

① 15, 20　　② 15, 22　　③ 20, 20

④ 20, 22　　⑤ 30, 33

6 삼각형의 무게중심의 성질

18 오른쪽 그림과 같은 평행사변형 ABCD에서 두 점 M, N은 각각 $\overline{AD}$, $\overline{BC}$의 중점이고 $\overline{AP}=10$ cm일 때, $\overline{PQ}$의 길이는?

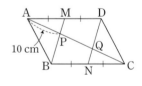

① 8 cm　　② 9 cm　　③ 10 cm

④ 11 cm　　⑤ 12 cm

7 삼각형의 무게중심과 넓이

19 오른쪽 그림에서 점 G는 △ABC의 무게중심일 때, △ADG : △GEC를 가장 간단한 자연수의 비로 나타내면?

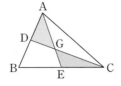

① 1 : 1   ② 2 : 3   ③ 3 : 2
④ 3 : 4   ⑤ 4 : 3

7 삼각형의 무게중심과 넓이

20 오른쪽 그림에서 $\overline{BD}$는 △ABC의 중선이고, 점 G는 △DBC의 무게중심이다. △ABC의 넓이가 60 cm²일 때, □GECF의 넓이는?

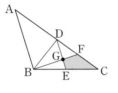

① 5 cm²   ② 8 cm²   ③ 10 cm²
④ 12 cm²   ⑤ 15 cm²

8 삼각형의 무게중심의 활용

21 오른쪽 그림에서 점 G는 △ABC의 무게중심이고 $\overline{AF} /\!/ \overline{DE}$일 때, 다음 중 옳지 않은 것은?

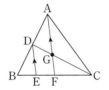

① $\overline{AG} = \dfrac{3}{2}\overline{DE}$

② $\overline{DE} = \dfrac{3}{2}\overline{GF}$

③ $\overline{DG} = \dfrac{1}{2}\overline{GC}$

④ △ADG = △GFC

⑤ △DBE = $\dfrac{1}{4}$△ABF

8 삼각형의 무게중심의 활용

22 오른쪽 그림에서 점 G는 △ABC의 무게중심이고, $\overline{DF} /\!/ \overline{BC}$이다. △DBG의 넓이가 10 cm²일 때, △ABC의 넓이는?

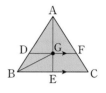

① 60 cm²   ② 70 cm²   ③ 80 cm²
④ 90 cm²   ⑤ 100 cm²

8 삼각형의 무게중심의 활용

23 오른쪽 그림과 같은 △ABC에서 점 D는 $\overline{AC}$의 중점이고, 두 점 G와 G′는 각각 △ABD와 △BCD의 무게중심이다. $\overline{AD}$=24 cm일 때, $\overline{GG'}$의 길이는?

① 15 cm   ② 16 cm   ③ 18 cm
④ 20 cm   ⑤ 24 cm

8 삼각형의 무게중심의 활용

24 오른쪽 그림에서 $\overline{BD}=\overline{DC}=\overline{CE}$이고, 두 점 G와 G′는 각각 △ABC, △ADE의 무게중심이다. $\overline{BE}$=36 cm, $\overline{AC}$=15 cm, ∠ACE=90°일 때, △AGG′의 넓이는?

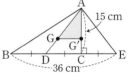

① 32 cm²   ② 36 cm²   ③ 38 cm²
④ 40 cm²   ⑤ 42 cm²

1

오른쪽 그림과 같은 △ABC에서 ∠A와 ∠B의 이등분선의 교점을 F라 하고, 점 F를 지나면서 $\overline{BC}$에 평행한 직선이 $\overline{AB}$, $\overline{AC}$와 만나는 점을 각각 D, E라 하자. $\overline{AD}=6$ cm, $\overline{AE}=10$ cm, $\overline{FE}=5$ cm일 때, △ABC의 둘레의 길이를 구하시오.

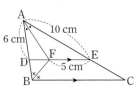

1-1

오른쪽 그림에서 점 I는 △ABC의 내심이고, $\overline{AB}=8$ cm, $\overline{AC}=10$ cm, $\overline{BD}=6$ cm이다. △ABC의 넓이를 a cm^{2}라 할 때, △AIC의 넓이를 a에 관한 식으로 나타내시오.

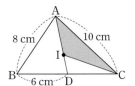

2

오른쪽 그림과 같은 □ABCD에서 $\overline{AE}=\overline{EB}$이고, $\overline{AD}\,/\!/\,\overline{EF}\,/\!/\,\overline{BC}$이다. $\overline{EC}$와 $\overline{BD}$의 교점을 G라 하면 △GFE의 넓이는 3 cm^2, △GBC의 넓이는 27 cm^{2}일 때, □ABCD의 넓이를 구하시오.

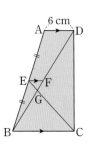

2-1

오른쪽 그림과 같은 □ABCD에서 $2\overline{AE}=\overline{EB}$이고, $\overline{EC}$와 $\overline{BD}$의 교점을 G라 하면 $\overline{AD}\,/\!/\,\overline{EF}\,/\!/\,\overline{GH}\,/\!/\,\overline{BC}$이다. △GFE의 넓이는 9 cm^{2}이고 △GBC의 넓이는 36 cm^{2}일 때, $\overline{GH}$의 길이를 구하시오.

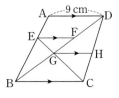

3

오른쪽 그림과 같은 평행사변형 ABCD에서 두 점 M, N은 각각 $\overline{BC}$, $\overline{CD}$의 중점이다. 평행사변형 ABCD의 넓이가 100 cm²일 때, □PMNQ의 넓이를 구하시오.

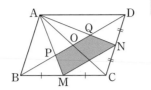

3-1

오른쪽 그림과 같은 평행사변형 ABCD에서 두 점 M, N은 각각 $\overline{AD}$, $\overline{BC}$의 중점이다. 평행사변형 ABCD의 넓이가 100 cm²일 때, △OPN과 △OQM의 넓이의 합을 구하시오.

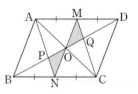

4

오른쪽 그림과 같이 $\overline{AD}\,/\!/\,\overline{BC}$, $\overline{BC}=2\overline{AD}$인 사다리꼴 ABCD에서 두 점 G와 G′는 각각 △ABC와 △ACD의 무게중심이다. □ABCD의 넓이가 108 cm²일 때, △GEG′의 넓이를 구하시오.

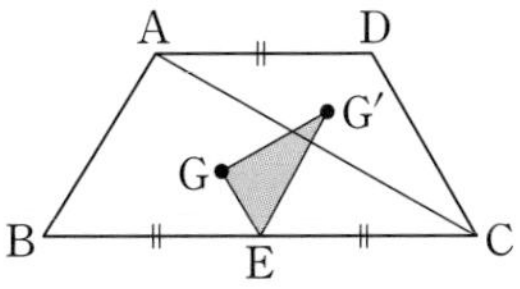

4-1

오른쪽 그림과 같이 $\overline{AD}=9$ cm, $\overline{DC}=6$ cm인 직사각형 ABCD에서 네 점 E, F, G, H는 각각 △ABO, △AOD, △BCO, △DOC의 무게중심이다. △AEF와 △GCH의 넓이의 합을 구하시오.

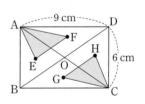

예제 ①

오른쪽 그림에서
$\overline{AB} /\!/ \overline{DE} /\!/ \overline{FG}$이고,
$\overline{AD}=\overline{DF}=\overline{FC}$이다.
$\overline{AB}=25$ cm일 때,
$\overline{DE}+\overline{FG}$의 길이를 구하시오.

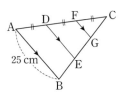

풀이 과정

$\overline{CF} : \overline{CA} = \overline{FG} : \overline{AB} = 1 : \boxed{}$

$\overline{FG}=\dfrac{1}{\boxed{}}\overline{AB}=\boxed{}$ (cm)

또한

$\overline{CD} : \overline{CA} = \overline{DE} : \overline{AB} = \boxed{} : \boxed{}$

$\overline{DE}=\dfrac{2}{\boxed{}}\overline{AB}=\boxed{}$ (cm)

따라서 $\overline{DE}+\overline{FG}=\boxed{}$ (cm)

유제 ①

오른쪽 그림에서
$\overline{AD} /\!/ \overline{EF} /\!/ \overline{GH} /\!/ \overline{BC}$이고,
$\overline{AE}=\overline{EG}=\overline{GB}$이다.
$\overline{AD}=7$ cm, $\overline{BC}=10$ cm일 때,
$\overline{EF}+\overline{GH}$의 길이를 구하시오.

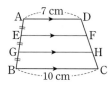

예제 ②

오른쪽 그림에서
$\overline{AB} /\!/ \overline{EF} /\!/ \overline{CD}$이고
$\overline{AB}=10$ cm,
$\overline{CD}=15$ cm일 때, x의
값을 구하시오.

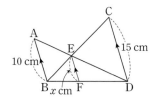

풀이 과정

$\overline{AE} : \overline{ED} = \overline{AB} : \overline{CD} = \boxed{} : 3$

$\overline{AB} : \overline{EF} = \overline{AD} : \overline{ED} = \boxed{} : 3$이므로

$\overline{EF}=\dfrac{3}{\boxed{}}\overline{AB}=\boxed{}$ (cm)

따라서 $x=\boxed{}$

유제 ②

오른쪽 그림에서 $\overline{AB}$, $\overline{CD}$,
$\overline{EF}$는 각각 $\overline{BD}$와 수직이
다. $\overline{AB}=5$ cm,
$\overline{EF}=2$ cm일 때, x의 값을
구하시오.

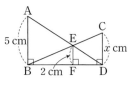

예제 3

오른쪽 그림의 평행사변형 ABCD에서 점 E는 $\overline{AD}$ 의 중점이고, 점 F는 $\overline{BD}$ 와 $\overline{CE}$의 교점이다.

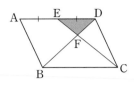

□ABCD의 넓이가 60 cm²일 때, △EFD의 넓이를 구하시오.

풀이 과정

$\overline{AC}$, $\overline{BD}$의 교점을 O라 하면

점 F는 △ACD의 두 중선 $\overline{CE}$, $\overline{DO}$의 교점이므로 △ACD의 무게중심이다.

□ABCD=60 cm²이므로 △ACD=☐ cm²이고

$\triangle ECD = \dfrac{1}{2} \triangle ACD = $☐ (cm^2)

또한 $\overline{EF} : \overline{FC} = 1 : $☐이므로

$\triangle EFD = \dfrac{1}{3} \triangle ECD = $☐ (cm^2)

유제 3

오른쪽 그림의 평행사변형 ABCD에서 점 E는 $\overline{CD}$의 중점이고, 점 F는 $\overline{AC}$와 $\overline{BE}$의 교점이다. △BCF의 넓이가 50 cm²일 때, □ABCD의 넓이를 구하시오.

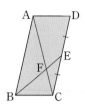

예제 4

오른쪽 그림에서 점 G는 △ABC의 무게중심이고, $\overline{BC} /\!/ \overline{DE}$이다. $\overline{AD}=7$ cm, $\overline{AE}=8$ cm, $\overline{GE}=5$ cm일 때, △ABC의 둘레의 길이를 구하시오.

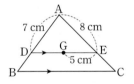

풀이 과정

$\overline{AG}$의 연장선과 $\overline{BC}$의 교점을 F라 하자.

$\overline{AG} : \overline{GF} = 2 : $☐이므로

$\overline{AD} : \overline{AB} = \overline{AE} : \overline{AC} = \overline{GE} : \overline{FC} = 2 : $☐

$\overline{AB} = \dfrac{☐}{2}\overline{AD} = $☐ (cm)

$\overline{AC} = \dfrac{☐}{2}\overline{AE} = $☐ (cm)

$\overline{FC} = \dfrac{☐}{2}\overline{GE} = $☐ (cm)

또한 점 F는 $\overline{BC}$의 중점이므로 $\overline{BC} = $☐ cm

따라서

(△ABC의 둘레의 길이)$=\overline{AB}+\overline{BC}+\overline{CA} = $☐ (cm)

유제 4

오른쪽 그림에서 점 G는 △ABC의 무게중심이고, $\overline{BC} /\!/ \overline{DE}$이다. $\overline{AB}=10$ cm, $\overline{AC}=15$ cm, $\overline{BC}=17$ cm일 때, △ADE의 둘레의 길이를 구하시오.

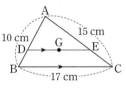

01 오른쪽 그림과 같은 삼각형 ABC에서 $\overline{BC} \parallel \overline{DE}$이고 $\overline{AB}=12$ cm, $\overline{AC}=18$ cm, $\overline{DE}=10$ cm, $\overline{EC}=3$ cm일 때, x, y의 값을 차례로 구하면?

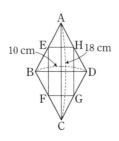

① 8, 12 　② 8, 15 　③ 9, 15

④ 10, 12 　⑤ 10, 15

02 오른쪽 그림과 같이 $\overline{AC}=18$ cm, $\overline{BD}=10$ cm인 마름모 ABCD의 네 변의 중점을 각각 E, F, G, H라 할 때, □EFGH의 둘레의 길이는?

① 20 cm 　② 22 cm 　③ 24 cm

④ 26 cm 　⑤ 28 cm

03 오른쪽 그림과 같은 △ABC에서 ∠A의 외각의 이등분선과 $\overline{BC}$의 연장선의 교점을 D라 하자. $\overline{AC}=6$ cm, $\overline{BC}=16$ cm, $\overline{CD}=8$ cm일 때, $\overline{AB}$의 길이는?

① 18 cm 　② $\dfrac{37}{2}$ cm 　③ 19 cm

④ $\dfrac{39}{2}$ cm 　⑤ 20 cm

04 오른쪽 그림에서 $l \parallel m \parallel n$일 때, 다음 중 옳지 <u>않은</u> 것은?

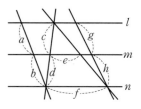

① $a:b=c:d$

② $a:b=e:f$

③ $a:g=b:h$

④ $c:d=g:h$

⑤ $e:f=g:(g+h)$

고난도

05 아래 그림에서 $l \parallel m \parallel n \parallel p$일 때, 다음 중 선분의 길이를 옳게 나타낸 것은?

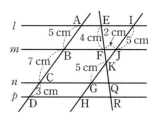

① $\overline{EI}=5$ cm 　② $\overline{GH}=5$ cm

③ $\overline{GQ}=5$ cm 　④ $\overline{JK}=3$ cm

⑤ $\overline{KQ}=5$ cm

06 오른쪽 그림과 같은 사다리꼴 ABCD에서 $\overline{AD} \parallel \overline{EF} \parallel \overline{BC}$이다. $\overline{AD}=6$ cm, $\overline{AE}=2$ cm, $\overline{BE}=7$ cm, $\overline{EF}=10$ cm일 때, $\overline{BC}$의 길이는?

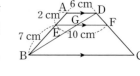

① 16 cm 　② 18 cm 　③ 20 cm

④ 22 cm 　⑤ 24 cm

07 오른쪽 그림에서
$\overline{DE}/\!/\overline{FC}$,
$\overline{FE}/\!/\overline{BC}$이고
$\overline{AD}=5$ cm,
$\overline{DF}=3$ cm, $\overline{EC}=3$ cm일 때, $\overline{FB}$의 길이는?

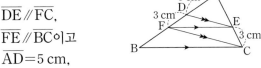

① $\dfrac{21}{5}$ cm ② $\dfrac{22}{5}$ cm ③ $\dfrac{24}{5}$ cm

④ $\dfrac{26}{5}$ cm ⑤ $\dfrac{27}{5}$ cm

08 오른쪽 그림에서
$\overline{AD}$, $\overline{BE}$는 △ABC
의 중선이고, 점 G는
두 중선의 교점이다.
□GDCE의 둘레의 길이는?

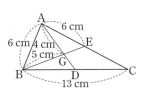

① 15 cm ② 16 cm ③ 17 cm
④ 18 cm ⑤ 19 cm

09 오른쪽 그림과 같은 정삼각
형 ABC에서 세 중선 $\overline{AE}$,
$\overline{BF}$, $\overline{CD}$의 교점이 G이고
$\overline{GF}=2$ cm일 때, 다음
〈보기〉 중 옳은 것을 모두 고른 것은?

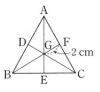

┌─ 보기 ●─────────────
│ ㄱ. $\overline{AG}=4$ cm   ㄴ. $\overline{CD}=5$ cm
│ ㄷ. $\overline{AF}=\overline{BE}$ ㄹ. △DBG=△GEC
└────────────────────

① ㄱ ② ㄱ, ㄹ ③ ㄴ, ㄷ
④ ㄴ, ㄹ ⑤ ㄱ, ㄷ, ㄹ

10 오른쪽 그림에서 점 G는
∠A=90°인 직각이등
변삼각형 ABC의 무게
중심이고, 점 G′는
△BCG의 무게중심이
다. $\overline{AG'}$의 연장선이 $\overline{BC}$와 만나는 점을 D라 하
고 $\overline{BC}=18$ cm일 때, $\overline{G'D}$의 길이는?

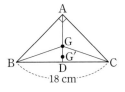

① 1 cm ② $\dfrac{3}{2}$ cm ③ 2 cm

④ $\dfrac{5}{2}$ cm ⑤ 3 cm

> 고난도

11 오른쪽 그림과 같은
△ABD에서
$\overline{AC}\perp\overline{BD}$이고, 두 점
G와 G′는 각각
△ABC와 △ACD의
무게중심이다. $\overline{AC}=8$ cm, $\overline{BD}=15$ cm일 때,
색칠한 부분의 넓이의 합은?

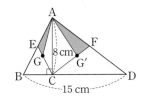

① 8 cm² ② 10 cm² ③ 12 cm²
④ 14 cm² ⑤ 15 cm²

12 오른쪽 그림에서 점 G는
△ABC의 무게중심이
고, $\overline{AF}/\!/\overline{DE}$이다.
△BED의 넓이가
12 cm²일 때, △GFC의 넓이는?

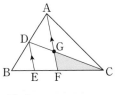

① 12 cm² ② 14 cm² ③ 15 cm²
④ 16 cm² ⑤ 18 cm²

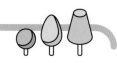

13 오른쪽 그림과 같은 △ABC에서 ∠A의 이 등분선과 $\overline{BC}$의 교점을 E라 하면 $\overline{AC} \parallel \overline{DE}$이 다. $\overline{AC}=4$ cm, $\overline{BE}=4$ cm, $\overline{CE}=3$ cm일 때, $\overline{AD}$의 길이를 구하시오.

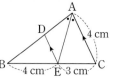

14 오른쪽 그림과 같은 평행사변형 ABCD 에서 $\overline{BC}$의 연장선 위 의 점 E가 $\overline{BE}=2\overline{BC}$를 만족한다. $\overline{AE}$와 $\overline{BD}$의 교점을 F, $\overline{AC}$와 $\overline{BD}$의 교점을 O라 하고 $\overline{BO}=6$ cm일 때, $\overline{FO}$의 길이를 구하시오.

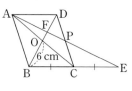

15 오른쪽 그림과 같은 △ABC에서 $\overline{AC} \perp \overline{BF}$이 고, 점 G는 세 중선 $\overline{AE}$, $\overline{BF}$, $\overline{CD}$의 교점이다. $\overline{BG}=6$ cm, $\overline{CF}=10$ cm 일 때, 색칠한 부분의 넓이의 합을 구하시오.

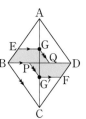

16 오른쪽 그림과 같은 마름모 ABCD에서 두 점 G와 G′는 각각 △ABD, △BCD의 무 게중심이고, $\overline{EG} \parallel \overline{BD} \parallel \overline{G'F}$, $\overline{BC} \parallel \overline{PG'} \parallel \overline{GQ}$이다. □ABCD의 넓이가 288 cm² 일 때, 색칠한 부분의 넓이를 구하시오.

01 오른쪽 그림과 같은 △AFG에서 $\overline{BC}$ // $\overline{DE}$ // $\overline{FG}$이고 $\overline{AB}=3$ cm, $\overline{AC}=5$ cm, $\overline{CG}=15$ cm, $\overline{DF}=3$ cm일 때, $x+y$의 값은?

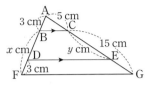

① 15   ② 16   ③ 17

④ 18   ⑤ 19

02 오른쪽 그림과 같은 △ABC에서 $\overline{AD}$는 ∠BAC의 이등분선이고, 점 E는 $\overline{AD}$와 $\overline{BC}$의 교점이다. $\overline{AB}$ // $\overline{CD}$이고 $\overline{AB}=\overline{AE}=9$ cm, $\overline{ED}=14$ cm일 때, $\overline{AC}$의 길이는?

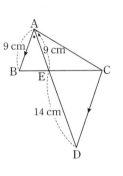

① 12 cm   ② 13 cm   ③ 14 cm

④ 15 cm   ⑤ 16 cm

03 다음 그림에서 $\overline{AB}$와 서로 평행한 선분만을 모두 고른 것은?

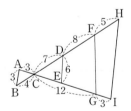

① $\overline{DE}$ ② $\overline{FG}$ ③ $\overline{HI}$

④ $\overline{DE}$, $\overline{FG}$ ⑤ $\overline{FG}$, $\overline{HI}$

04 오른쪽 그림과 같이 ∠D=90°인 □ABCD에서 $\overline{AD}$ // $\overline{EG}$ // $\overline{BC}$이고, $\overline{AD}=\overline{DG}=\overline{EF}=3$ cm이다. $\overline{AE}:\overline{EB}=1:2$일 때, □ABCD의 넓이는?

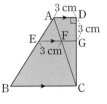

① 45 cm^2 ② 48 cm^2 ③ 51 cm^2

④ 54 cm^2 ⑤ 57 cm^2

고난도

05 오른쪽 그림과 같은 □ABCD에서 $\overline{AB}$, $\overline{BC}$, $\overline{CD}$, $\overline{DA}$의 중점을 각각 E, F, G, H라 할 때, 다음 중 옳지 않은 것은?

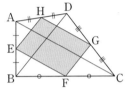

① $\overline{EF}=\overline{HG}$

② $\overline{BD}=2\overline{EH}$

③ $\overline{EH}:\overline{HG}=\overline{BD}:\overline{AC}$

④ □EFGH=$\frac{2}{3}$□ABCD

⑤ □EFGH는 평행사변형이다.

06 다음 그림에서 l // m // n일 때, $y-x$의 값은?

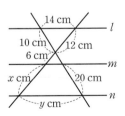

① 10   ② 11   ③ 12

④ 13   ⑤ 14

07 오른쪽 그림에서 $l /\!/ m /\!/ n$일 때, 다음 중 옳은 것은?

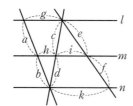

① $a : b = e : f$

② $a : g = b : h$

③ $c : d = h : i$

④ $e : i = f : k$

⑤ $h : g = i : k$

08 오른쪽 그림에서 점 F는 $\overline{AC}$와 $\overline{BD}$의 교점이고, $\overline{AD} /\!/ \overline{EF} /\!/ \overline{BC}$이다. $\overline{BC} = 12$ cm, $\overline{DF} = 4$ cm, $\overline{FB} = 10$ cm 일 때, $\overline{EF}$의 길이는?

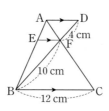

① $\dfrac{24}{7}$ cm ② $\dfrac{25}{7}$ cm ③ $\dfrac{26}{7}$ cm

④ $\dfrac{27}{7}$ cm ⑤ $\dfrac{29}{7}$ cm

09 오른쪽 그림에서 $\overline{AD}$, $\overline{BE}$는 △ABC 의 중선이고, 점 G는 $\overline{AD}$, $\overline{BE}$의 교점이 다. $\overline{AG} = 8$ cm, $\overline{GE} = 6$ cm, $\overline{DC} = 12$ cm일 때, $\dfrac{xy}{z}$의 값은?

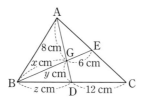

① 1 ② 2 ③ 3

④ 4 ⑤ 5

10 오른쪽 그림에서 $\overline{AE}$, $\overline{CD}$ 는 삼각형 ABC의 중선이 고, 점 G는 두 중선의 교점 이다. △ADG와 △CGE 의 넓이의 합이 15 cm²일 때, △AGC의 넓이 는?

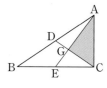

① 15 cm² ② 18 cm² ③ 25 cm²

④ 27 cm² ⑤ 30 cm²

11 오른쪽 그림과 같은 직사각형 ABCD에서 두 점 G와 G′는 각각 △ABC와 △ACD의 무게중심이 다. □ABCD의 넓이가 18 cm²일 때, △AGG′의 넓이는?

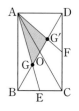

① 2 cm² ② 3 cm² ③ 4 cm²

④ 5 cm² ⑤ 6 cm²

12 오른쪽 그림과 같은 사다 리꼴 ABCD에서 $\overline{AD} /\!/ \overline{GF} /\!/ \overline{BC}$이고, 점 G는 △ABC의 무게중심 이다. $\overline{AD} = 6$ cm, $\overline{GF} = 5$ cm일 때, $\overline{BC}$의 길이는?

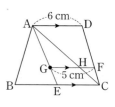

① 8 cm ② 9 cm ③ 10 cm

④ 11 cm ⑤ 12 cm

서술형

고난도

13 오른쪽 그림에서 점 D는 $\overline{AB}$ 위의 점이고, $\overline{AB} /\!/ \overline{EC}$, $\overline{BC} /\!/ \overline{DE}$이다. $\overline{AC}$가 $\overline{DE}$, $\overline{BE}$와 만나는 점을 각각 F, G라 하면 $\overline{FG}=4$ cm, $\overline{GC}=7$ cm일 때, $\overline{AF}$의 길이를 구하시오.

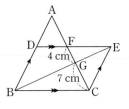

고난도

14 오른쪽 그림에서 점 G는 △ABC의 무게중심이고, $\overline{AC} /\!/ \overline{HE}$, $\overline{BC} /\!/ \overline{DF}$이다. △ABC의 둘레의 길이가 48 cm일 때, △HDG의 둘레의 길이를 구하시오.

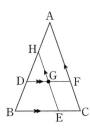

15 오른쪽 그림과 같이 ∠A=90°인 직각삼각형 ABC에서 두 점 G와 G′는 각각 △ABC와 △ADC의 무게중심이다. $\overline{BD}=12$ cm일 때, $x+y$의 값을 구하시오.

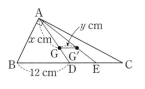

16 오른쪽 그림에서 점 G는 △ABC의 무게중심이고, 점 G′는 △GBC의 무게중심이다. △GBG′의 넓이가 6 cm²일 때, △ABC의 넓이를 구하시오.

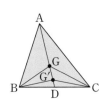

V. 도형의 닮음과 피타고라스 정리

3

피타고라스 정리

3 피타고라스 정리

1 피타고라스 정리

(1) 직각삼각형에서 직각을 낀 두 변의 길이를 각각 a, b라 하고, 빗변의 길이를 c라 하면 $a^2+b^2=c^2$을 만족한다.

예 오른쪽 그림과 같이 ∠C=90°인 직각삼각형 ABC에서 $\overline{AB}^2=6^2+8^2=100$이므로 $\overline{AB}=10$ cm

2 피타고라스 정리의 정당화

(1) 유클리드의 방법

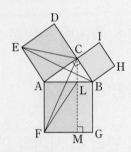

△ABE≡△AFC (SAS 합동)이므로
△ACE=△ABE=△AFC=△AFL
즉, □ACDE=□AFML
같은 방법으로 하면 □BHIC=□LMGB이므로
□AFGB=□ACDE+□BHIC
따라서 $\overline{AB}^2=\overline{AC}^2+\overline{BC}^2$

(2) 피타고라스의 방법

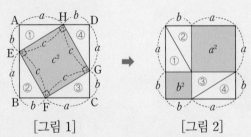

[그림 1]의 네 삼각형 ①, ②, ③, ④를 옮겨 붙여 [그림 2]를 만들면 한 변의 길이가 각각 a, b인 두 정사각형의 넓이의 합은 [그림 1]의 한 변의 길이가 c인 정사각형 EFGH의 넓이와 같으므로
$a^2+b^2=c^2$

01
다음 그림과 같은 직각삼각형 ABC에서 $\overline{AC}$의 길이를 구하시오.

(1)
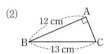

(2)

02
다음 그림과 같은 이등변삼각형 ABC의 넓이를 구하시오.

03
다음 그림은 직각삼각형 ABC의 각 변을 한 변으로 하는 정사각형 3개를 그린 것이다. □ACHI의 넓이가 22 cm², □BFGC의 넓이가 60 cm²일 때, □ADEB의 넓이를 구하시오.

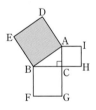

04
다음 그림과 같은 정사각형 ABCD에서 $\overline{AE}=\overline{BF}=\overline{CG}=\overline{DH}=5$ cm이고 $\overline{AB}=17$ cm일 때, □EFGH의 넓이를 구하시오.

V. 도형의 닮음과 피타고라스 정리

3 직각삼각형이 될 조건

(1) 세 변의 길이가 a, b, c인 삼각형 ABC에서 $a^2+b^2=c^2$이면 이 삼각형은 빗변의 길이가 c인 직각삼각형이다.

예 ① 세 변의 길이가 5 cm, 12 cm, 13 cm인 삼각형은 $5^2+12^2=13^2$이므로 직각삼각형이다.

② 세 변의 길이가 5 cm, 12 cm, 14 cm인 삼각형은 $5^2+12^2 \neq 14^2$이므로 직각삼각형이 아니다.

4 삼각형의 변과 각 사이의 관계

(1) **삼각형의 각의 크기에 따른 변의 길이**

삼각형 ABC에서 $\overline{AB}=c$, $\overline{BC}=a$, $\overline{CA}=b$일 때,

① $\angle C < 90°$이면 $c^2 < a^2+b^2$이다.

② $\angle C = 90°$이면 $c^2 = a^2+b^2$이다.

③ $\angle C > 90°$이면 $c^2 > a^2+b^2$이다.

(2) **삼각형의 변의 길이에 따른 각의 크기**

삼각형 ABC에서 $\overline{AB}=c$, $\overline{BC}=a$, $\overline{CA}=b$라 하고, 이 중 가장 긴 변의 길이를 c라 할 때,

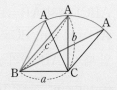

① $c^2 < a^2+b^2$이면 $\angle C < 90°$이고 $\triangle ABC$는 예각삼각형이다.

② $c^2 = a^2+b^2$이면 $\angle C = 90°$이고 $\triangle ABC$는 직각삼각형이다.

③ $c^2 > a^2+b^2$이면 $\angle C > 90°$이고 $\triangle ABC$는 둔각삼각형이다.

예 ① 세 변의 길이가 5 cm, 12 cm, 12 cm인 삼각형은 $5^2+12^2 > 12^2$이므로 예각삼각형이다.

② 세 변의 길이가 5 cm, 11 cm, 13 cm인 삼각형은 $5^2+11^2 < 13^2$이므로 둔각삼각형이다.

05

삼각형의 세 변의 길이가 각각 다음과 같을 때, 직각삼각형인 것에는 ○표, 직각삼각형이 아닌 것에는 ×표를 써넣으시오.

(1) 3 cm, 4 cm, 6 cm ( )

(2) 8 cm, 15 cm, 17 cm ( )

(3) 9 cm, 12 cm, 15 cm ( )

06

$\triangle ABC$에서 $\angle A$, $\angle B$, $\angle C$의 대변의 길이를 각각 a, b, c라 할 때, □ 안에 $=$, $<$, $>$ 중 알맞은 기호를 써넣으시오.

(1) $c^2 < a^2+b^2$이면 $\angle C$ □ $90°$이다.

(2) $c^2 = a^2+b^2$이면 $\angle C$ □ $90°$이다.

(3) $c^2 > a^2+b^2$이면 $\angle C$ □ $90°$이다.

07

다음 그림과 같은 □ABCD의 두 대각선이 서로 직교할 때, 빈칸을 알맞게 채우시오.

$$\overline{AB}^2 + \overline{CD}^2$$
$$= (\overline{AO}^2 + \overline{BO}^2) + (\overline{CO}^2 + \overline{DO}^2)$$
$$= (\overline{AO}^2 + \overline{DO}^2) + (\boxed{(1)} + \overline{CO}^2)$$
$$= \boxed{(2)} + \overline{BC}^2$$

08

다음 그림과 같이 모선의 길이가 10 cm, 밑면의 반지름의 길이가 6 cm인 원뿔의 높이를 구하시오.

대표유형

01 오른쪽 그림과 같이 ∠B=90°인 직각삼각형 ABC에서 $\overline{AC}$=20 cm, $\overline{BC}$=16 cm일 때, $\overline{AB}$의 길이는?

① 10 cm　　② 12 cm　　③ 13 cm

④ 14 cm　　⑤ 15 cm

> **풀이 전략** 직각삼각형에서 직각을 낀 두 변의 길이의 제곱의 합은 빗변의 길이의 제곱과 같음을 이용하여 등식을 세운다.

02 오른쪽 그림과 같이 ∠C=90°인 직각삼각형에서 $\overline{AD}$=$\overline{BD}$이고, $\overline{DC}$=9 cm 이다. △ADC의 넓이가 54 cm²일 때, $\overline{BD}$의 길이는?

① 13 cm　　② 14 cm　　③ 15 cm

④ 16 cm　　⑤ 18 cm

03 오른쪽 그림과 같이 ∠A=∠C=90°인 □ABCD에서 $\overline{AD}$=15 cm, $\overline{BD}$=25 cm, $\overline{CD}$=7 cm일 때, □ABCD의 둘레의 길이는?

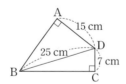

① 64 cm　　② 65 cm　　③ 66 cm

④ 67 cm　　⑤ 68 cm

04 오른쪽 그림과 같이 ∠ACD=∠BAC =90°인 평행사변형 ABCD에서 $\overline{AD}$=10 cm, $\overline{CD}$=8 cm일 때, □ABCD의 넓이는?

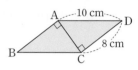

① 24 cm²　　② 30 cm²　　③ 36 cm²

④ 48 cm²　　⑤ 60 cm²

> **풀이 전략** 주어진 도형에서 직각삼각형을 찾아 피타고라스 정리를 적용한다.

05 오른쪽 그림과 같이 $\overline{AD}$=13 cm, $\overline{OD}$=12 cm인 마름모 ABCD의 넓이는?

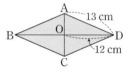

① 96 cm²　　② 100 cm²　　③ 105 cm²

④ 116 cm²　　⑤ 120 cm²

06 오른쪽 그림과 같이 ∠C=∠D=90°인 사다리꼴 ABCD에서 $\overline{AB}$=15 cm, $\overline{AD}$=11 cm, $\overline{BC}$=20 cm 일 때, □ABCD의 넓이는?

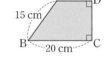

① 150 cm²　　② 165 cm²　　③ 176 cm²

④ 180 cm²　　⑤ 186 cm²

유형 **3** 피타고라스 정리의 정당화 (1)

07 오른쪽 그림은 ∠A=90°인 직각삼각형 ABC의 각 변을 한 변으로 하는 정사각형을 그린 것이다. 다음 중 넓이가 나머지 넷과 다른 하나는?

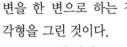

① △ACG   ② △ACH   ③ △AKG

④ △BCH   ⑤ △CJG

풀이 전략 서로 합동인 삼각형은 넓이가 같음을 이용한다.

08 오른쪽 그림은 ∠A=90°인 직각삼각형 ABC의 각 변을 한 변으로 하는 정사각형을 그린 것이다. □ADEB의 넓이는 144 cm²이고 □BFGC의 넓이는 169 cm²일 때, $\overline{AC}$의 길이는?

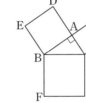

① 5 cm   ② 6 cm   ③ 7 cm

④ 8 cm   ⑤ 9 cm

09 오른쪽 그림은 ∠A=90°인 직각삼각형 ABC의 각 변을 한 변으로 하는 정사각형을 그린 것이다. $\overline{AB}$=6 cm, $\overline{AC}$=8 cm일 때, 다음 중 옳지 <u>않은</u> 것은?

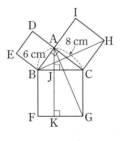

① △ABC=24 cm²   ② △AGC=36 cm²

③ △AGC≡△HBC   ④ □BFGC=100 cm²

⑤ □ADEB=□BFKJ

유형 **4** 피타고라스 정리의 정당화 (2)

10 오른쪽 그림과 같은 정사각형 ABCD에서 $\overline{AH}=\overline{EB}=\overline{FC}=\overline{GD}=15$, $\overline{AE}=\overline{BF}=\overline{CG}=\overline{DH}=8$ 일 때, □EFGH의 넓이는?

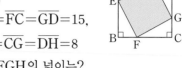

① 256   ② 264   ③ 272

④ 289   ⑤ 324

풀이 전략 □EFGH의 한 변은 직각삼각형의 빗변임을 이용한다.

11 (가)는 한 변의 길이가 17 cm인 정사각형을 네 개의 합동인 직각삼각형과 한 개의 사각형으로 나눈 그림이고, (나)는 (가)의 도형을 재배치한 그림이다. (나)의 사각형 A와 B의 넓이의 합은?

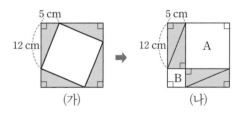

① 150 cm²   ② 160 cm²   ③ 169 cm²

④ 196 cm²   ⑤ 225 cm²

유형 **5** 직각삼각형이 될 조건

12 세 변의 길이가 각각 다음과 같은 삼각형 중에서 직각삼각형인 것은?

① 1, $\frac{4}{3}$, 2   ② 1, $\frac{12}{5}$, $\frac{14}{5}$

③ 4, 5, $\frac{20}{3}$ ④ 4, $\frac{15}{2}$, $\frac{17}{2}$

⑤ 7, 23, 25

풀이 전략 (가장 긴 변의 길이의 제곱)=(나머지 두 변의 길이의 제곱의 합)이 되는 세 수를 찾는다.

13 세 변의 길이가 5, a, 13인 삼각형이 직각삼각형이 되도록 하는 a의 값은? (단, $5 < a < 13$)

① 7 　　② 9 　　③ 10

④ 11 　　⑤ 12

14 삼각형 A와 삼각형 B의 세 변의 길이가 각각 다음과 같을 때, 두 삼각형이 모두 직각삼각형이 되도록 하는 x의 값은? (단, 세 변의 길이는 모두 크기 순으로 나열되어 있다.)

삼각형 A: 6, x, 10
삼각형 B: x, 15, 17

① $\dfrac{13}{2}$ 　　② 7 　　③ $\dfrac{15}{2}$

④ 8 　　⑤ 9

유형 **6** **삼각형의 변과 각 사이의 관계**

15 세 변의 길이가 각각 다음과 같은 삼각형 중에서 예각삼각형인 것은?

① 2, 2, 3 　　② 2, 3, 4

③ 3, 4, 5 　　④ 3, 4, 6

⑤ 4, 5, 6

풀이 전략 (가장 긴 변의 길이의 제곱)<(나머지 두 변의 길이의 제곱의 합)인 경우 예각삼각형이 됨을 이용한다.

---

16 세 변의 길이가 4 cm, 6 cm, a cm인 삼각형이 둔각삼각형이 되도록 하는 자연수 a의 개수는?

(단, $2 < a < 10$)

① 3개 　　② 4개 　　③ 5개

④ 6개 　　⑤ 7개

유형 **7** **평면도형에서의 활용**

17 오른쪽 그림과 같이 □ABCD의 두 대각선이 직교하고 $\overline{AD}=10$, $\overline{BC}=4$일 때, $\overline{AB}^2+\overline{CD}^2$의 값은?

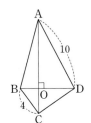

① 116 　　② 118

③ 120 　　④ 124

⑤ 128

풀이 전략 사각형 ABCD의 두 대각선이 서로 직교할 때, $\overline{AB}^2+\overline{CD}^2=\overline{AD}^2+\overline{BC}^2$임을 이용한다.

18 오른쪽 그림과 같이 $\angle A=90°$인 직각삼각형 ABC에서 $\overline{AB}=12$, $\overline{AC}=5$, $\overline{DC}^2+\overline{BE}^2=200$일 때, $\overline{DE}^2$의 값은?

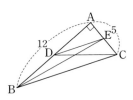

① 31 　　② 32 　　③ 33

④ 34 　　⑤ 35

19 오른쪽 그림은 직각삼각형 ABC에서 $\overline{AB}$, $\overline{AC}$를 각 각 지름으로 하는 반원을 그린 것이다. $\overline{BC}=20$ cm 일 때, 색칠한 두 반원의 넓이의 합은?

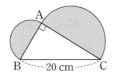

① 50π cm²   ② 60π cm²   ③ 75π cm²

④ 90π cm²   ⑤ 100π cm²

20 오른쪽 그림과 같이 $\angle A=90°$인 직각삼각형 ABC에서 $\overline{AH}\perp\overline{BC}$이고 $\overline{AB}=6$ cm, $\overline{AC}=8$ cm 일 때, $\overline{AH}$의 길이는?

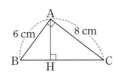

① 4 cm   ② $\dfrac{22}{5}$ cm   ③ $\dfrac{24}{5}$ cm

④ 5 cm   ⑤ $\dfrac{26}{5}$ cm

21 오른쪽 그림과 같이 $\angle B=\angle D=90°$인 두 직각삼 각형 ABC와 ADE에서 $\overline{AD}=\overline{DB}=12$, $\overline{AE}=15$일 때, $\overline{DC}^2$의 값은?

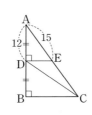

① 462 ② 464 ③ 468

④ 470 ⑤ 472

유형 8 **입체도형에서의 활용**

22 오른쪽 그림과 같이 세 모서리의 길이가 각각 16 cm, 10 cm, 8 cm인 직육면체의 꼭짓점 A에서 모서리 CD를 지나 꼭짓점 F에 이르는 최단 거리는?

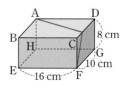

① 25 cm   ② 26 cm   ③ 27 cm

④ 28 cm   ⑤ 29 cm

풀이 전략 전개도를 그린 후 직각삼각형을 찾아 피타고라스 정리를 적용한다.

23 오른쪽 그림과 같이 밑면의 반지름의 길이가 3 cm이고 높이가 4π cm인 원기둥의 점 A에서 반 바퀴를 돌아 점 B에 이르는 최단 거리는?

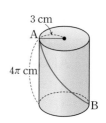

① 5π cm   ② 6π cm   ③ 7π cm

④ 8π cm   ⑤ 9π cm

24 오른쪽 그림은 옆면을 이루는 부채꼴의 중심각의 크기가 216°인 원뿔의 전개도이다. $\overline{OB}=20$ cm일 때, 원뿔의 높 이는?

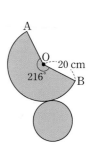

① 15 cm   ② 16 cm

③ 17 cm   ④ 18 cm

⑤ 19 cm

① 피타고라스 정리를 이용하여 길이 구하기

01 다음 직사각형 중 대각선의 길이가 가장 긴 것은?

① 가로의 길이: 3 cm, 세로의 길이: 4 cm

② 가로의 길이: 6 cm, 세로의 길이: 8 cm

③ 가로의 길이: 9 cm, 세로의 길이: 12 cm

④ 가로의 길이: 12 cm, 세로의 길이: 5 cm

⑤ 가로의 길이: 15 cm, 세로의 길이: 8 cm

① 피타고라스 정리를 이용하여 길이 구하기

02 오른쪽 그림의 두 직각삼각형 ABD, ADC에서 $\overline{AB}=10$ cm, $\overline{AC}=17$ cm, $\overline{AD}=8$ cm일 때, $\overline{BC}$의 길이는?

① 21 cm   ② 22 cm   ③ 23 cm

④ 24 cm   ⑤ 25 cm

② 피타고라스 정리를 이용하여 넓이 구하기

03 오른쪽 그림과 같이 ∠C=90° 이고, 두 대각선이 직교하는 사각형 ABCD에서 $\overline{AO}=6$ cm, $\overline{BC}=3$ cm, $\overline{CD}=4$ cm일 때, □ABCD의 넓이는?

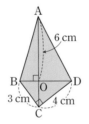

① 19 cm²   ② 20 cm²   ③ 21 cm²

④ 22 cm²   ⑤ 23 cm²

③ 피타고라스 정리의 정당화 (1)

04 오른쪽 그림은 ∠C=90°인 직각삼각형 ABC의 각 변을 한 변으로 하는 정사각형을 그린 것이다. $\overline{AC}=6$ cm, $\overline{AD}=14$ cm일 때, △EBC의 넓이는?

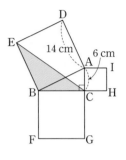

① 70 cm²   ② 72 cm²   ③ 80 cm²

④ 84 cm²   ⑤ 98 cm²

④ 피타고라스 정리의 정당화 (2)

05 오른쪽 그림에서 4개의 직각삼각형은 모두 합동이고 정사각형 EFGH의 넓이는 49 cm², $\overline{BF}=10$ cm일 때, □ABCD의 넓이는?

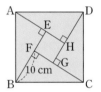

① 289 cm²   ② 324 cm²   ③ 356 cm²

④ 372 cm²   ⑤ 389 cm²

⑤ 직각삼각형이 될 조건

06 △ABC의 세 변 AB, AC, BC의 길이의 비가 다음과 같을 때, 직각삼각형인 것은?

① 4 : 5 : 3   ② 4 : 2 : 3   ③ 5 : 6 : 2

④ 12 : 7 : 11   ⑤ 13 : 5 : 9

⑤ 직각삼각형이 될 조건

07 오른쪽 그림과 같이 $\overline{AB}=5$, $\overline{AD}=12$, $\overline{BC}=9$, $\overline{BD}=13$, $\overline{CD}=8$일 때, $\triangle ABD$와 $\triangle BCD$가 각각 어떤 삼각형인지 바르게 짝지은 것은?

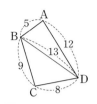

	$\triangle ABD$	$\triangle BCD$
①	예각삼각형	예각삼각형
②	예각삼각형	직각삼각형
③	직각삼각형	예각삼각형
④	직각삼각형	둔각삼각형
⑤	둔각삼각형	둔각삼각형

⑥ 삼각형의 변과 각 사이의 관계

08 오른쪽 그림과 같은 $\triangle ABC$에서 $\angle A$, $\angle B$, $\angle C$의 대변의 길이를 각각 a, b, c라 할 때, 다음 중 옳은 것은?

① $a^2 > b^2 + c^2$이면 $\angle B < 90°$이다.
② $c^2 < a^2 + b^2$이면 $\angle C > 90°$이다.
③ $a^2 = b^2 + c^2$이면 $\angle C = 90°$인 직각삼각형이다.
④ $b^2 > a^2 + c^2$이면 $\angle B < 90°$인 예각삼각형이다.
⑤ $c^2 > a^2 + b^2$이면 $\angle A > 90°$인 둔각삼각형이다.

⑦ 평면도형에서의 활용

09 오른쪽 그림과 같이 $\angle A = 90°$인 직각삼각형 ABC에서 $\overline{AB}=4$ cm, $\overline{AC}=3$ cm일 때, $\triangle ABH$의 넓이는?

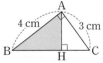

① $\dfrac{18}{5}$ cm^2 ② $\dfrac{96}{25}$ cm^2 ③ $\dfrac{98}{25}$ cm^2

④ $\dfrac{102}{25}$ cm^2 ⑤ $\dfrac{21}{5}$ cm^2

⑦ 평면도형에서의 활용

10 오른쪽 그림과 같이 $\angle A = 90°$인 직각삼각형 ABC에서 두 점 D, E는 각각 $\overline{AB}$, $\overline{AC}$의 중점이고 $\overline{DF}=4$, $\overline{EF}=5$일 때, $\overline{DE}^2 + \overline{BC}^2$의 값은?

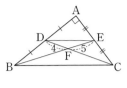

① 164   ② 244   ③ 289
④ 345   ⑤ 369

⑧ 입체도형에서의 활용

11 오른쪽 그림과 같이 $\angle ADC = \angle ADB = \angle CDB$ $=90°$인 삼각뿔 D–ABC의 점 A에서 출발하여 점 D, 점 B, 점 C를 차례로 거쳐 다시 점 A에 돌아오고자 한다. 총 이동한 경로의 길이는?
(단, 점과 점 사이는 직선 경로로 이동한다.)

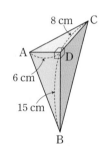

① 40 cm   ② 42 cm   ③ 44 cm
④ 48 cm   ⑤ 49 cm

⑧ 입체도형에서의 활용

12 오른쪽 그림과 같이 밑면의 반지름의 길이가 2 cm이고, 모선의 길이가 8 cm인 원뿔이 있다. 점 A에서 옆면을 따라 한 바퀴를 돈 후 다시 점 A에 도달하는 최단 거리를 a cm라 할 때, a^2의 값은?

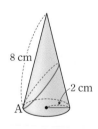

① 124   ② 128   ③ 130
④ 132   ⑤ 136

1

오른쪽 그림에서 두 점 D, E는 각각 $\overline{AB}$, $\overline{BC}$의 중점이고, 점 F는 $\overline{AE}$와 $\overline{DC}$의 교점이다.
$\overline{AB}=12$ cm,
$\overline{FE}=5$ cm일 때, △FEC의 넓이를 구하시오.

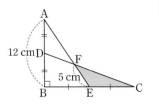

1-1

오른쪽 그림과 같이 $\overline{AB}=\overline{AC}$인 이등변삼각형 ABC에서 두 점 D, E는 각각 $\overline{AB}$와 $\overline{AC}$의 중점이고, 점 F는 $\overline{BE}$와 $\overline{CD}$의 교점이다.
$\overline{BC}=8$ cm이고 △ABC의 넓이가 36 cm²일 때, $\overline{DF}$의 길이를 구하시오.

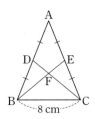

2

오른쪽 그림은 ∠B=90°인 직각삼각형 ABC의 각 변을 한 변으로 하는 정사각형을 그린 것으로 점 B에서 $\overline{AC}$, $\overline{IH}$에 내린 수선의 발을 각각 J, K라 하자. □ADEB의 넓이가 16 cm², □BFGC의 넓이가 9 cm²일 때, □HJBC의 넓이를 구하시오.

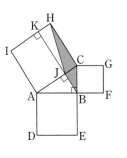

2-1

오른쪽 그림은 ∠C=90°인 직각삼각형 ABC의 각 변을 한 변으로 하는 정사각형을 그린 것이다. □BFGC의 넓이가 100 cm², □ACHI의 넓이가 36 cm²일 때, △CDE의 넓이를 구하시오.

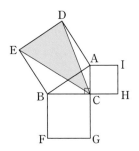

세 변의 길이가 각각 다음과 같은 두 삼각형이 모두 직각삼각형이 되도록 하는 a의 값을 구하시오.

> 삼각형 A : a, 8, 10
>
> 삼각형 B : a, $\dfrac{7}{4}$, $\dfrac{25}{4}$

오른쪽 그림과 같이 두 밑면의 반지름의 길이의 비가 1 : 2인 원뿔대가 있다. 원뿔대의 높이가 3 cm, 모선의 길이가 4 cm일 때, 이 원뿔대의 부피를 구하시오.

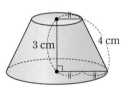

3 cm 4 cm

3-1

세 변의 길이가 각각 다음과 같은 두 삼각형이 모두 예각삼각형이 되도록 하는 모든 자연수 a의 값의 합을 구하시오.

> 삼각형 A : a, 8, 10
>
> 삼각형 B : a, 7, 12

4-1

오른쪽 그림과 같이 두 밑면의 지름의 길이의 비가 1 : 3인 원뿔대가 있다. 원뿔대의 높이가 8 cm, 모선의 길이가 10 cm일 때, 이 원뿔대의 부피를 구하시오.

8 cm 10 cm

서술형 집중 연습

예제 1

오른쪽 그림과 같이 $\overline{AD}=20$ cm, $\overline{BC}=30$ cm이고 $\overline{AB}=\overline{DC}$인 등변사다리꼴 ABCD의 넓이가 300 cm²일 때, □ABCD의 둘레의 길이를 구하시오.

풀이 과정

두 점 A와 D에서 $\overline{BC}$에 내린 수선의 발을 각각 E, F라 하자.

$$\square ABCD = \frac{1}{2} \times (\overline{AD}+\overline{BC}) \times \overline{AE}$$
$$= \frac{1}{2} \times \boxed{} \times \overline{AE} = 300$$

$\overline{AE}=\boxed{}$ cm

△ABE와 △DCF에서

$\overline{AB}=\overline{DC}$, $\angle AEB=\angle DFC=90°$, $\angle ABE=\angle DCF$

이므로 △ABE≡△DCF (RHA 합동)이고,

$\overline{BE}=\overline{FC}=\boxed{}$ cm

△ABE에서 $\overline{AB}^2=\overline{BE}^2+\overline{AE}^2$이므로

$\overline{AB}=\boxed{}$ cm

따라서

$$(\square ABCD의\ 둘레의\ 길이) = \overline{AB}+\overline{BC}+\overline{CD}+\overline{DA}$$
$$= \boxed{} \ (cm)$$

유제 1

오른쪽 그림과 같이 $\overline{AB}=\overline{AD}=\overline{DC}=20$ cm 인 등변사다리꼴 ABCD의 둘레의 길이가 104 cm일 때, □ABCD의 넓이를 구하시오.

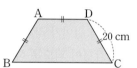

예제 2

세 변의 길이가 7 cm, a cm, 12 cm인 삼각형이 둔각삼각형이 되도록 하는 자연수 a의 값을 모두 구하시오.
(단, $7<a<12$)

풀이 과정

$7<a<12$이므로 삼각형의 세 변의 길이 중 가장 긴 변의 길이는 $\boxed{}$ cm이다.

삼각형이 둔각삼각형이 되기 위해서는

(가장 긴 변의 길이의 제곱)

> (나머지 두 변의 길이의 제곱의 합)

을 만족해야 하므로

$\boxed{}^2 > \boxed{}^2 + a^2$, $\boxed{} > a^2$

따라서 가능한 자연수 a의 값은 $\boxed{}$, $\boxed{}$이다.

유제 2

세 변의 길이가 5 cm, 9 cm, a cm인 삼각형이 둔각삼각형이 되도록 하는 자연수 a의 값을 모두 구하시오.
(단, $4<a<14$)

예제 ③

오른쪽 그림과 같이 정사각형 ABCD의 네 변을 지름으로 하는 네 개의 반원과 정사각형 ABCD의 대각선을 지름으로 하는 한 개의 원을 그렸다. 정사각형의 한 변의 길이가 2 cm일 때, 색칠한 부분의 넓이를 구하시오.

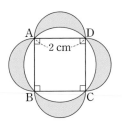

풀이 과정

(작은 반원의 넓이)$=\dfrac{1}{2}\times\pi\times\left(\dfrac{1}{2}\overline{AD}\right)^2=\boxed{}$ (cm^2)

$\triangle$ABC에서 $\overline{AC}^2=\overline{AB}^2+\overline{BC}^2=\boxed{}$이므로

($\overline{AC}$를 지름으로 하는 큰 원의 넓이)

$=\pi\times\left(\dfrac{1}{2}\overline{AC}\right)^2=\pi\times\dfrac{1}{4}\times\overline{AC}^2=\boxed{}$ (cm^2)

따라서

(색칠한 부분의 넓이)

$=$(작은 네 반원의 넓이)$+$($\square$ABCD의 넓이)

$\quad-$($\overline{AC}$를 지름으로 하는 큰 원의 넓이)

$=\boxed{}$ (cm^2)

유제 ③

오른쪽 그림은 $\angle$B$=90°$인 직각삼각형 ABC의 변 AB와 변 BC를 각각 지름으로 하는 두 반원을 그린 것이다. 점 O는 $\overline{AC}$의 중점이고 $\overline{OB}=14$ cm일 때, 색칠한 두 반원의 넓이의 합을 구하시오.

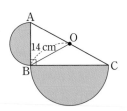

예제 ④

오른쪽 그림과 같이 두 대각선이 직교하는 사각형 ABCD와 사각형의 두 변 AD, BC를 각각 한 변으로 하는 정사각형이 있다. $\overline{AB}=7$, $\overline{CD}=11$일 때, $\square$ADGH와 $\square$BEFC의 넓이의 합을 구하시오.

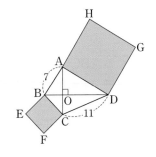

풀이 과정

$\overline{AB}^2=\overline{AO}^2+\boxed{}^2$, $\overline{BC}^2=\boxed{}^2+\overline{CO}^2$,

$\overline{CD}^2=\overline{CO}^2+\boxed{}^2$, $\overline{AD}^2=\overline{AO}^2+\boxed{}^2$이므로

$\square$ADGH$+\square$BEFC

$=\overline{AD}^2+\overline{BC}^2=(\overline{AO}^2+\boxed{}^2)+(\boxed{}^2+\overline{CO}^2)$

$=(\overline{AO}^2+\overline{BO}^2)+(\overline{CO}^2+\overline{DO}^2)=\overline{AB}^2+\boxed{}^2$

$=\boxed{}$ (cm^2)

유제 ④

오른쪽 그림과 같이 직사각형 ABCD 안에 $\overline{AE}=\overline{DF}$, $\overline{EB}=\overline{FC}$를 만족하는 네 개의 직각삼각형이 있다. $\overline{AO}=4$, $\overline{CO}=3$, $\overline{DO}=2$일 때, $\overline{BO}^2$의 값을 구하시오.

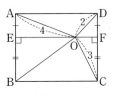

01 오른쪽 그림과 같이 네 개의 직각삼각형 ABC, CED, EGF, GHI가 변의 일부를 공유하며 놓여 있다. $\overline{IH}$의 길이는?

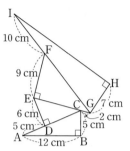

① 20 cm　　② 21 cm
③ 22 cm　　④ 23 cm
⑤ 24 cm

02 오른쪽 그림과 같이 ∠A=90°인 직각삼각형 ABC에서 $\overline{AH}\perp\overline{BC}$이다. △ABC의 넓이는 120 cm² 이고 $\overline{AC}=24$ cm일 때, $\overline{AH}$의 길이는?

① $\dfrac{100}{13}$ cm　　② $\dfrac{120}{13}$ cm　　③ $\dfrac{180}{13}$ cm

④ $\dfrac{240}{13}$ cm　　⑤ $\dfrac{250}{13}$ cm

03 오른쪽 그림과 같이 ∠A=90°인 직각삼각형 ABC에서 두 점 D, E는 각각 $\overline{AB}$, $\overline{AC}$의 중점이고, 점 G는 $\overline{BE}$와 $\overline{DC}$의 교점이다. $\overline{AB}=12$ cm, $\overline{AC}=10$ cm일 때, $\overline{GE}$의 길이는?

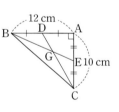

① 3 cm　　② 4 cm　　③ $\dfrac{13}{3}$ cm

④ $\dfrac{16}{3}$ cm　　⑤ $\dfrac{26}{3}$ cm

04 오른쪽 그림은 ∠A=90°이고 $\overline{AB}=\overline{AC}$인 직각이등 변삼각형 ABC의 각 변을 한 변으로 하는 정사각형을 그린 것이 다. $\overline{BF}=8$ cm일 때, △BCH의 넓이는?

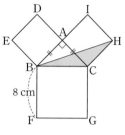

① 12 cm²　　② 16 cm²　　③ 20 cm²
④ 24 cm²　　⑤ 28 cm²

05 오른쪽 그림에서 4개의 직각삼각형 ABE, BCF, CDG, DAH는 모두 합 동이고 $\overline{FG}=\overline{GC}=4$ cm 일 때, □ABCD의 넓이는?

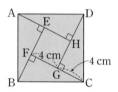

① 64 cm²　　② 72 cm²　　③ 76 cm²
④ 80 cm²　　⑤ 84 cm²

06 △ABC의 세 변의 길이가 아래 〈보기〉와 같을 때, 다음 중 직각삼각형인 것을 모두 고른 것은?

> ● 보기 ●
>
> ㄱ. 3 cm, 4 cm, 6 cm
> ㄴ. 5 cm, 12 cm, 14 cm
> ㄷ. 6 cm, 8 cm, 9 cm
> ㄹ. 8 cm, 15 cm, 17 cm
> ㅁ. 9 cm, 12 cm, 15 cm

① ㄹ　　　② ㄱ, ㄴ　　　③ ㄴ, ㄷ
④ ㄷ, ㅁ　　⑤ ㄹ, ㅁ

07 세 변의 길이가 각각 다음과 같은 삼각형 중에서 둔각삼각형인 것은?

① 3, 4, 4 ② 5, 12, 13

③ 6, 7, 10 ④ 7, 22, 23

⑤ 8, 16, 17

고난도

10 오른쪽 그림의 정사각형 ABCD에서 두 점 E, F는 각각 $\overline{\text{AD}}$, $\overline{\text{CD}}$의 중점이다. $\overline{\text{EF}}=8$ cm일 때, $\overline{\text{BE}}^2+\overline{\text{BF}}^2$의 값은?

① 320 ② 324 ③ 326

④ 328 ⑤ 330

08 △ABC에서 ∠A, ∠B, ∠C의 대변의 길이를 각각 a, b, c라 하자. a, b, c가 $a^2>b^2+c^2$의 관계식을 만족할 때, 다음 중 ∠A, ∠B, ∠C의 크기로 옳은 것은?

① ∠A<90°, ∠B<90°, ∠C<90°

② ∠A<90°, ∠B<90°, ∠C=90°

③ ∠A<90°, ∠B>90°, ∠C<90°

④ ∠A=90°, ∠B<90°, ∠C<90°

⑤ ∠A>90°, ∠B<90°, ∠C<90°

11 오른쪽 그림은 ∠C=90°인 직각삼각형 ABC의 세 변을 각각 지름으로 하는 세 반원을 그린 것이다. $\overline{\text{AC}}=6$ cm, $\overline{\text{OC}}=5$ cm 일 때, 색칠한 부분의 넓이의 합은?

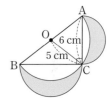

① 20 cm² ② 24 cm² ③ 28 cm²

④ 32 cm² ⑤ 36 cm²

고난도

09 다음 그림의 두 삼각형 ABC, DEF에 대해 두 점 A와 D에서 각각 $\overline{\text{BC}}$, $\overline{\text{EF}}$에 내린 수선의 발을 G, H라 할 때, $\overline{\text{BG}}=\overline{\text{EH}}$, $\overline{\text{GC}}=\overline{\text{HF}}$가 성립한다. $\overline{\text{AB}}=16$, $\overline{\text{AC}}=18$, $\overline{\text{DF}}=11$일 때, $\overline{\text{DE}}^2$의 값은?

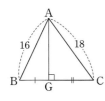
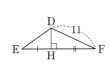

① 53 ② 54 ③ 55

④ 56 ⑤ 57

12 오른쪽 그림과 같이 원기둥의 점 A에서 반바퀴를 돌아 점 B까지 테이프를 붙이려고 한다. 점 B가 원기둥 높이의 중간 지점에 위치해 있을 때, 테이프의 최단 길이는?

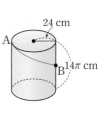

① 25π cm ② 34π cm ③ 39π cm

④ 45π cm ⑤ 50π cm

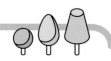

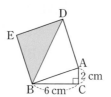

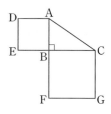

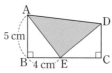

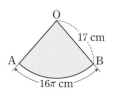

서술형

13 오른쪽 그림과 같이 ∠C＝90°인 직각삼각형 ABC의 $\overline{AB}$를 한 변으로 하는 정사각형 ADEB를 그릴 때, △BDE의 넓이를 구하시오.

14 오른쪽 그림에서 $\overline{AB}$와 $\overline{CD}$는 $\overline{BC}$에 수직이고, △ABE≡△ECD이다. $\overline{AB}=5$ cm, $\overline{BE}=4$ cm일 때, △AED의 넓이를 구하시오.

15 오른쪽 그림과 같이 ∠B＝90°인 직각삼각형 ABC의 두 변 AB, BC를 각각 한 변으로 하는 정사각형을 그리면 □ADEB의 넓이는 36 cm², □BFGC의 넓이는 64 cm²이다. △ABC의 둘레의 길이를 구하시오.

16 오른쪽 그림의 부채꼴 OAB는 어떤 원뿔의 옆면의 전개도를 그린 것이다. 부채꼴의 반지름의 길이가 17 cm, 호의 길이가 16π cm일 때, 이 전개도를 접어 만든 원뿔의 높이를 구하시오.

01 오른쪽 그림과 같이 ∠E=90°인 직각삼각형 ADE와 그 빗변 AD 를 한 변으로 하는 직사각형 ABCD에서 $\overline{AE}=4$, $\overline{ED}=1$, $\overline{DC}=8$일 때, $\overline{AC}$의 길이는?

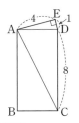

① 9　　② 11　　③ 13
④ 15　　⑤ 17

02 오른쪽 그림과 같이 ∠B=90°인 직각삼각형 ABC에서 점 G는 △ABC의 무게중심이다.

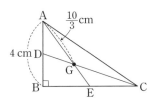

$\overline{AB}=4$ cm, $\overline{AG}=\dfrac{10}{3}$ cm일 때, $\overline{EC}$의 길이는?

① $\dfrac{8}{3}$ cm　　② 3 cm　　③ $\dfrac{10}{3}$ cm

④ $\dfrac{11}{3}$ cm　　⑤ 4 cm

03 오른쪽 그림과 같이 ∠B=90° 인 직각삼각형 ABC에서 $\overline{AB}=5$ cm, $\overline{BC}=7$ cm일 때, $\overline{AC}$를 지름으로 하는 반원 의 넓이는?

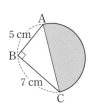

① $\dfrac{37\pi}{4}$ cm^2　② $\dfrac{37\pi}{2}$ cm^2　③ $\dfrac{74\pi}{3}$ cm^2

④ 37π cm^2　⑤ 74π cm^2

04 오른쪽 그림은 ∠B=90°인 직각이등 변삼각형 ABC의 각 변 을 한 변으로 하는 정사 각형을 그린 것이다. △ECH의 넓이가 100 cm^{2}일 때, $\overline{BC}$의 길이는?

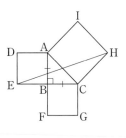

① 6 cm　　② 7 cm　　③ 8 cm
④ 9 cm　　⑤ 10 cm

고난도

05 오른쪽 그림은 ∠C=90° 이고 $\overline{AC}:\overline{BC}=3:4$인 직각삼각형 ABC의 각 변 을 한 변으로 하는 닮은 직사각형을 그린 것이다. □ACHI의 넓이가 108 cm^{2}이고 $\overline{BE}=12$ cm 일 때, $\overline{AC}$의 길이는?

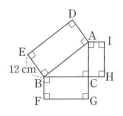

① 12 cm　　② 14 cm　　③ 15 cm
④ 18 cm　　⑤ 21 cm

06 오른쪽 그림에서 4개의 직각삼각형은 모두 합동 이고, 정사각형 ABCD의 넓이는 169 cm^{2}이다. $\overline{CG}=5$ cm일 때, □EFGH의 넓이는?

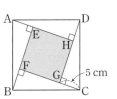

① 44 cm^2　　② 45 cm^2　　③ 48 cm^2
④ 49 cm^2　　⑤ 54 cm^2

07 세 변의 길이가 a, 5, 7인 삼각형이 예각삼각형이 된다고 할 때, 다음 중 a의 값이 될 수 <u>없는</u> 수는?

① 5 　　② 6 　　③ 7
④ 8 　　⑤ 9

08 다음 중 $\overline{AB}=4$ cm, $\overline{BC}=7$ cm, $\overline{CA}=5$ cm인 △ABC는 어떤 삼각형인지 바르게 설명한 것은?

① ∠A<90°인 예각삼각형
② ∠A>90°인 둔각삼각형
③ ∠B=90°인 직각삼각형
④ ∠B>90°인 둔각삼각형
⑤ ∠C=90°인 직각삼각형

09 오른쪽 그림의 □ABCD에서 $\overline{AC} \perp \overline{BD}$일 때, $\overline{BC}^2$의 값은?

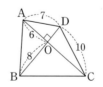

① 149 　　② 150
③ 151 　　④ 152
⑤ 153

10 오른쪽 그림은 ∠A=90°인 직각삼각형 ABC의 세 변을 각각 지름으로 하는 세 반원을 그린 것이다. $\overline{AB}=8$ cm, $\overline{BC}=10$ cm일 때, 색칠한 부분의 넓이의 합은?

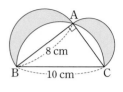

① 15 cm^2 　　② 18 cm^2 　　③ 20 cm^2
④ 24 cm^2 　　⑤ 30 cm^2

11 오른쪽 그림과 같은 삼각기둥의 꼭짓점 E에서 두 모서리 CF, AD를 차례로 지나 꼭짓점 B에 이르는 최단 거리는?

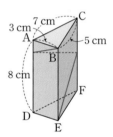

① 15 cm 　　② 16 cm
③ 17 cm 　　④ 18 cm
⑤ 19 cm

12 오른쪽 그림과 같이 높이가 10 cm, 모선의 길이가 14 cm인 원뿔의 부피는?

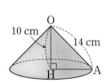

① 290π cm^3 　　② 300π cm^3
③ 310π cm^3 　　④ 320π cm^3
⑤ 330π cm^3

서술형

13 오른쪽 그림과 같이 $\angle C = \angle D = 90°$인 사각형 ABCD에서 $\overline{AB} = 15$, $\overline{AD} = 10$, $\overline{BC} = 19$일 때, $\overline{AC}^2$의 값을 구하시오.

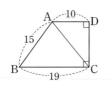

14 세 변의 길이가 9, a, 41인 삼각형이 직각삼각형이 되도록 하는 a의 값을 구하시오.

(단, $9 < a < 41$)

15 오른쪽 그림과 같이 윗변의 길이가 $2a$, 아랫변의 길이가 $2b$인 등변사다리꼴 ABCD 안에 네 개의 직각삼각형 AGF, DGF, GBE, GCE 가 합동이다. $\triangle ABG$와 $\triangle DGC$의 넓이의 합을 a, b에 관한 관계식으로 나타내시오.

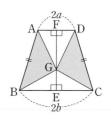

16 다음 그림과 같이 높이가 각각 4 m, 14 m인 두 기둥 P, Q가 지면에 수직으로 세워져 있고, 점 O로부터 기둥 Q의 끝부분까지 50 m의 줄이 팽팽하게 매어져 있다. 점 O로부터 기둥 P까지의 거리를 x m라 할 때, x^2의 값을 구하시오.

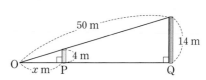

VI. 확률

1

경우의 수

1 경우의 수

1 사건과 경우의 수

(1) **사건**: 같은 조건에서 반복할 수 있는 실험이나 관찰에서 나오는 결과

(2) **경우의 수**: 어떤 사건이 일어나는 가짓수

예 ① 50원짜리 동전 1개와 100원짜리 동전 1개를 동시에 던질 때, 나올 수 있는 사건은 다음 표와 같다.

50원＼100원	앞면	뒷면
앞면	(앞, 앞)	(앞, 뒤)
뒷면	(뒤, 앞)	(뒤, 뒤)

② 한 개의 주사위를 던질 때, 홀수의 눈이 나오는 경우는 다음 표와 같다.

사건	경우	경우의 수
홀수의 눈이 나온다.	1, 3, 5	3

2 사건 A 또는 사건 B가 일어나는 경우의 수

일반적으로 두 사건 A, B가 동시에 일어나지 않을 때,

사건 A가 일어나는 경우의 수가 m,

사건 B가 일어나는 경우의 수가 n이면

사건 A 또는 사건 B가 일어나는 경우의 수는 $m+n$이다.

참고 '동시에' 일어난다는 것이 시간적으로 동시에 일어난다는 뜻이 아님에 유의한다.

예 한 개의 주사위를 던질 때 2 이하 또는 5 이상의 눈이 나오는 경우의 수 구하기
(2 이하의 눈이 나오는 경우의 수)＋(5 이상의 눈이 나오는 경우의 수)
＝2＋2
＝4

01

주머니 안에 1부터 9까지의 숫자가 각각 적힌 9개의 구슬이 들어 있다. 이 주머니에서 구슬 한 개를 꺼낼 때, 다음을 구하시오.

(1) 나올 수 있는 경우의 수

(2) 구슬에 적힌 숫자가 짝수인 경우의 수

02

한 개의 주사위를 던질 때, 다음을 구하시오.

(1) 소수의 눈이 나오는 경우의 수

(2) 5 이상의 눈이 나오는 경우의 수

03

혜원이와 지현이가 가위바위보를 할 때, 다음 사건이 일어나는 경우의 수를 구하시오.

(1) 두 사람이 비기는 경우

(2) 지현이가 혜원이를 이기는 경우

04

서로 다른 동전 두 개를 던질 때, 일어날 수 있는 모든 경우의 수를 구하시오.

05

1부터 12까지의 수가 각각 적힌 카드 12장이 들어 있는 상자에서 카드 한 장을 꺼낼 때, 다음 사건이 일어날 수 있는 경우의 수를 구하시오.

(1) 짝수가 적힌 카드가 나오는 경우

(2) 4의 배수가 적힌 카드가 나오는 경우

06

이온 음료 4가지와 탄산 음료 2가지가 있는 자판기에서 음료수 한 가지를 선택하는 경우의 수를 구하시오.

VI. 확률

3 사건 A와 사건 B가 동시에 일어나는 경우의 수

일반적으로 사건 A가 일어나는 경우의 수가 m이고, 그 각각에 대하여 사건 B가 일어나는 경우의 수가 n이면 사건 A와 사건 B가 동시에 일어나는 경우의 수는 $m \times n$이다.

ⓔ 음식점에서 라면 2가지와 김밥 3가지 메뉴 중에서 라면과 김밥을 각각 한 가지씩 주문하는 경우의 수 구하기

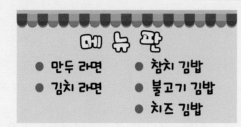

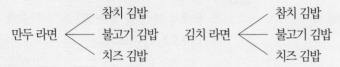

(라면을 고르는 경우의 수)×(김밥을 고르는 경우의 수)
$=2 \times 3$
$=6$

4 자연수를 만드는 경우의 수

서로 다른 한 자리 숫자가 각각 적힌 n장의 카드 중에서 a장을 차례로 뽑아 자연수를 만드는 경우의 수 구하기

(1) 0이 적힌 카드가 포함되지 않는 경우

$n \times (n-1) \times (n-2) \times \cdots \times (n-a+1)$

(2) 0이 적힌 카드가 포함되는 경우

$(n-1) \times (n-1) \times (n-2) \times \cdots \times (n-a+1)$

ⓔ (1) 1, 2, 3, 4의 숫자가 각각 적힌 4장의 카드 중에서 2장을 차례로 뽑아 두 자리 자연수를 만드는 경우의 수 구하기
$4 \times 3 = 12$

(2) 0, 1, 2, 3의 숫자가 각각 적힌 4장의 카드 중에서 2장을 차례로 뽑아 두 자리 자연수를 만드는 경우의 수 구하기
$3 \times 3 = 9$

5 한 줄로 세우는 경우의 수

n명을 한 줄로 세우는 경우의 수는 $n \times (n-1) \times (n-2) \times \cdots \times 1$

ⓔ 4명을 한 줄로 세우는 경우의 수 구하기
$4 \times 3 \times 2 \times 1 = 24$

개념 체크

07
5명의 모둠원 중에서 진행자와 발표자를 각각 한 명씩 선정하는 경우의 수를 구하시오.

08
자음 ㄴ, ㄹ, ㅁ과 모음 ㅏ, ㅓ, ㅜ가 있다. 자음 한 개와 모음 한 개를 짝 지어 만들 수 있는 글자의 개수를 구하시오.

09
동전 한 개와 주사위 한 개를 동시에 던질 때, 일어나는 경우의 수를 구하시오.

10
티셔츠는 빨간색, 노란색, 파란색의 3가지가 있고, 바지는 검은색, 흰색의 2가지가 있다. 티셔츠와 바지를 각각 1가지씩 골라 입을 수 있는 경우의 수를 구하시오.

01 주머니 속에 모양과 크기가 같고 0부터 4까지의 숫자가 각각 적힌 공 5개가 들어 있다. 이 중에서 임의로 공 2개를 차례로 꺼내어 첫 번째로 나온 숫자를 십의 자리로, 두 번째로 나온 숫자를 일의 자리 숫자로 하는 두 자리 자연수를 만들때, 32 이상인 수의 개수는?

(단, 첫 번째에 꺼낸 공은 다시 넣지 않는다.)

① 4개   ② 5개   ③ 6개
④ 7개   ⑤ 8개

> **풀이 전략** 십의 자리를 기준으로 경우를 나누어 개수를 센다.

02 빨간 구슬 3개, 노란 구슬 2개, 파란 구슬 3개가 들어 있는 주머니에서 한 개의 구슬을 꺼낼 때, 빨간 구슬 또는 노란 구슬이 나오는 경우의 수는?

① 2   ② 3   ③ 5
④ 6   ⑤ 8

03 1부터 10까지의 자연수가 각각 적힌 10장의 카드 중에서 한 장의 카드를 뽑을 때, 2의 배수 또는 3의 배수가 적힌 카드가 나오는 경우의 수는?

① 5   ② 6   ③ 7
④ 8   ⑤ 9

04 0부터 3까지의 정수가 각각 적힌 4장의 카드 중에서 2장을 동시에 뽑아 만들 수 있는 두 자리 자연수의 개수는?

① 8개   ② 9개   ③ 10개
④ 11개   ⑤ 12개

05 1부터 20까지의 자연수가 각각 적힌 20장의 카드 중에서 한 장을 뽑을 때, 12의 약수가 적힌 카드가 나오는 경우의 수는?

① 4   ② 5   ③ 6
④ 7   ⑤ 8

06 서로 다른 두 개의 주사위를 동시에 던질 때, 나오는 두 눈의 수의 합이 3 또는 4가 되는 경우의 수는?

① 4   ② 5   ③ 6
④ 7   ⑤ 8

> **풀이 전략** 합이 3인 경우의 수, 합이 4인 경우의 수를 각각 구하여 더한다.

07 서로 다른 두 개의 주사위를 동시에 던질 때, 나오는 두 눈의 수의 합이 홀수가 되는 경우의 수는?

① 12 　　　② 13 　　　③ 15
④ 18 　　　⑤ 20

08 오른쪽 그림과 같이 각 면에 1부터 8까지의 자연수가 적힌 정팔면체 모양의 주사위 한 개를 던질 때, 다음 중 그 값이 2인 것은?

① 소수가 나오는 경우의 수
② 짝수가 나오는 경우의 수
③ 자연수가 나오는 경우의 수
④ 3의 배수가 나오는 경우의 수
⑤ 8의 약수가 나오는 경우의 수

09 50원짜리, 100원짜리, 500원짜리 동전이 각각 5개씩 있다. 이 동전을 사용하여 1500원을 지불하는 방법은 모두 몇 가지인가?

① 4가지 　　　② 5가지 　　　③ 6가지
④ 7가지 　　　⑤ 8가지

유형 **3** 한 줄로 세우는 경우의 수

10 이어달리기 선수 3명이 달리는 순서를 정하는 방법은 모두 몇 가지인가?

① 3가지 　　　② 4가지 　　　③ 5가지
④ 6가지 　　　⑤ 7가지

풀이 전략 각 자리에 올 수 있는 사람의 수를 생각하여 구한다.

11 민정, 하영, 다현, 보혜 4명을 한 줄로 세울 때, 하영이와 보혜를 이웃하게 세우는 경우의 수는?

① 6 　　　② 8 　　　③ 12
④ 18 　　　⑤ 24

12 A, B, C, D, E 다섯 사람이 한 줄로 설 때, A가 맨 앞, B가 맨 뒤에 서는 경우의 수는?

① 3 　　　② 5 　　　③ 6
④ 8 　　　⑤ 12

13 아이 2명과 어른 2명을 일렬로 세우려고 한다. 아이와 어른이 번갈아서 서는 경우의 수는?

① 4 ② 5 ③ 6
④ 7 ⑤ 8

16 어느 산에 정상까지 오르는 등산로가 4개 있다. 이 산을 올라갔다가 내려오려고 하는데 내려올 때는 올라갈 때와 다른 길을 선택하려고 한다. 이때 등산로를 선택하는 경우의 수는?

① 6 ② 8 ③ 10
④ 12 ⑤ 14

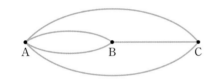 **유형 ④ 길을 찾는 경우의 수**

14 A, B, C 세 지점 사이에 다음 그림과 같은 길이 있다. A 지점에서 C 지점으로 가는 모든 경우의 수는?

(단, 같은 지점을 두 번 이상 지나지 않는다.)

A   B   C

① 2 ② 3 ③ 4
④ 5 ⑤ 6

풀이 전략 B 지점을 지나는 경우와 B 지점을 지나지 않는 경우로 나누어 각각의 경우의 수를 센다.

17 수아는 숙제를 하기 위해 방과 후에 도서관에 들렀다가 집에 가려고 한다. 학교에서 도서관까지 가는 길이 5가지, 도서관에서 집까지 가는 길이 3가지가 있다. 학교에서 도서관을 거쳐 집까지 가는 경우의 수는?

① 3 ② 8 ③ 10
④ 12 ⑤ 15

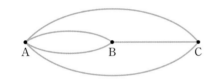 **유형 ⑤ 대표를 뽑는 경우의 수**

18 4명의 학생 중에서 대표 1명, 부대표 1명을 선출하는 경우의 수는?

① 4 ② 6 ③ 8
④ 10 ⑤ 12

풀이 전략 대표를 선출하는 경우의 수와 그때 부대표를 선출하는 경우의 수를 구해서 곱한다.

15 두 지점 P, Q 사이에는 오른쪽 그림과 같은 도로가 있다. P 지점에서 Q 지점까지 최단 경로로 가는 모든 경우의 수는?

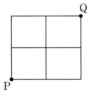

① 4 ② 6 ③ 8
④ 10 ⑤ 12

19 남학생 5명, 여학생 3명 중 대표 1명을 뽑는 경우의 수는?

① 5   ② 6   ③ 7
④ 8   ⑤ 9

20 4명의 선수 중 경기에 출전할 2명의 선수를 뽑는 경우의 수는?

① 4   ② 5   ③ 6
④ 7   ⑤ 8

21 남학생 2명과 여학생 3명 중 대표 2명을 선출할 때, 남학생이 적어도 한 명 포함되는 경우의 수는?

① 4   ② 5   ③ 6
④ 7   ⑤ 8

유형 **6**   **색칠하는 경우의 수**

22 빨간색, 노란색, 파란색의 3가지 색을 이용하여 오른쪽 그림을 색칠하려고 한다. 모든 색을 다 사용할 필요는 없고, 이웃한 영역은 서로 다른 색을 칠하려고 할 때, 색을 칠하는 경우의 수는?

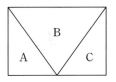

① 6   ② 8   ③ 9
④ 12   ⑤ 15

풀이 전략   이웃한 영역과 구분되도록 각 칸에 색칠할 수 있는 색의 개수를 각각 구하여 곱한다.

23 오른쪽 그림과 같은 직사각형의 세 영역 A, B, C를 빨간색, 노란색, 초록색, 파란색의 4가지 색을 사용하여 칠하려고 한다. 각 영역을 서로 다른 색으로 칠하는 경우의 수는?

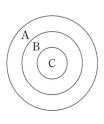

① 4   ② 6   ③ 12
④ 24   ⑤ 36

24 오른쪽 그림과 같이 A, B, C 세 부분으로 나누어진 도형이 있다. 각 부분에 노란색, 초록색, 파란색의 3가지 색을 한 번씩만 사용하여 칠하는 경우의 수는?

① 3   ② 4   ③ 5
④ 6   ⑤ 7

❶ 카드, 공을 뽑는 경우의 수

01 1부터 10까지의 자연수가 각각 적힌 10장의 카드 중에서 한 장의 카드를 뽑을 때, 3보다 작거나 8보다 큰 수가 나오는 경우의 수는?

① 2   ② 3   ③ 4
④ 5   ⑤ 6

❶ 카드, 공을 뽑는 경우의 수

02 0부터 5까지의 숫자가 각각 적힌 카드 6장이 있다. 임의로 카드 2장을 뽑아 두 자리 자연수를 만들 때, 짝수가 되는 경우의 수는?

① 12   ② 13   ③ 14
④ 15   ⑤ 16

❶ 카드, 공을 뽑는 경우의 수

03 1부터 8까지의 숫자가 각각 적힌 카드 8장이 있다. 이 중에서 2장의 카드를 동시에 뽑을 때, 나오는 두 숫자의 합이 4 또는 8이 되는 경우의 수는?

① 4   ② 6   ③ 9
④ 10   ⑤ 12

❶ 카드, 공을 뽑는 경우의 수

04 1부터 10까지의 자연수가 각각 적힌 공 10개가 들어 있는 주머니가 있다. 이 주머니에서 한 개의 공을 꺼낼 때, 짝수가 적힌 공이 나오는 경우의 수를 a, 소수가 적힌 공이 나오는 경우의 수를 b라고 하자. $a+b$의 값은?

① 8   ② 9   ③ 10
④ 11   ⑤ 12

❷ 동전, 주사위를 던지는 경우의 수

05 한 개의 주사위를 던질 때, 나오는 눈의 수가 짝수인 경우의 수는?

① 1   ② 2   ③ 3
④ 4   ⑤ 5

❷ 동전, 주사위를 던지는 경우의 수

06 서로 다른 동전 2개와 주사위 1개를 동시에 던질 때, 일어나는 모든 경우의 수는?

① 6   ② 9   ③ 12
④ 24   ⑤ 36

❷ 동전, 주사위를 던지는 경우의 수

07 서로 다른 동전 2개와 주사위 1개를 동시에 던질 때, 2개의 동전 중 한 개만 앞면이 나오고, 주사위는 3의 배수의 눈이 나오는 경우의 수는?

① 2   ② 3   ③ 4
④ 6   ⑤ 8

❸ 한 줄로 세우는 경우의 수

10 A, B, C, D 네 사람을 한 줄로 세울 때, A가 C보다는 앞에 서고, B가 D보다는 앞에 서게 되는 모든 경우의 수는?

① 1   ② 3   ③ 4
④ 5   ⑤ 6

❷ 동전, 주사위를 던지는 경우의 수

08 서로 다른 주사위 2개를 동시에 던질 때, 나오는 두 눈의 수의 합이 4의 배수가 되는 경우의 수는?

① 4   ② 6   ③ 9
④ 12   ⑤ 16

❸ 한 줄로 세우는 경우의 수

11 가람, 민주, 혜림, 지영 4명의 학생을 한 줄로 세울 때, 지영이가 맨 앞 또는 맨 뒤에 서는 경우의 수는?

① 5   ② 6   ③ 8
④ 12   ⑤ 16

❸ 한 줄로 세우는 경우의 수

09 부모를 포함한 5명의 가족이 일렬로 서서 사진을 찍으려고 한다. 부모가 양 끝에 서서 찍는 경우의 수는?

① 4   ② 5   ③ 8
④ 10   ⑤ 12

❸ 한 줄로 세우는 경우의 수

12 5명의 학생 A, B, C, D, E를 한 줄로 세울 때, A와 B는 이웃하고 C는 맨 뒤에 서는 경우의 수는?

① 5   ② 8   ③ 10
④ 12   ⑤ 20

❹ 길을 찾는 경우의 수

13 두 지점 A, B 사이에 오른쪽 그림과 같은 길이 있을 때, A 지점에서 B 지점까지 최단 거리로 가는 방법의 수는?

① 9 　　　② 10
③ 11 　　　④ 13
⑤ 15

❹ 길을 찾는 경우의 수

14 민영이는 집에서 출발하여 빵집에서 빵을 사들고 할머니 댁에 가려고 한다. 집에서 빵집까지 가는 길이 3가지, 빵집에서 할머니 댁까지 가는 길이 2가지일 때, 민영이가 할머니 댁까지 갈 수 있는 모든 경우의 수는?

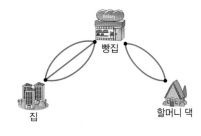

① 2 　　　② 3 　　　③ 5
④ 6 　　　⑤ 8

❹ 길을 찾는 경우의 수

15 도연이는 박물관에 가려고 한다. 집에서 박물관까지 가는 버스 노선은 5가지, 지하철 노선은 2가지가 있을 때, 도연이가 버스나 지하철을 이용하여 박물관까지 가는 방법의 수는?

① 2 　　　② 3 　　　③ 5
④ 7 　　　⑤ 10

❹ 길을 찾는 경우의 수

16 A, B, C, D 네 지점 사이에 오른쪽 그림과 같은 도로망이 있다. A 지점에서 D 지점으로 갈 수 있는 방법은 모두 몇 가지인가?

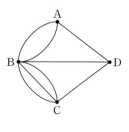

(단, 같은 지점을 두 번 이상 지날 수 없다.)

① 6가지 　　② 8가지 　　③ 9가지
④ 10가지 　　⑤ 11가지

❺ 대표를 뽑는 경우의 수

17 남학생 4명과 여학생 3명 중에서 대표 1명과 남자 부대표, 여자 부대표를 각각 1명씩 뽑는 경우의 수는?

① 24 　　　② 30 　　　③ 48
④ 60 　　　⑤ 72

❺ 대표를 뽑는 경우의 수

18 A, B, C, D, E의 5명 중에서 2명을 뽑을 때, A는 뽑히고 C는 뽑히지 않는 경우의 수는?

① 2 　　　② 3 　　　③ 4
④ 5 　　　⑤ 6

⑤ 대표를 뽑는 경우의 수

19 남자 4명, 여자 5명으로 이루어진 배드민턴 동아리에서 한 사람씩 뽑아 남녀 혼합 복식 경기에 나갈 팀을 만들려고 한다. 혼합 복식 팀을 만들 수 있는 경우의 수는?

① 4   ② 5   ③ 9
④ 15   ⑤ 20

⑤ 대표를 뽑는 경우의 수

20 세 명의 후보 A, B, C 중에서 2명의 대표를 선발하는 경우의 수는?

① 1   ② 2   ③ 3
④ 6   ⑤ 9

⑥ 색칠하는 경우의 수

21 빨간색, 노란색, 초록색, 파란색의 4가지 색을 사용하여 오른쪽 그림의 A, B, C, D 네 부분을 칠하려고 한다. 이웃한 부분은 서로 다른 색을 칠하려고 할 때, 색을 칠할 수 있는 모든 경우의 수는? (단, 같은 색을 여러 번 사용할 수 있고, 모든 색을 사용하지 않아도 된다.)

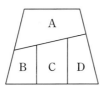

① 18   ② 24   ③ 28
④ 36   ⑤ 48

⑥ 색칠하는 경우의 수

22 오른쪽 그림과 같이 직사각형을 A, B, C, D로 나누어 각 부분에 빨간색, 노란색, 보라색, 파란색의 4가지 색을 한 번씩만 사용하여 칠할 수 있는 경우의 수는?

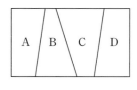

① 12   ② 18   ③ 20
④ 24   ⑤ 30

⑥ 색칠하는 경우의 수

23 오른쪽 그림과 같은 네 부분에 빨간색, 주황색, 노란색, 초록색의 4가지 색을 칠하려고 한다. 같은 색을 여러 번 사용할 수 있지만 이웃한 부분은 서로 다른 색을 칠하려고 할 때, 색을 칠하는 경우의 수를 구하시오.

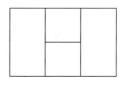

⑥ 색칠하는 경우의 수

24 노란색, 분홍색, 연두색, 하늘색의 4가지 물감으로 오른쪽 그림과 같은 원의 A, B, C 세 부분에 서로 다른 색을 칠할 수 있는 방법은 모두 몇 가지인가?

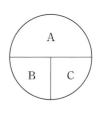

① 12가지   ② 16가지   ③ 20가지
④ 24가지   ⑤ 28가지

1

한 개의 주사위를 두 번 던져서 첫 번째로 나오는 눈의 수를 x, 두 번째로 나오는 눈의 수를 y라 할 때, $2x+y=9$를 만족시키는 경우의 수를 구하시오.

1-1

서로 다른 두 개의 주사위를 동시에 던져서 나오는 눈의 수를 각각 a, b라 할 때, x에 대한 방정식 $ax-b=0$의 해가 1 또는 2인 경우의 수를 구하시오.

2

출석 번호가 1번부터 4번까지인 학생들이 1부터 4까지의 숫자가 각각 하나씩 적힌 4개의 의자에 앉으려고 한다. 2명의 학생만 자기 번호가 적힌 자리에 앉고, 나머지는 다른 번호가 적힌 자리에 앉게 되는 경우의 수를 구하시오.

2-1

4명의 학생이 각자 선물을 한 개씩 준비해 와서 선물 교환식을 하려고 한다. 모든 학생이 자신이 준비한 선물을 제외한 나머지 선물 중 하나를 받는다고 할 때, 가능한 모든 경우의 수를 구하시오.

3

한 개의 주사위를 세 번 던져서 나오는 눈의 수를 차례로 백의 자리, 십의 자리, 일의 자리 수로 하는 세 자리 자연수를 만들 때, 4의 배수가 되는 경우의 수를 구하시오.

3-1

한 개의 주사위를 세 번 던져서 나오는 눈의 수를 차례로 백의 자리, 십의 자리, 일의 자리 수로 하는 세 자리 자연수를 만들 때, 3의 배수가 되는 경우의 수를 구하시오.

4

오른쪽 그림과 같이 원 위에 5개의 점 A, B, C, D, E가 있다. 이 중 3개의 점을 이어서 만들 수 있는 삼각형의 개수를 구하시오.

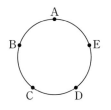

4-1

오른쪽 그림과 같이 반원 위에 5개의 점 A, B, C, D, E가 있다. 이 중에서 3개의 점을 이어서 만들 수 있는 삼각형의 개수를 구하시오.

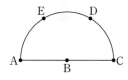

예제 1

0부터 5까지의 정수가 각각 적힌 6장의 카드 중에서 2장의 카드를 차례로 뽑아 만들 수 있는 두 자리 자연수 중 12번째로 큰 수를 구하시오.

풀이 과정

만들 수 있는 두 자리 자연수 중 십의 자리 수가 5인 수의 개수는 ☐개이고, 십의 자리 수가 4인 수의 개수도 ☐개이다.
따라서 12번째로 큰 수의 십의 자리 수는 ☐이고, 12번째로 큰 수는 ☐이다.

유제 1

0부터 4까지의 정수가 각각 적힌 5장의 카드 중에서 2장의 카드를 차례로 뽑아 만들 수 있는 두 자리 자연수 중 짝수의 개수를 구하시오.

예제 2

서로 다른 두 개의 주사위를 동시에 던질 때, 나오는 두 눈의 수의 합이 4 또는 6인 경우의 수를 구하시오.

풀이 과정

서로 다른 두 개의 주사위의 눈의 수를 순서쌍으로 나타내면
(i) 나오는 눈의 수의 합이 4인 경우
   (☐, ☐), (☐, ☐), (☐, ☐)의 3가지
(ii) 나오는 눈의 수의 합이 6인 경우
   (☐, ☐), (☐, ☐), (☐, ☐), (☐, ☐),
   (☐, ☐)의 5가지
눈의 수의 합이 4인 사건과 6인 사건은 동시에 일어나지 않으므로 구하는 경우의 수는
☐+☐=☐

유제 2

서로 다른 두 개의 주사위를 동시에 던질 때, 나오는 두 눈의 수의 차가 2 또는 3인 경우의 수를 구하시오.

예제 3

서로 다른 두 개의 주사위를 동시에 던져서 나오는 두 눈의 수를 각각 a, b라 할 때, $a+b$의 값이 홀수인 경우의 수를 구하시오.

풀이 과정

$a+b$의 값이 홀수가 되려면 a가 짝수일 때 b가 $\boxed{}$이어야 하고, a가 홀수일 때 b가 $\boxed{}$이어야 한다.

(i) a가 짝수, b가 $\boxed{}$인 경우의 수는

$\quad 3 \times \boxed{} = \boxed{}$

(ii) a가 홀수, b가 $\boxed{}$인 경우의 수는

$\quad 3 \times \boxed{} = \boxed{}$

두 사건은 동시에 일어나지 않으므로 구하는 경우의 수는

$\boxed{} + \boxed{} = \boxed{}$

유제 3

서로 다른 두 개의 주사위를 동시에 던져서 나오는 두 눈의 수를 각각 a, b라 할 때, $ax=b$의 해가 홀수인 경우의 수를 구하시오.

예제 4

남학생 2명, 여학생 2명이 학급 임원 후보에 올랐다. 4명의 후보 중에서 성별이 다르게 회장 1명, 부회장 1명을 뽑는 경우의 수를 구하시오.

풀이 과정

회장은 남학생, 부회장은 여학생을 뽑는 경우의 수는

$\boxed{} \times \boxed{} = \boxed{}$

회장은 여학생, 부회장은 남학생을 뽑는 경우의 수는

$\boxed{} \times \boxed{} = \boxed{}$

두 사건은 동시에 일어나지 않으므로 구하는 경우의 수는

$\boxed{} + \boxed{} = \boxed{}$

유제 4

가희, 나인, 다현, 라영의 4명 중에서 대표 2명을 뽑는 경우의 수를 a, 대표 1명과 총무 1명을 뽑는 경우의 수를 b라 할 때, $a+b$의 값을 구하시오.

01 호진이는 방과후 수업 중 하나를 신청하려고 한다. 수학 수업이 2가지, 음악 수업이 3가지, 체육 수업이 5가지일 때, 호진이가 수업을 신청하는 경우의 수는?

① 2   ② 3   ③ 5
④ 7   ⑤ 10

02 주머니 속에 1부터 9까지의 자연수가 각각 적힌 공 9개가 들어 있다. 이 주머니에서 한 개의 공을 임의로 꺼낼 때, 3의 배수 또는 5의 배수가 적힌 공이 나오는 경우의 수는?

① 3   ② 4   ③ 5
④ 6   ⑤ 7

03 각 면에 1부터 12까지의 자연수가 하나씩 적힌 정십이면체 모양의 주사위 한 개를 던질 때, 소수가 나오는 경우의 수는?

① 3   ② 5   ③ 7
④ 8   ⑤ 12

04 다음 사건 중 경우의 수가 가장 큰 것은?

① 3명을 일렬로 세운다.
② 한 개의 주사위를 두 번 던질 때, 나오는 두 눈의 수의 차가 2이다.
③ 세 개의 동전을 동시에 던질 때, 두 개만 앞면이 나온다.
④ 1부터 20까지의 자연수가 각각 적힌 20개의 구슬 중에서 한 개를 꺼낼 때, 소수가 나온다.
⑤ 0부터 3까지의 숫자가 각각 적힌 4장의 카드 중에서 2장을 뽑아 두 자리 자연수를 만든다.

⎡고난도⎤
05 0부터 4까지의 숫자가 각각 적힌 5장의 카드 중에서 3장의 카드를 뽑아 만들 수 있는 세 자리 자연수 중 5의 배수의 개수는?

① 12개   ② 15개   ③ 18개
④ 20개   ⑤ 21개

06 어느 샌드위치 가게에서는 다음 메뉴판에서 빵, 토핑, 드레싱을 각각 하나씩 골라 샌드위치를 주문할 수 있다. 샌드위치 1개를 주문하는 경우의 수는?

메뉴판

빵	토핑	드레싱
통곡물	닭고기	칠리
밀	돼지고기	머스타드
	소고기	

① 7   ② 8   ③ 10
④ 12   ⑤ 18

07 수아는 서로 다른 종류의 티셔츠 4벌, 하의 2벌, 코트 3벌이 들어 있는 옷장에서 옷을 골라 입고 외출을 하려고 한다. 입고 나갈 티셔츠를 이미 결정했을 때, 수아가 하의와 코트를 짝지어 입는 경우의 수는?

① 5   ② 6   ③ 7
④ 8   ⑤ 9

고난도

08 다음 그림과 같이 수직선 위의 원점에 점 P가 놓여 있다. 동전 한 개를 한 번 던져서 앞면이 나오면 점 P를 오른쪽으로 2칸, 뒷면이 나오면 왼쪽으로 3칸 이동하려고 한다. 동전을 세 번 던질 때, 점 P의 위치가 1이 되는 경우의 수는?

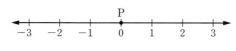

① 1   ② 2   ③ 3
④ 5   ⑤ 6

09 보람이는 신발 한 켤레를 사려고 한다. 신발 가게에 구두가 5종류, 운동화가 3종류 있을 때, 하나를 고르는 경우의 수는?

① 2   ② 3   ③ 5
④ 8   ⑤ 15

10 100원짜리 동전 5개, 500원짜리 동전 5개, 1000원짜리 지폐 2장이 있을 때, 2000원을 지불하는 경우의 수는?

① 4   ② 5   ③ 6
④ 7   ⑤ 8

11 0, 1, 2, 3, 4, 5의 숫자가 각각 적힌 6장의 카드 중에서 2장을 뽑아 만들 수 있는 두 자리 자연수 중 짝수의 개수는?

① 11개   ② 12개   ③ 13개
④ 17개   ⑤ 18개

고난도

12 다음 그림과 같이 네 지점 A, B, C, D가 연결되어 있는 길이 있다. A 지점을 출발하여 D 지점으로 가는 모든 경우의 수는?

(단, 같은 지점을 두 번 이상 지나지 않는다.)

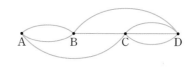

① 8   ② 9   ③ 10
④ 11   ⑤ 12

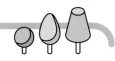

서술형

13 1, 2, 3, 4, 5의 숫자가 각각 적힌 5장의 카드 중에서 차례로 2장의 카드를 꺼내어 만들 수 있는 두 자리 자연수 중 23보다 작거나 41보다 큰 자연수의 개수를 구하시오.

(단, 뽑은 카드는 다시 넣지 않는다.)

14 다음 그림과 같이 두 주머니 A, B에 1부터 4까지의 숫자가 각각 적힌 4개의 공이 들어 있다. 각 주머니에서 공을 한 개씩 꺼낼 때, 꺼낸 공에 적힌 두 수의 합이 2 또는 4인 경우의 수를 구하시오.

A   B

15 주머니 속에 1, 2, 3, 4, 5, 6의 숫자가 각각 적힌 6개의 공이 들어 있다. 차례로 2개의 공을 뽑아 첫 번째 공에 적힌 숫자를 x, 두 번째 공에 적힌 숫자를 y라 할 때, $2x>y$를 만족시키는 경우의 수를 구하시오.

(단, 뽑은 공은 다시 넣지 않는다.)

16 주사위 한 개와 동전 한 개를 동시에 던질 때, 주사위는 짝수인 눈이 나오고 동전은 뒷면이 나오는 경우의 수를 구하시오.

01 은희네 학교에서 학원까지 가는 길은 3가지이고, 학원에서 집까지 가는 길은 2가지이다. 은희가 학교를 출발하여 학원을 거쳐 집까지 가는 경우의 수는?

① 5   ② 6   ③ 7
④ 8   ⑤ 9

02 서로 다른 세 개의 동전을 동시에 던질 때, 적어도 한 개는 앞면이 나오는 경우의 수는?

① 1   ② 3   ③ 5
④ 6   ⑤ 7

03 1, 2, 3, 4의 숫자가 각각 적힌 4장의 카드 중에서 동시에 2장을 뽑아 만들 수 있는 두 자리 자연수 중 3의 배수 또는 7의 배수인 경우의 수는?

① 5   ② 6   ③ 7
④ 8   ⑤ 9

04 한 개의 주사위를 던질 때, 다음 중 경우의 수가 가장 작은 것은?

① 나오는 눈의 수가 홀수이다.
② 나오는 눈의 수가 짝수이다.
③ 나오는 눈의 수가 5 이상이다.
④ 나오는 눈의 수가 소수이다.
⑤ 나오는 눈의 수가 8의 약수이다.

05 오른쪽 그림과 같은 도로망이 있다. P 지점에서 Q 지점을 거쳐 R 지점으로 이동할 때, 최단 경로로 이동하는 모든 경우의 수는?

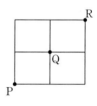

① 3   ② 4   ③ 5
④ 6   ⑤ 7

06 1부터 10까지의 자연수가 각각 적힌 10장의 카드 중에서 한 장의 카드를 뽑을 때, 홀수 또는 6의 약수가 적힌 카드가 나오는 경우의 수는?

① 5   ② 6   ③ 7
④ 8   ⑤ 9

07 서로 다른 두 개의 주사위를 동시에 던질 때, 나오는 두 눈의 수의 차가 2 또는 4인 경우의 수는?

① 9   ② 10   ③ 11
④ 12   ⑤ 13

08 4개의 자음 ㄱ, ㄴ, ㄹ, ㅂ과 3개의 모음 ㅓ, ㅗ, ㅣ 중에서 각각 하나씩을 골라 만들 수 있는 글자는 모두 몇 개인가?

① 3개   ② 4개   ③ 7개
④ 12개   ⑤ 15개

09 다음 중 그 값이 가장 큰 것은?

① 서로 다른 동전 2개를 동시에 던질 때, 나올 수 있는 모든 경우의 수
② 동전 한 개와 주사위 한 개를 동시에 던질 때 나올 수 있는 경우의 수
③ 3개의 자음 ㄱ, ㄴ, ㄷ과 2개의 모음 ㅏ, ㅑ 중에서 자음과 모음을 한 개씩 골라 글자를 만드는 경우의 수
④ 주사위 한 개를 두 번 던질 때, 한 번은 짝수, 한 번은 홀수의 눈이 나오는 경우의 수
⑤ 1부터 10까지의 자연수가 각각 적힌 10장의 카드 중에서 한 장을 뽑을 때, 2의 배수 또는 5의 배수가 나오는 경우의 수

10 고난도

한 개의 주사위를 2번 던져서 먼저 나온 눈의 수를 a, 나중에 나온 눈의 수를 b라 할 때, $y=ax-1$의 그래프와 $y=-bx+2$의 그래프의 교점의 x좌표가 1이 되는 경우의 수는?

① 2   ② 3   ③ 4
④ 5   ⑤ 6

11 현우네 학급 문고에는 소설책은 15종류, 시집은 5종류, 과학책은 3종류가 있다. 현우가 학급문고에서 읽을 책을 한 권 고르는 경우의 수는?

① 3   ② 15   ③ 15
④ 23   ⑤ 45

12 고난도

계단 4개를 올라가려고 한다. 한 번에 한 계단 또는 두 계단을 올라갈 수 있을 때, 이 계단을 올라가는 경우의 수는?

① 5   ② 6   ③ 7
④ 8   ⑤ 9

서술형

13 0부터 4까지의 수가 각각 적힌 5장의 카드 중에서 2장을 뽑아 만들 수 있는 두 자리 자연수의 개수를 구하시오.

15 다음 그림과 같이 평행한 두 직선 위에 7개의 점이 있다. 이 중 3개의 점을 꼭짓점으로 하는 삼각형의 개수를 구하시오.

[고난도]

14 주머니 속에 1부터 100까지의 자연수가 각각 적힌 구슬 100개가 들어 있다. 이 주머니에서 구슬한 개를 꺼내어 구슬에 적힌 수를 140으로 나눌 때, 나눈 수가 유한소수가 되는 경우의 수를 구하시오.

16 A 주머니에는 1, 2, 3, 4의 숫자가 각각 적힌 4장의 카드가 들어 있고, B 주머니에는 2, 3, 4의 숫자가 각각 적힌 3장의 카드가 들어 있다. 각 주머니에서 임의로 카드 한 장씩을 꺼낼 때, 꺼낸 카드에 적힌 두 수의 합이 5 또는 6이 되는 경우의 수를 구하시오.

VI. 확률

2

확률

2 확률

1 확률의 뜻

일반적으로 어떤 실험이나 관찰에서 각 경우가 일어날 가능성이 같을 때, 일어날 수 있는 모든 경우의 수를 n, 사건 A가 일어나는 경우의 수를 a라 하면

$$(사건\ A가\ 일어날\ 확률) = \frac{(사건\ A가\ 일어나는\ 경우의\ 수)}{(모든\ 경우의\ 수)}$$
$$= \frac{a}{n}$$

ⓔ 두 명이 가위바위보를 할 때, 비기는 확률 구하기

두 사람이 가위바위보를 할 때 전체 경우의 수는 $3 \times 3 = 9$이고,
비기는 경우는 (가위, 가위), (바위, 바위), (보, 보)의 3가지이다.
따라서 구하는 확률은 $\frac{3}{9} = \frac{1}{3}$

2 확률의 성질

(1) 어떤 사건이 일어날 확률을 p라 하면 $0 \le p \le 1$이다.
(2) 절대로 일어나지 않을 사건의 확률은 0이다.
(3) 반드시 일어날 사건의 확률은 1이다.
ⓔ 한 개의 주사위를 던질 때, 양의 정수인 눈이 나올 확률은 1이다.

3 어떤 사건이 일어나지 않을 확률

사건 A가 일어날 확률을 p라 하면
$$(사건\ A가\ 일어나지\ 않을\ 확률) = 1 - p$$

ⓔ 서로 다른 두 개의 동전을 동시에 던질 때, 적어도 한 개는 앞면이 나올 확률 구하기

서로 다른 두 개의 동전을 동시에 던질 때, 나올 수 있는 모든 경우의 수는 $2 \times 2 = 4$

동전이 모두 뒷면이 나오는 경우는 (뒷면, 뒷면)의 1가지이다.

즉, 모두 뒷면이 나올 확률은 $\frac{1}{4}$이므로 구하는 확률은 $1 - \frac{1}{4} = \frac{3}{4}$

ⓔ 내일 눈이 올 확률이 0.6이면 내일 눈이 오지 않을 확률은
$1 - 0.6 = 0.4$

01
주머니 속에 모양과 크기가 같은 빨간 공 2개, 파란 공 3개, 검은 공 4개가 들어 있다. 이 주머니에서 한 개의 공을 꺼낼 때, 검은 공이 나올 확률을 구하시오.

02
1번부터 5번까지의 보기가 있는 오지선다형 문제의 답을 임의로 선택하려고 할 때, 정답을 맞힐 확률을 구하시오.
(단, 정답은 한 개이다.)

03
진희와 하늬가 가위바위보를 할 때, 다음을 구하시오.

① 진희가 가위를 낼 확률
② 진희가 하늬를 이길 확률

04
서로 다른 두 개의 주사위를 동시에 던질 때, 나오는 두 눈의 수의 합이 7일 확률을 구하시오.

05
각 면에 1부터 20까지의 자연수가 하나씩 적힌 정이십면체 모양의 주사위를 한 번 던질 때, 4의 배수가 아닌 수가 나올 확률을 구하시오.

VI. 확률

4 사건 A 또는 사건 B가 일어날 확률

동일한 실험이나 관찰에서 두 사건 A, B가 동시에 일어나지 않을 때, 사건 A가 일어날 확률을 p, 사건 B가 일어날 확률을 q라 하면

(사건 A 또는 사건 B가 일어날 확률)$=p+q$

예 서로 다른 두 개의 주사위를 동시에 던질 때, 나오는 두 눈의 수의 합이 3 또는 10일 확률 구하기

	1	2	3	4	5	6
1	(1, 1)	(1, 2)	(1, 3)	(1, 4)	(1, 5)	(1, 6)
2	(2, 1)	(2, 2)	(2, 3)	(2, 4)	(2, 5)	(2, 6)
3	(3, 1)	(3, 2)	(3, 3)	(3, 4)	(3, 5)	(3, 6)
4	(4, 1)	(4, 2)	(4, 3)	(4, 4)	(4, 5)	(4, 6)
5	(5, 1)	(5, 2)	(5, 3)	(5, 4)	(5, 5)	(5, 6)
6	(6, 1)	(6, 2)	(6, 3)	(6, 4)	(6, 5)	(6, 6)

두 개의 주사위를 던질 때, 모든 경우의 수는 $6 \times 6 = 36$

(i) 두 눈의 수의 합이 3이 되는 경우는 (1, 2), (2, 1)의 2가지이므로 확률은 $\dfrac{2}{36}$

(ii) 두 눈의 수의 합이 10이 되는 경우는 (4, 6), (5, 5), (6, 4)의 3가지이므로 확률은 $\dfrac{3}{36}$

두 사건은 동시에 일어나지 않으므로 구하는 확률은

$\dfrac{2}{36} + \dfrac{3}{36} = \dfrac{5}{36}$

5 사건 A와 사건 B가 동시에 일어날 확률

두 사건 A, B가 서로 영향을 끼치지 않을 때, 사건 A가 일어날 확률을 p, 사건 B가 일어날 확률을 q라 하면

(사건 A와 사건 B가 동시에 일어날 확률)$=p \times q$

6 어떤 사건이 적어도 한 번 일어날 확률

(어떤 사건이 적어도 한 번 일어날 확률)

$=1-$(각 사건이 일어나지 않을 확률의 곱)

으로 구한다.

예 한 개의 동전을 두 번 던질 때, 앞면이 적어도 한 번 나올 확률 구하기

$1 - \dfrac{1}{2} \times \dfrac{1}{2} = 1 - \dfrac{1}{4} = \dfrac{3}{4}$

개념 체크

06

1부터 9까지의 숫자가 각각 적힌 9장의 카드 중에서 한 장을 뽑을 때, 다음을 구하시오.

(1) 2의 배수가 적힌 카드가 나올 확률

(2) 9 이하의 숫자가 적힌 카드가 나올 확률

(3) 한 자리 자연수가 적힌 카드가 나올 확률

(4) 2의 배수 또는 5의 배수가 적힌 카드가 나올 확률

07

서로 다른 세 개의 동전을 동시에 던질 때, 다음을 구하시오.

(1) 모두 앞면이 나올 확률

(2) 앞면이 한 개만 나올 확률

(3) 앞면이 적어도 한 개 나올 확률

08

주사위 한 개를 두 번 던질 때, 1의 눈이 적어도 한 번 나올 확률을 구하시오.

01 15개의 제비 중 당첨 제비가 4개 들어 있는 상자에서 한 개의 제비를 임의로 뽑을 때, 당첨 제비를 뽑을 확률은?

① $\dfrac{1}{60}$ ② $\dfrac{4}{15}$ ③ $\dfrac{3}{5}$

④ $\dfrac{4}{5}$ ⑤ $\dfrac{14}{15}$

> 풀이 전략 사건 A가 일어날 확률은
> $\dfrac{(사건\ A가\ 일어나는\ 경우의\ 수)}{(모든\ 경우의\ 수)}$ 이다.

02 다음은 어느 학교의 학생 300명을 대상으로 가고 싶은 체험학습 장소를 조사하여 나타낸 것이다. 이 학교에서 한 명의 학생을 임의로 선택할 때, 그 학생이 제주를 희망할 확률은?

장소	서울	제주	강릉	경주	부산
희망자 수(명)	42	105	44	47	62

① $\dfrac{7}{50}$ ② $\dfrac{7}{20}$ ③ $\dfrac{11}{75}$

④ $\dfrac{47}{300}$ ⑤ $\dfrac{31}{150}$

03 1부터 20까지의 자연수가 각각 적힌 공 20개가 들어 있는 상자에서 한 개의 공을 임의로 꺼낼 때, 15의 약수가 적힌 공이 나올 확률은?

① $\dfrac{1}{10}$ ② $\dfrac{1}{5}$ ③ $\dfrac{1}{4}$

④ $\dfrac{3}{10}$ ⑤ $\dfrac{3}{4}$

04 서로 다른 두 개의 주사위를 동시에 던질 때, 나오는 두 눈의 수의 합이 9일 확률은?

① $\dfrac{1}{12}$ ② $\dfrac{1}{9}$ ③ $\dfrac{1}{4}$

④ $\dfrac{1}{3}$ ⑤ $\dfrac{2}{3}$

05 흰 공 3개, 노란 공 5개, 초록 공 x개가 들어 있는 주머니에서 임의로 한 개의 공을 꺼낼 때, 흰 공이 나올 확률이 $\dfrac{1}{5}$이다. x의 값은?

① 1 ② 3 ③ 4
④ 5 ⑤ 7

06 1부터 10까지의 수가 각각 적힌 공 10개가 들어 있는 상자에서 임의로 한 개의 공을 꺼낼 때, 3의 배수 또는 5의 배수가 적힌 공이 나올 확률은?

① $\dfrac{1}{15}$ ② $\dfrac{1}{10}$ ③ $\dfrac{1}{5}$

④ $\dfrac{1}{3}$ ⑤ $\dfrac{1}{2}$

> 풀이 전략 각 사건의 확률을 구하여 더한다.

07 여러 가지 맛의 사탕이 들어 있는 바구니에서 임의로 한 개의 사탕을 꺼낼 때, 포도 맛 사탕이 나올 확률은 $\frac{3}{20}$, 누룽지 맛 사탕이 나올 확률은 $\frac{1}{10}$이다. 이 바구니에서 한 개의 사탕을 임의로 꺼낼 때, 포도 맛 또는 누룽지 맛 사탕이 나올 확률은?

① $\frac{1}{20}$ ② $\frac{1}{10}$ ③ $\frac{3}{20}$

④ $\frac{1}{5}$ ⑤ $\frac{1}{4}$

08 서로 다른 두 개의 주사위를 동시에 던질 때, 나오는 두 눈의 수의 합이 4 또는 5일 확률은?

① $\frac{1}{12}$ ② $\frac{1}{9}$ ③ $\frac{1}{6}$

④ $\frac{7}{36}$ ⑤ $\frac{1}{4}$

09 1부터 20까지의 자연수가 각각 적힌 20장의 카드 중에서 임의로 한 장을 뽑을 때, 3의 배수 또는 20의 약수가 적힌 카드가 나올 확률은?

① $\frac{2}{5}$ ② $\frac{9}{20}$ ③ $\frac{1}{2}$

④ $\frac{11}{20}$ ⑤ $\frac{3}{5}$

유형 ③ 사건 A와 사건 B가 동시에 일어날 확률

10 다음 그림과 같이 A 상자에는 모양과 크기가 같은 흰 공 2개와 검은 공 3개, B 상자에는 모양과 크기가 같은 흰 공 3개와 검은 공 5개가 들어 있다. 두 상자에서 공을 각각 한 개씩 임의로 꺼낼 때, 두 개 모두 흰 공일 확률은?

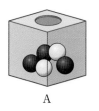 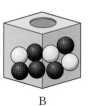

A　　　　B

① $\frac{1}{8}$ ② $\frac{5}{13}$ ③ $\frac{3}{20}$

④ $\frac{1}{5}$ ⑤ $\frac{1}{4}$

풀이 전략 각 사건이 일어날 확률을 구하여 곱한다.

11 가람이의 자유투 성공 확률은 $\frac{2}{3}$이다. 가람이가 자유투를 두 번 던질 때, 모두 성공할 확률은?

① $\frac{1}{6}$ ② $\frac{2}{9}$ ③ $\frac{1}{3}$

④ $\frac{4}{9}$ ⑤ $\frac{2}{3}$

12 동전 한 개와 주사위 한 개를 동시에 던질 때, 동전은 앞면이 나오고 주사위는 짝수의 눈이 나올 확률은?

① $\frac{1}{6}$ ② $\frac{1}{4}$ ③ $\frac{1}{2}$

④ $\frac{2}{3}$ ⑤ 1

13 주사위 한 개를 두 번 던질 때, 첫 번째는 3 이상인 눈이 나오고 두 번째는 소수인 눈이 나올 확률은?

① $\dfrac{1}{12}$ ② $\dfrac{1}{9}$ ③ $\dfrac{1}{6}$

④ $\dfrac{1}{3}$ ⑤ $\dfrac{1}{2}$

유형 ④ 어떤 사건이 적어도 한 번 일어날 확률

14 서로 다른 동전 세 개를 동시에 던질 때, 적어도 한 개는 뒷면이 나올 확률은?

① $\dfrac{1}{8}$ ② $\dfrac{1}{4}$ ③ $\dfrac{3}{8}$

④ $\dfrac{5}{8}$ ⑤ $\dfrac{7}{8}$

풀이 전략 뒷면이 한 개도 나오지 않을 확률을 구하여 1에서 뺀다.

15 나희가 1번 문제의 정답을 맞힐 확률이 $\dfrac{1}{4}$, 2번 문제의 정답을 맞힐 확률이 $\dfrac{2}{3}$일 때, 나희가 두 문제 중 적어도 한 문제는 정답을 맞힐 확률은?

① $\dfrac{1}{12}$ ② $\dfrac{1}{6}$ ③ $\dfrac{3}{4}$

④ $\dfrac{5}{6}$ ⑤ $\dfrac{11}{12}$

16 도연이네 학교의 댄스 동아리에는 2학년 학생이 남학생과 여학생 각각 2명씩 있다. 2학년 학생 중에서 축제에 나갈 대표 2명을 뽑을 때, 적어도 한 명은 남학생이 뽑힐 확률은?

① $\dfrac{1}{6}$ ② $\dfrac{1}{3}$ ③ $\dfrac{1}{2}$

④ $\dfrac{2}{3}$ ⑤ $\dfrac{5}{6}$

17 75점 이상을 받아야 합격할 수 있는 시험에서 다솜, 서이, 해림이가 75점 이상을 받을 확률이 각각 $\dfrac{1}{2}$, $\dfrac{5}{8}$, $\dfrac{2}{3}$일 때, 세 사람 중 적어도 한 사람은 합격할 확률은?

① $\dfrac{1}{16}$ ② $\dfrac{5}{24}$ ③ $\dfrac{1}{3}$

④ $\dfrac{19}{24}$ ⑤ $\dfrac{15}{16}$

유형 ⑤ 연속하여 뽑는 경우의 확률

18 0, 1, 2, 3, 4, 5의 숫자가 각각 적힌 6장의 카드 중에서 2장을 뽑아 두 자리 자연수를 만들 때, 그 수가 짝수일 확률은?

① $\dfrac{7}{15}$ ② $\dfrac{12}{25}$ ③ $\dfrac{1}{2}$

④ $\dfrac{13}{25}$ ⑤ $\dfrac{8}{15}$

풀이 전략 짝수일 경우 일의 자리 수가 0, 2, 4임을 이용하여 확률을 구한다.

19 1, 2, 3, 4, 5의 숫자가 각각 적힌 5장의 카드 중에서 2장을 뽑아 두 자리 자연수를 만들 때, 그 수가 32 이상일 확률은?

① $\dfrac{9}{25}$　　② $\dfrac{9}{20}$　　③ $\dfrac{11}{20}$

④ $\dfrac{14}{25}$　　⑤ $\dfrac{3}{5}$

유형 6　도형에서의 확률

22 오른쪽 그림과 같이 8등분된 원판 위에 1, 2, 3의 숫자가 각각 적혀 있다. 이 원판을 회전시켜 화살을 쏠 때, 1이 적힌 부분을 맞힐 확률을 구하시오. (단, 화살이 원판을 벗어나거나 경계선을 맞히는 경우는 없다고 한다.)

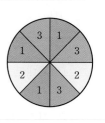

풀이 전략　전체 영역의 넓이 중 1이 적힌 부분의 넓이의 비율을 구한다.

---

20 1부터 6까지의 숫자가 각각 적힌 6장의 카드 중에서 2장을 뽑아 만든 두 자리 자연수가 3의 배수일 확률은?

① $\dfrac{4}{15}$　　② $\dfrac{3}{10}$　　③ $\dfrac{1}{3}$

④ $\dfrac{11}{30}$　　⑤ $\dfrac{2}{5}$

---

23 오른쪽 그림과 같이 A, B, C, D의 네 영역으로 나누어진 도형을 노란색, 초록색, 파란색의 3가지 색으로 칠하려고 한다. 이웃한 영역은 서로 다른 색으로 구분하여 칠할 때, B 영역에 노란색을 칠할 확률은?

① $\dfrac{1}{12}$　　② $\dfrac{1}{6}$　　③ $\dfrac{1}{4}$

④ $\dfrac{1}{3}$　　⑤ $\dfrac{1}{2}$

---

21 10개의 제비 중 4개의 당첨 제비가 들어 있는 상자에서 2개의 제비를 연속하여 뽑을 때, 2개 모두 당첨 제비일 확률은?

(단, 뽑은 제비는 다시 넣지 않는다.)

① $\dfrac{2}{15}$　　② $\dfrac{4}{25}$　　③ $\dfrac{1}{5}$

④ $\dfrac{6}{25}$　　⑤ $\dfrac{2}{5}$

---

24 오른쪽 그림과 같이 한 변의 길이가 1인 정오각형에서 점 P는 꼭짓점 A를 출발하여 한 개의 주사위를 두 번 던져서 나온 눈의 수의 합만큼 오각형의 변을 따라 시계 반대 방향으로 움직일 때, 점 P가 꼭짓점 C에 위치할 확률은?

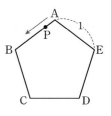

① $\dfrac{5}{36}$　　② $\dfrac{1}{6}$　　③ $\dfrac{7}{36}$

④ $\dfrac{2}{9}$　　⑤ $\dfrac{1}{4}$

1 확률의 뜻과 성질

01 사건 A가 일어날 확률이 p일 때, 다음 중 옳지 않은 것은?

① 절대로 일어나지 않는 사건의 확률은 0이다.

② p의 값의 범위는 $0<p<1$이다.

③ 사건 A가 일어나지 않을 확률은 $1-p$이다.

④ 반드시 일어나는 사건의 확률은 1이다.

⑤ $p=\dfrac{(\text{사건 } A \text{가 일어나는 경우의 수})}{(\text{모든 경우의 수})}$ 이다.

1 확률의 뜻과 성질

02 한 개의 주사위를 던질 때, 6 이하의 눈이 나올 확률은?

① 0   ② $\dfrac{1}{6}$ ③ $\dfrac{1}{3}$

④ $\dfrac{1}{2}$ ⑤ 1

1 확률의 뜻과 성질

03 다음 중 확률이 1인 것은?

① 주사위 한 개를 던질 때, 5 이상인 눈이 나올 확률

② 서로 다른 동전 두 개를 동시에 던질 때, 적어도 한 개는 앞면이 나올 확률

③ 서로 다른 주사위 두 개를 동시에 던질 때, 나오는 두 눈의 수의 합이 7보다 클 확률

④ 빨간 공 2개, 파란 공 1개가 들어 있는 주머니에서 한 개의 공을 꺼낼 때, 빨간 공 또는 파란 공이 나올 확률

⑤ 두 사람이 가위바위보를 할 때, 승부가 날 확률

1 확률의 뜻과 성질

04 서로 다른 주사위 두 개를 동시에 던질 때, 나오는 두 눈의 수의 차가 4일 확률은?

① $\dfrac{1}{18}$ ② $\dfrac{1}{12}$ ③ $\dfrac{1}{9}$

④ $\dfrac{1}{6}$ ⑤ $\dfrac{1}{3}$

2 사건 A 또는 사건 B가 일어날 확률

05 1부터 50까지의 자연수가 각각 적힌 50장의 카드를 뒤집어 놓은 후 한 장을 임의로 뽑을 때, 홀수 또는 4의 배수가 적힌 카드가 나올 확률은?

① $\dfrac{17}{25}$ ② $\dfrac{7}{10}$ ③ $\dfrac{18}{25}$

④ $\dfrac{37}{50}$ ⑤ $\dfrac{19}{25}$

2 사건 A 또는 사건 B가 일어날 확률

06 빨간색 볼펜 2자루, 파란색 볼펜 3자루, 검정색 볼펜 3자루가 꽂혀 있는 필통에서 볼펜 한 자루를 임의로 꺼낼 때, 빨간색 또는 검정색 볼펜을 꺼낼 확률은?

① $\dfrac{1}{4}$ ② $\dfrac{3}{8}$ ③ $\dfrac{1}{2}$

④ $\dfrac{5}{8}$ ⑤ $\dfrac{3}{4}$

② 사건 A 또는 사건 B가 일어날 확률

07 다음은 어느 중학교 학생 100명이 좋아하는 우유를 조사하여 나타낸 표이다. 이 학교 학생 중 임의로 한 명을 선택할 때, 그 학생이 초코 우유 또는 커피 우유를 좋아할 확률은?

흰 우유	초코 우유	딸기 우유	커피 우유
14명	37명	21명	28명

① $\dfrac{7}{25}$ ② $\dfrac{37}{100}$ ③ $\dfrac{1}{2}$

④ $\dfrac{13}{20}$ ⑤ $\dfrac{3}{4}$

② 사건 A 또는 사건 B가 일어날 확률

08 한 개의 주사위를 던질 때, 소수 또는 합성수의 눈이 나올 확률은?

① $\dfrac{1}{3}$ ② $\dfrac{1}{2}$ ③ $\dfrac{2}{3}$

④ $\dfrac{5}{6}$ ⑤ 1

③ 사건 A와 사건 B가 동시에 일어날 확률

09 두 양궁 선수 A, B가 과녁판의 10점을 맞힐 확률이 각각 $\dfrac{5}{6}$, $\dfrac{4}{5}$이다. 두 선수 A, B가 동시에 화살을 한 번 쏠 때, 두 명 모두 10점을 맞힐 확률은?

① $\dfrac{2}{3}$ ② $\dfrac{4}{5}$ ③ $\dfrac{5}{6}$

④ $\dfrac{29}{30}$ ⑤ 1

③ 사건 A와 사건 B가 동시에 일어날 확률

10 100원짜리 동전 한 개와 500원짜리 동전 한 개를 동시에 던질 때, 두 동전이 모두 뒷면이 나올 확률을 구하시오.

③ 사건 A와 사건 B가 동시에 일어날 확률

11 한 개의 주사위를 두 번 던질 때, 처음에는 4 이상의 눈이 나오고 다음에는 4 이하의 눈이 나올 확률은?

① $\dfrac{1}{12}$ ② $\dfrac{5}{36}$ ③ $\dfrac{1}{6}$

④ $\dfrac{1}{4}$ ⑤ $\dfrac{1}{3}$

③ 사건 A와 사건 B가 동시에 일어날 확률

12 A 주머니에는 파란 공 3개, 흰 공 5개가 들어 있고, B 주머니에는 빨간 공 4개, 흰 공 2개가 들어 있다. 두 주머니 A, B에서 각각 한 개의 공을 임의로 꺼낼 때, 꺼낸 두 공의 색이 서로 같을 확률은?

① $\dfrac{1}{8}$ ② $\dfrac{1}{6}$ ③ $\dfrac{5}{24}$

④ $\dfrac{1}{4}$ ⑤ $\dfrac{7}{24}$

④ 어떤 사건이 적어도 한 번 일어날 확률

13 민우는 사격을 할 때 평균 5발 중에서 4발을 명중시킨다. 민우가 2발을 쏘았을 때, 적어도 한 발은 명중시킬 확률은?

① $\dfrac{4}{25}$ ② $\dfrac{9}{25}$ ③ $\dfrac{3}{5}$

④ $\dfrac{16}{25}$ ⑤ $\dfrac{24}{25}$

④ 어떤 사건이 적어도 한 번 일어날 확률

14 2학년 학생 2명과 3학년 학생 3명 중에서 2명의 대표를 뽑을 때, 적어도 한 명은 2학년 학생이 뽑힐 확률은?

① $\dfrac{1}{10}$ ② $\dfrac{1}{5}$ ③ $\dfrac{3}{10}$

④ $\dfrac{7}{10}$ ⑤ $\dfrac{9}{10}$

④ 어떤 사건이 적어도 한 번 일어날 확률

15 서로 다른 두 개의 주사위를 동시에 던질 때, 적어도 한 개는 홀수의 눈이 나올 확률은?

① $\dfrac{1}{9}$ ② $\dfrac{1}{4}$ ③ $\dfrac{1}{3}$

④ $\dfrac{7}{9}$ ⑤ $\dfrac{3}{4}$

④ 어떤 사건이 적어도 한 번 일어날 확률

16 오른쪽 그림과 같이 크기가 같은 정육면체 64개를 쌓아서 큰 정육면체를 만들어 겉면에 물감을 칠하고 다시 흐트러 놓으려고 한다. 임의로 정육면체 한 개를 선택했을 때, 적어도 한 면이 색칠되어 있는 정육면체일 확률은?
(단, 큰 정육면체의 밑면도 칠한다.)

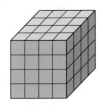

① $\dfrac{5}{8}$ ② $\dfrac{3}{4}$ ③ $\dfrac{7}{8}$

④ $\dfrac{15}{16}$ ⑤ $\dfrac{31}{32}$

⑤ 연속하여 뽑는 경우의 확률

17 어느 가판대에 놓여 있는 10개의 제품 중에 3개의 제품에 경품권이 들어 있다. A, B 두 사람이 차례로 이 제품을 한 개씩 살 때, 두 사람 모두 경품권이 들어 있는 제품을 살 확률은?

① $\dfrac{1}{15}$ ② $\dfrac{2}{25}$ ③ $\dfrac{9}{100}$

④ $\dfrac{2}{15}$ ⑤ $\dfrac{1}{5}$

⑤ 연속하여 뽑는 경우의 확률

18 0부터 9까지의 숫자가 각각 적힌 10장의 카드 중에서 2장을 뽑아 두 자리 자연수를 만들 때, 그 수가 4의 배수일 확률은?

① $\dfrac{11}{45}$ ② $\dfrac{20}{81}$ ③ $\dfrac{1}{4}$

④ $\dfrac{23}{90}$ ⑤ $\dfrac{5}{18}$

⑤ 연속하여 뽑는 경우의 확률

19 흰 공 3개, 검은 공 7개가 들어 있는 주머니에서 연속하여 두 개의 공을 꺼낼 때, 같은 색의 공을 꺼낼 확률은? (단, 꺼낸 공은 다시 넣지 않는다.)

① $\dfrac{4}{15}$ ② $\dfrac{7}{25}$ ③ $\dfrac{17}{50}$

④ $\dfrac{8}{15}$ ⑤ $\dfrac{29}{50}$

⑤ 연속하여 뽑는 경우의 확률

20 흰 공 3개, 검은 공 2개가 들어 있는 주머니에서 한 개의 공을 꺼내어 색을 확인하고 다시 주머니에 넣은 후 한 개의 공을 꺼낼 때, 두 번 모두 꺼낸 공이 흰 공일 확률은?

① $\dfrac{1}{25}$ ② $\dfrac{4}{25}$ ③ $\dfrac{9}{25}$

④ $\dfrac{16}{25}$ ⑤ $\dfrac{24}{25}$

⑥ 도형에서의 확률

21 오른쪽 그림과 같은 정삼각형 ABC에서 점 P는 꼭짓점 A를 출발하여 주사위를 한 번 던져서 나온 눈의 수만큼 정삼각형의 변을 따라 시계 반대 방향으로 이동한다. 주사위를 두 번 던질 때, 점 P가 처음 던진 후에는 꼭짓점 B에, 두 번째 던진 후에는 꼭짓점 A에 위치할 확률은?

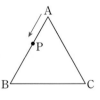

① $\dfrac{1}{12}$ ② $\dfrac{1}{9}$ ③ $\dfrac{1}{6}$

④ $\dfrac{1}{3}$ ⑤ $\dfrac{1}{2}$

⑥ 도형에서의 확률

22 오른쪽 그림과 같이 A, B 두 부분으로 이루어진 도형이 있다. 서로 다른 두 개의 주사위를 던져 나오는 두 눈의 수를 곱한 값이 짝수이면 A 부분을, 홀수이면 B 부분을 색칠하려고 한다. 두 개의 주사위를 던질 때, 두 번만에 도형을 모두 색칠할 확률은?

① $\dfrac{1}{8}$ ② $\dfrac{1}{4}$ ③ $\dfrac{3}{8}$

④ $\dfrac{1}{2}$ ⑤ $\dfrac{3}{4}$

⑥ 도형에서의 확률

23 오른쪽 그림과 같은 장치에 공을 넣으면 공이 아래로 이동하여 A, B, C 중 한 곳으로 나온다. 입구에 공을 넣었을 때, 공이 B로 나올 확률은?
(단, 각 갈림길에서 공이 오른쪽, 왼쪽으로 이동할 확률은 서로 같다.)

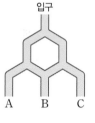

① $\dfrac{1}{4}$ ② $\dfrac{3}{8}$ ③ $\dfrac{1}{2}$

④ $\dfrac{5}{8}$ ⑤ $\dfrac{3}{4}$

⑥ 도형에서의 확률

24 다음 그림과 같이 각각 4등분된 원판 A와 6등분된 원판 B가 있다. 두 원판 A, B를 동시에 돌려 멈춘 후 바늘이 가리키는 면에 적힌 수의 합이 5의 배수일 확률을 구하시오.
(단, 바늘이 경계선에 멈추는 경우는 없다.)

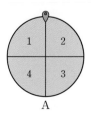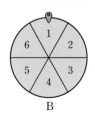

A   B

1

빨간 공 2개, 노란 공 x개, 파란 공 y개가 들어 있는 상자에서 한 개의 공을 꺼낼 때, 빨간 공이 나올 확률은 $\frac{1}{6}$, 노란 공이 나올 확률은 $\frac{1}{4}$이다. x, y의 값을 각각 구하시오.

1-1

흰 공 a개, 노란 공 b개, 검은 공 4개가 들어 있는 주머니에서 한 개의 공을 꺼낼 때, 흰 공이 나올 확률은 $\frac{1}{3}$, 노란 공이 나올 확률은 $\frac{2}{5}$이다. a, b의 값을 각각 구하시오.

2

연우와 현승이는 한 게임당 이긴 사람이 승점 2점을 받고, 먼저 승점 4점을 얻는 사람이 승리하는 내기를 하려고 한다. 연우가 현승이를 이길 확률이 $\frac{2}{3}$일 때, 이 내기에서 현승이가 승리할 확률을 구하시오.
(단, 비기는 경우는 없다.)

2-1

진하와 현영이는 한 게임당 이긴 사람이 승점 3점, 진 사람이 승점 1점을 받고, 먼저 승점 6점 이상을 얻는 사람이 승리하는 내기를 하려고 한다. 진하가 현영이를 이길 확률이 $\frac{2}{5}$일 때, 이 내기에서 진하가 승리할 확률을 구하시오. (단, 비기는 경우는 없다.)

3

연아와 지윤이는 각각 주사위를 던져서 나온 눈의 수가 큰 사람이 이기는 게임을 하려고 한다. 주사위 던지기를 하여 두 번째에서 승부가 결정될 확률을 구하시오.

3-1

현수와 현준이가 가위바위보를 할 때, 세 번째에서 승부가 날 확률을 구하시오.

4

두 상자 A, B 안에 자연수가 하나씩 적힌 공 여러 개가 들어 있다. 두 상자 A, B에서 꺼낸 공에 적힌 수를 각각 a, b라 할 때, a, b가 짝수일 확률은 각각 $\dfrac{1}{3}$, $\dfrac{2}{5}$이다. $a+b$가 홀수일 확률을 구하시오.

4-1

두 상자 A, B 안에 자연수가 하나씩 적힌 공 여러 개가 들어 있다. 두 상자 A, B에서 꺼낸 공에 적힌 수를 각각 a, b라 할 때, a, b가 짝수일 확률은 각각 $\dfrac{3}{4}$, $\dfrac{1}{5}$이다. ab가 짝수일 확률을 구하시오.

서술형 집중 연습

예제 ① ●──────────────

서로 다른 두 개의 주사위를 동시에 던질 때, 나오는 두 눈의 수의 합이 10보다 작을 확률을 구하시오.

풀이 과정

서로 다른 두 개의 주사위를 동시에 던질 때, 모든 경우의 수는 $\square \times \square = \square$

(ⅰ) 합이 10인 경우: $(\square, \square), (\square, \square), (\square, \square)$

(ⅱ) 합이 11인 경우: $(\square, \square), (\square, \square)$

(ⅲ) 합이 12인 경우: $(\square, \square)$

(ⅰ)~(ⅲ)에서 두 눈의 수의 합이 10 이상인 경우는 $\square$ 가지

이므로 이때의 확률은 $\dfrac{6}{\square} = \square$

따라서 두 눈의 수의 합이 10보다 작을 확률은

$\square - \dfrac{\square}{\square} = \dfrac{\square}{\square}$

유제 ① ●──────────────

각 면에 1부터 8까지의 자연수가 하나씩 적힌 정팔면체 모양의 주사위 두 개를 동시에 던질 때, 나오는 두 눈의 수의 합이 6보다 클 확률을 구하시오.

예제 ② ●──────────────

서로 다른 두 개의 주사위를 동시에 던져서 나오는 눈의 수를 각각 x, y라 할 때, 방정식 $2x+y=12$를 만족시킬 확률을 구하시오.

풀이 과정

서로 다른 두 개의 주사위를 동시에 던질 때, 모든 경우의 수는 $\square \times \square = \square$

방정식 $2x+y=12$의 해를 구하면

(ⅰ) $x=3$인 경우 $y=\square$

(ⅱ) $x=4$인 경우 $y=\square$

(ⅲ) $x=5$인 경우 $y=\square$

따라서 구하는 확률은 $\dfrac{3}{\square} = \dfrac{\square}{\square}$

유제 ② ●──────────────

서로 다른 두 개의 주사위를 동시에 던져서 나오는 눈의 수를 각각 a, b라 할 때, 부등식 $3a < 2b+4$를 만족시킬 확률을 구하시오.

예제 3

A 주머니에는 흰 구슬 4개, 검은 구슬 6개가 들어 있고, B 주머니에는 흰 구슬 8개, 검은 구슬 4개가 들어 있다. 두 주머니에서 각각 한 개의 구슬을 임의로 꺼낼 때, 서로 다른 색의 구슬이 나올 확률을 구하시오.

풀이 과정

(i) A에서 흰 구슬, B에서 검은 구슬을 꺼낼 확률

$$\dfrac{4}{\boxed{}} \times \dfrac{4}{\boxed{}} = \boxed{}$$

(ii) A에서 검은 구슬, B에서 흰 구슬을 꺼낼 확률

$$\dfrac{6}{\boxed{}} \times \dfrac{8}{\boxed{}} = \boxed{}$$

두 사건은 동시에 일어나지 않으므로 구하는 확률은

$$\boxed{} + \boxed{} = \boxed{}$$

유제 3

A 주머니에는 흰 구슬 2개, 검은 구슬 4개가 들어 있고, B 주머니에는 흰 구슬 3개, 검은 구슬 3개가 들어 있다. 두 주머니에서 각각 한 개의 구슬을 임의로 꺼낼 때, 서로 같은 색의 구슬이 나올 확률을 구하시오.

예제 4

1, 2, 3, 4의 숫자가 각각 적힌 4장의 카드 중에서 2장을 동시에 뽑아 두 자리 자연수를 만들 때, 그 수가 13 이하이거나 32 이상일 확률을 구하시오.

풀이 과정

2장을 뽑아 만들 수 있는 두 자리 자연수의 개수는

$$\boxed{} \times \boxed{} = \boxed{} \text{(개)}$$

(i) 만든 자연수가 13 이하일 확률

만들 수 있는 13 이하의 자연수가 $\boxed{}$개이므로 그 확률은

$$\dfrac{\boxed{}}{\boxed{}}$$

(ii) 만든 자연수가 32 이상일 확률

만들 수 있는 32 이상의 자연수가 $\boxed{}$개이므로 그 확률은

$$\dfrac{\boxed{}}{\boxed{}}$$

두 사건은 동시에 일어나지 않으므로 구하는 확률은

$$\boxed{} + \boxed{} = \boxed{}$$

유제 4

0, 1, 2, 3의 숫자가 각각 적힌 4장의 카드 중에서 2장을 동시에 뽑아 두 자리 자연수를 만들 때, 그 수가 12 이하이거나 30 이상일 확률을 구하시오.

01 주사위 한 개를 던질 때, 다음 중 확률이 0 또는 1이 **아닌** 것은?

① 나오는 눈의 수가 자연수일 확률
② 나오는 눈의 수가 1 미만일 확률
③ 나오는 눈의 수가 7의 배수일 확률
④ 나오는 눈의 수가 30의 약수일 확률
⑤ 나오는 눈의 수가 10 이상일 확률

02 주머니에서 임의로 제비 한 개를 뽑을 때, 1등 제비가 뽑힐 확률은 $\dfrac{1}{60}$, 2등 제비가 뽑힐 확률은 $\dfrac{1}{40}$이다. 한 개의 제비를 뽑을 때, 1등 또는 2등 제비가 뽑힐 확률은?

① $\dfrac{1}{120}$ ② $\dfrac{1}{60}$ ③ $\dfrac{1}{40}$
④ $\dfrac{1}{30}$ ⑤ $\dfrac{1}{24}$

03 다음은 도연이네 학급 학생 25명의 봉사활동 시간을 조사하여 만든 도수분포표이다. 도연이네 학급 학생 중 한 명을 임의로 택할 때, 그 학생의 봉사활동 시간이 12시간 이상 16시간 미만일 확률은?

시간(시간)	학생 수(명)
0이상 ~ 4미만	3
4 ~ 8	4
8 ~ 12	6
12 ~ 16	6
16 ~ 20	6
합계	25

① $\dfrac{1}{25}$ ② $\dfrac{3}{25}$ ③ $\dfrac{4}{25}$
④ $\dfrac{6}{25}$ ⑤ $\dfrac{7}{25}$

04 2명이 가위바위보를 한 번 할 때, 비길 확률은?

① $\dfrac{1}{9}$ ② $\dfrac{1}{6}$ ③ $\dfrac{2}{9}$
④ $\dfrac{1}{3}$ ⑤ $\dfrac{2}{3}$

05 서로 다른 주사위 두 개를 동시에 던질 때, 적어도 하나는 3 이상의 눈이 나올 확률은?

① $\dfrac{1}{9}$ ② $\dfrac{1}{6}$ ③ $\dfrac{2}{3}$
④ $\dfrac{3}{4}$ ⑤ $\dfrac{8}{9}$

06 다트를 던져서 풍선을 맞힐 확률이 각각 $\dfrac{1}{2}$, $\dfrac{2}{5}$인 두 사람이 같은 풍선을 향해 다트를 던질 때, 풍선이 터질 확률은?

① $\dfrac{1}{10}$ ② $\dfrac{1}{5}$ ③ $\dfrac{3}{10}$
④ $\dfrac{7}{10}$ ⑤ $\dfrac{9}{10}$

07 1부터 5까지의 자연수가 각각 적힌 5장의 카드가 있다. 이 중에서 임의로 2장을 동시에 뽑아 두 자리 자연수를 만들 때, 이 자연수가 3의 배수일 확률은?

① $\dfrac{3}{10}$　　② $\dfrac{8}{25}$　　③ $\dfrac{1}{3}$

④ $\dfrac{7}{20}$　　⑤ $\dfrac{2}{5}$

08 1부터 5까지의 자연수가 각각 적힌 5장의 카드 두 묶음이 있다. 각 묶음에서 임의로 카드 한 장씩을 뽑을 때, 카드에 적힌 두 수가 서로 다를 확률은?

① $\dfrac{9}{25}$　　② $\dfrac{16}{25}$　　③ $\dfrac{4}{5}$

④ $\dfrac{9}{10}$　　⑤ $\dfrac{24}{25}$

09 A 상자에는 흰 공 5개, 검은 공 4개가 들어 있고, B 상자에는 흰 공 4개, 검은 공 8개가 들어 있다. 두 상자 A, B에서 각각 한 개의 공을 임의로 꺼낼 때, 꺼낸 두 공의 색이 서로 같을 확률은? (단, 공의 모양과 크기는 같다.)

① $\dfrac{13}{27}$　　② $\dfrac{14}{27}$　　③ $\dfrac{5}{9}$

④ $\dfrac{16}{27}$　　⑤ $\dfrac{17}{27}$

고난도

10 각 면에 -2, -2, -1, 1, 2, 2가 하나씩 적힌 정육면체를 두 번 던져서 나온 눈의 수의 합이 0이 될 확률은?

① $\dfrac{5}{36}$　　② $\dfrac{5}{18}$　　③ $\dfrac{1}{3}$

④ $\dfrac{5}{12}$　　⑤ $\dfrac{4}{9}$

고난도

11 희원이는 동전 두 개를 동시에 던져서 앞면이 나온 개수만큼 계단을 올라가려고 한다. 이것을 네 번 반복하였을 때, 희원이가 처음 위치보다 6칸 위에 있을 확률은?

① $\dfrac{3}{32}$　　② $\dfrac{7}{64}$　　③ $\dfrac{1}{8}$

④ $\dfrac{9}{64}$　　⑤ $\dfrac{5}{32}$

12 책상 위에 놓인 서로 다른 색의 카드 3장 중에서 임의로 한 장을 뽑아 색을 확인한 후 다시 섞은 뒤 카드를 한 번 더 뽑으려고 한다. 두 카드의 색이 서로 다를 확률은?

① $\dfrac{1}{9}$　　② $\dfrac{1}{6}$　　③ $\dfrac{1}{3}$

④ $\dfrac{4}{9}$　　⑤ $\dfrac{2}{3}$

13 당첨 제비 2개를 포함하여 6개의 제비가 들어 있는 주머니에서 임의로 제비 1개를 뽑아 당첨 여부를 확인하고 주머니에 다시 넣은 후 제비를 한 번 더 뽑을 때, 적어도 한 번은 당첨 제비가 나올 확률을 구하시오.

14 주머니 속에 모양과 크기가 같은 파란 구슬 2개, 빨간 구슬 3개, 노란 구슬 x개가 들어 있다. 이 주머니에서 한 개의 구슬을 임의로 꺼낼 때, 빨간 구슬이 나올 확률은 $\dfrac{1}{4}$이다. 주머니 속에 들어 있는 노란 구슬의 개수를 구하시오.

고난도

15 다음 그림과 같이 수직선 위의 원점에 점 P가 놓여 있다. 한 개의 주사위를 던져서 6의 약수인 눈이 나오는 경우는 오른쪽으로 2칸, 그렇지 않은 경우는 왼쪽으로 1칸 이동한다고 할 때, 주사위를 3회 던지고 난 후 점 P가 원점에 위치할 확률을 구하시오.

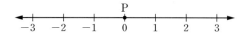

16 주사위 한 개를 두 번 던져서 나오는 눈의 수를 순서대로 a, b라 할 때, x에 대한 일차방정식 $ax+b=5$의 해가 자연수일 확률을 구하시오.

01 1부터 15까지의 자연수가 각각 적힌 공 15개와 아무 것도 적혀 있지 않은 공 5개가 들어 있는 상자에서 임의로 공 한 개를 꺼낼 때, 홀수가 적힌 공이 나올 확률은?

① $\dfrac{7}{20}$ ② $\dfrac{2}{5}$ ③ $\dfrac{9}{20}$

④ $\dfrac{7}{15}$ ⑤ $\dfrac{8}{15}$

02 은지는 오지선다형 문항 두 개에서 각각 답을 임의로 골라 마킹하려고 한다. 두 문제 중 적어도 한 문항은 정답을 맞힐 확률은?

(단, 각 문항의 정답은 1개이다.)

① $\dfrac{1}{25}$ ② $\dfrac{2}{25}$ ③ $\dfrac{9}{25}$

④ $\dfrac{16}{25}$ ⑤ $\dfrac{24}{25}$

03 사격 선수 재민이와 준혁이가 과녁을 맞힐 확률은 각각 $\dfrac{5}{6}$, $\dfrac{7}{9}$이다. 두 선수가 동시에 과녁을 향해 한 발을 사격하였을 때, 준혁이만 과녁을 맞힐 확률은?

① $\dfrac{7}{54}$ ② $\dfrac{5}{27}$ ③ $\dfrac{7}{27}$

④ $\dfrac{19}{54}$ ⑤ $\dfrac{35}{54}$

04 사건 A가 일어날 확률을 p라 할 때, 다음 〈보기〉 중 옳은 것을 모두 고른 것은?

┌─ 보기 ─────────────────────
ㄱ. p의 값의 범위는 $0 \le p < 1$이다.
ㄴ. $p=0$이면 사건 A는 절대로 일어나지 않는다.
ㄷ. 사건 A가 일어나지 않을 확률은 $\dfrac{1}{p}$이다.
ㄹ. $p = \dfrac{(사건\ A가\ 일어나는\ 경우의\ 수)}{(모든\ 경우의\ 수)}$이다.
└──────────────────────────

① ㄱ, ㄴ ② ㄱ, ㄷ ③ ㄴ, ㄷ
④ ㄴ, ㄹ ⑤ ㄷ, ㄹ

05 어떤 시험에서 민욱이가 합격할 확률은 $\dfrac{4}{5}$, 현우가 합격할 확률은 $\dfrac{2}{7}$일 때, 두 사람 중 적어도 한 사람이 합격할 확률은?

① $\dfrac{2}{35}$ ② $\dfrac{1}{7}$ ③ $\dfrac{27}{35}$

④ $\dfrac{6}{7}$ ⑤ $\dfrac{33}{35}$

고난도
06 0부터 4까지의 정수가 각각 적힌 5장의 카드를 한 장씩 차례대로 2장을 뽑아 두 자리 자연수를 만들 때, 그 자연수가 홀수일 확률은?

① $\dfrac{3}{16}$ ② $\dfrac{3}{10}$ ③ $\dfrac{3}{8}$

④ $\dfrac{2}{5}$ ⑤ $\dfrac{9}{20}$

07 고난도

1부터 100까지의 자연수가 각각 적힌 100장의 카드 중에서 임의로 한 장의 카드를 뽑아 나온 수를 90으로 나눌 때, 그 수를 유한소수로 나타낼 수 있을 확률은?

① $\dfrac{9}{100}$ ② $\dfrac{1}{10}$ ③ $\dfrac{11}{100}$

④ $\dfrac{9}{10}$ ⑤ $\dfrac{91}{100}$

08 어떤 야구 선수가 안타를 칠 확률이 0.2라고 한다. 이 선수가 타석에 세 번 설 때, 적어도 한 번은 안타를 칠 확률은?

① $\dfrac{1}{125}$ ② $\dfrac{8}{125}$ ③ $\dfrac{61}{125}$

④ $\dfrac{64}{125}$ ⑤ $\dfrac{124}{125}$

09 한 개의 주사위를 두 번 던질 때, 나오는 두 눈의 수의 합이 5의 배수일 확률은?

① $\dfrac{1}{6}$ ② $\dfrac{7}{36}$ ③ $\dfrac{2}{9}$

④ $\dfrac{1}{4}$ ⑤ $\dfrac{5}{18}$

10 주머니 속에 길이가 7 cm, 13 cm, 15 cm, 21 cm인 막대가 각각 한 개씩 들어 있다. 이 중 3개의 막대를 뽑아 막대를 각 변으로 하는 삼각형을 만들려고 할 때, 삼각형이 만들어질 확률은?

① $\dfrac{7}{12}$ ② $\dfrac{2}{3}$ ③ $\dfrac{3}{4}$

④ $\dfrac{5}{6}$ ⑤ $\dfrac{11}{12}$

11 1부터 5까지의 자연수가 각각 적힌 5장의 카드가 있다. 이 중에서 2장의 카드를 차례대로 뽑아 만든 두 자리 자연수가 24 이상일 확률은?

(단, 뽑은 카드는 다시 넣지 않는다.)

① $\dfrac{1}{2}$ ② $\dfrac{11}{20}$ ③ $\dfrac{3}{5}$

④ $\dfrac{13}{20}$ ⑤ $\dfrac{7}{10}$

12 검은 구슬 3개, 흰 구슬 6개가 들어 있는 주머니에서 한 개의 구슬을 꺼내려고 한다. 추가로 검은 구슬 몇 개를 넣었더니 검은 구슬이 나올 확률이 $\dfrac{3}{5}$이 되었다고 할 때, 추가로 넣은 검은 구슬의 개수는?

① 5개 ② 6개 ③ 7개

④ 8개 ⑤ 9개

서술형

고난도

13 지아는 1, 3, 4, 8의 숫자가 각각 적힌 4장의 카드를 갖고 있고, 유진이는 2, 5, 6, 7의 숫자가 각각 적힌 4장의 카드를 갖고 있다. 두 사람이 카드를 임의로 한 장씩 낼 때, 유진이가 낸 카드에 적힌 수가 더 클 확률을 구하시오.

14 오른쪽 그림과 같은 게임판에서 승환이의 말은 A에, 현석이의 말은 C에 두고 주사위를 던져 나온 눈의 수만큼 시계 반대 방향으로 말을 이동하려고 한다. 두 사람이 주사위를 각각 한 번씩 던지고 난 후 두 사람의 말이 서로 자리가 바뀌어 있을 확률을 구하시오.

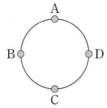

15 주사위 2개를 동시에 던질 때, 두 주사위의 눈이 서로 다를 확률을 구하시오.

16 어느 농구팀이 시합에 이긴 다음 날 시합에서 이길 확률은 $\dfrac{3}{4}$, 시합에 진 다음 날 시합에서 이길 확률은 $\dfrac{1}{3}$이다. 이 농구팀이 3일 연속으로 경기를 하는데 첫째 날 경기에서 이겼다면 마지막 날 경기에서 이길 확률을 구하시오.

(단, 비기는 경우는 없다.)

부록

실전 모의고사 1회

점수 　　　　　　점 ｜ 이름 　　　　　　　

1. 선택형 20문항, 서술형 5문항으로 되어 있습니다.
2. 주어진 문제를 잘 읽고, 알맞은 답을 답안지에 정확하게 표기하시오.

01 아래 그림에서 △ABC∽△DEF일 때, 다음 중 옳지 <u>않은</u> 것은? [3점]

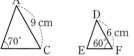

① ∠BAC=50°　　② $\overline{AB}=\frac{2}{3}\overline{DE}$

③ ∠ABC=∠DEF　④ $\overline{BC}:\overline{EF}=3:2$

⑤ $\overline{AB}:\overline{AC}=\overline{DE}:\overline{DF}$

02 오른쪽 그림에서 △ABC∽△DAC이고 △ABC의 넓이가 21 cm²일 때, 다음 중 $\overline{CD}$의 길이와 △DAC의 넓이를 옳게 짝지은 것은? [4점]

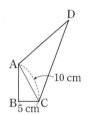

	$\overline{CD}$	△DAC
①	15 cm	42 cm²
②	18 cm	63 cm²
③	18 cm	42 cm²
④	20 cm	63 cm²
⑤	20 cm	84 cm²

03 오른쪽 그림과 같은 △ABC에서 ∠BAD=∠DAC일 때, $\overline{BD}$의 길이는? [4점]

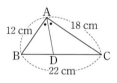

① $\frac{33}{5}$ cm　② $\frac{44}{5}$ cm　③ 11 cm

④ $\frac{66}{5}$ cm　⑤ $\frac{77}{5}$ cm

04 다음 그림과 같이 두 공 A와 B의 반지름의 길이가 각각 r, $4r$일 때, 공 B의 부피는 공 A의 부피의 몇 배인가? [3점]

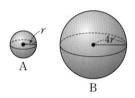

① 4배　　② 16배　　③ 24배

④ 32배　　⑤ 64배

05 오른쪽 그림의 평행사변형 ABCD에서 네 점 E, F, G, H는 각각 $\overline{AB}$, $\overline{BC}$, $\overline{CD}$, $\overline{DA}$의 중점이다.
$\overline{AC}=12$ cm, $\overline{BD}=18$ cm일 때, □EFGH의 둘레의 길이는? [4점]

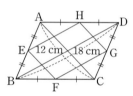

① 24 cm　　② 28 cm　　③ 30 cm

④ 36 cm　　⑤ 40 cm

06 오른쪽 그림에서 $\overline{BC}\,/\!/\,\overline{DE}$, $\overline{DC}\,/\!/\,\overline{FE}$이다. $\overline{AB}:\overline{BD}=5:2$이고 $\overline{AD}=18$ cm일 때, $\overline{DF}$의 길이는? [4점]

① $\frac{24}{5}$ cm　　② $\frac{27}{5}$ cm　　③ $\frac{32}{5}$ cm

④ $\frac{36}{5}$ cm　　⑤ $\frac{54}{5}$ cm

07 오른쪽 그림과 같이 ∠A＝90°인 직각삼각형 ABC에서 $\overline{AD}\perp\overline{BC}$일 때, $x+y$의 값은? [4점]

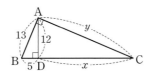

① 60   ② 62   ③ 64

④ 66   ⑤ 68

08 다음 그림에서 $l /\!/ m /\!/ n$일 때, $x+y$의 값은? [3점]

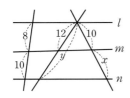

① $\dfrac{77}{2}$ ② 39   ③ $\dfrac{79}{2}$

④ 40   ⑤ $\dfrac{81}{2}$

09 오른쪽 그림과 같은 평행사변형 ABCD에서 점 E는 $\overline{AD}$의 중점이고, 점 F는 $\overline{BD}$, $\overline{EC}$의 교점이다. △BCF의 넓이가 48 cm²일 때, 다음 〈보기〉 중 옳은 것을 모두 고른 것은? [4점]

• 보기 •

ㄱ. $\overline{EF}=\dfrac{1}{3}\overline{EC}$

ㄴ. $\overline{BF}:\overline{FD}=3:1$

ㄷ. △EFD＝24 cm²

ㄹ. △FCD＝24 cm²

---

① ㄴ   ② ㄹ   ③ ㄱ, ㄹ

④ ㄴ, ㄷ   ⑤ ㄱ, ㄴ, ㄷ

10 오른쪽 그림의 삼각형 ABC에서 두 점 G와 G′는 각각 △ABC와 △ADC의 무게중심이다. $\overline{BD}=15$ cm일 때, $\overline{GG'}$의 길이는? [4점]

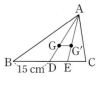

① 5 cm   ② $\dfrac{11}{2}$ cm   ③ 6 cm

④ $\dfrac{13}{2}$ cm   ⑤ 7 cm

11 오른쪽 그림은 두 정사각형 ABCD, EFGC를 이어 붙인 것이다. 두 정사각형의 넓이가 각각 4 cm², 36 cm²일 때, $\overline{DF}$의 길이는? [4점]

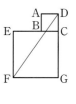

① $\dfrac{17}{2}$ cm   ② 9 cm   ③ $\dfrac{19}{2}$ cm

④ 10 cm   ⑤ $\dfrac{21}{2}$ cm

12 오른쪽 그림과 같이 ∠C＝90°이고 $\overline{AB}=13$ cm, $\overline{BC}=5$ cm인 직각삼각형 ABC를 직선 AC를 축으로 하여 1회전시켰을 때 생기는 입체도형의 부피는? [4점]

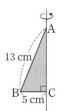

① 100π cm³   ② 105π cm³   ③ 108π cm³

④ 112π cm³   ⑤ 115π cm³

13 A도시에서 B도시로 가는 고속 열차가 4종류, 고속 버스가 7종류가 있다고 한다. A도시에서 B도시로 고속 열차 또는 고속 버스를 이용하여 가는 경우의 수는? [3점]

① 11   ② 14   ③ 17

④ 21   ⑤ 28

14 앞, 뒤에 적힌 숫자가 다음과 같은 세 장의 카드가 있다. 카드 각각에 대해 임의로 앞, 뒤를 고를 때, 세 숫자의 곱이 홀수가 될 확률은? [4점]

앞	뒤
1	3

앞	뒤
7	2

앞	뒤
4	5

① $\dfrac{1}{8}$ ② $\dfrac{1}{4}$ ③ $\dfrac{3}{8}$

④ $\dfrac{1}{2}$ ⑤ $\dfrac{5}{8}$

15 각 면에 1부터 4까지의 자연수가 적힌 정사면체 모양의 주사위 한 개를 두 번 던져 첫 번째 나온 눈의 수를 x, 두 번째 나온 눈의 수를 y라 할 때, 방정식 $x-y-2=0$을 만족시킬 확률은? [4점]

① $\dfrac{1}{16}$ ② $\dfrac{1}{8}$ ③ $\dfrac{3}{16}$

④ $\dfrac{1}{4}$ ⑤ $\dfrac{3}{8}$

16 주머니 속에 크기가 같은 빨간 구슬 3개, 파란 구슬 4개, 노란 구슬 1개가 들어 있다. 이 주머니에서 한 개의 구슬을 임의로 꺼낼 때, 다음 중 옳은 것은? [4점]

① 흰 구슬이 나올 확률은 $\dfrac{1}{8}$이다.

② 빨간 구슬이 나올 확률은 $\dfrac{1}{3}$이다.

③ 파란 구슬과 빨간 구슬이 나올 확률은 같다.

④ 빨간 구슬 또는 노란 구슬이 나올 확률은 $\dfrac{1}{2}$이다.

⑤ 파란 구슬이 나올 확률은 노란 구슬이 나올 확률의 3배이다.

17 서로 다른 두 개의 주사위를 동시에 던질 때, 소수의 눈이 적어도 한 개 나올 확률은? [4점]

① $\dfrac{1}{9}$ ② $\dfrac{5}{18}$ ③ $\dfrac{1}{2}$

④ $\dfrac{5}{9}$ ⑤ $\dfrac{3}{4}$

18 다음 중 확률이 가장 큰 것은? [4점]

① 한 개의 주사위를 던질 때, 6의 약수인 눈이 나올 확률

② 서로 다른 두 개의 동전을 던질 때, 같은 면이 나올 확률

③ 서로 다른 세 개의 동전을 던질 때, 모두 앞면이 나올 확률

④ 서로 다른 두 개의 주사위를 던질 때, 나온 두 눈의 수가 서로 다를 확률

⑤ 서로 다른 두 개의 주사위를 던질 때, 두 눈의 수의 합이 3 이상일 확률

19 당첨될 확률이 20 %인 제비뽑기에 두 학생이 참가하여 제비를 뽑았을 때, 두 명 모두 당첨될 확률은? [4점]

① $\dfrac{1}{100}$ ② $\dfrac{1}{50}$ ③ $\dfrac{3}{100}$

④ $\dfrac{1}{25}$ ⑤ $\dfrac{1}{20}$

20 어느 학교 전교생을 대상으로 혈액형을 조사했더니 전체 학생 수에 대한 각 혈액형별 학생 수의 비율이 다음 표와 같았다. 임의로 한 명을 택할 때, 그 학생이 O형 또는 AB형인 학생일 확률은? [3점]

혈액형	A형	B형	O형	AB형
비율	30 %	25 %	30 %	15 %

① $\dfrac{3}{10}$ ② $\dfrac{2}{5}$ ③ $\dfrac{9}{20}$

④ $\dfrac{3}{5}$ ⑤ $\dfrac{3}{4}$

서·술·형

21 오른쪽 그림과 같이 평행사변형 ABCD의 꼭짓점 A에서 $\overline{BC}$, $\overline{CD}$에 내린 수선의 발을 각각 E, F라 할 때, $\overline{EC}$의 길이를 구하시오. [5점]

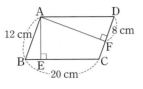

22 오른쪽 그림과 같은 △ABC에서 세 점 D, E, F는 각각 $\overline{AB}$, $\overline{BC}$, $\overline{CA}$의 중점이다. △ABC의 넓이가 144 cm²일 때, △HGF의 넓이를 구하시오. [5점]

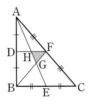

23 오른쪽 그림과 같은 직사각형 ABCD에서 $\overline{EF}$는 $\overline{BD}$를 수직이등분하고 $\overline{BC}=24$ cm, $\overline{DC}=18$ cm일 때, $\overline{EF}$의 길이를 구하시오. [5점]

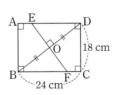

24 각 면에 1부터 20까지의 자연수가 하나씩 적힌 정이십면체 모양의 주사위를 던져 윗면의 수를 확인할 때, 18의 약수 또는 7의 배수가 적힌 수가 나오는 경우의 수를 구하시오. [5점]

25 자연수 x, 3, 4, 6, 7, 8이 각각 적힌 정육면체 모양의 주사위를 두 번 던져 나온 눈의 수의 합이 10 이상일 확률이 $\frac{7}{12}$일 때, x의 값으로 가능한 자연수의 개수를 구하시오. [5점]

실전 모의고사 2회

1. 선택형 20문항, 서술형 5문항으로 되어 있습니다.
2. 주어진 문제를 잘 읽고, 알맞은 답을 답안지에 정확하게 표기하시오.

01 아래 그림에서 □ABCD∽□EFGH일 때, 다음 중 $\overline{GH}$의 길이와 ∠B의 크기를 옳게 짝지은 것은? [3점]

	$\overline{GH}$	∠B
①	$\frac{75}{8}$ cm	70°
②	$\frac{75}{8}$ cm	80°
③	10 cm	70°
④	$\frac{75}{4}$ cm	75°
⑤	$\frac{75}{4}$ cm	80°

02 오른쪽 그림의 △ABC에서 $\overline{DE} /\!/ \overline{BC}$이다. $\overline{AD}=2\overline{DB}$이고 △ADE의 넓이가 10 cm²일 때, □DBCE의 넓이는? [4점]

① $\frac{25}{3}$ cm² ② 10 cm² ③ 12 cm²

④ $\frac{25}{2}$ cm² ⑤ 25 cm²

03 오른쪽 그림과 같은 △ABC에서 ∠DAC=∠BED일 때, $\overline{AC}$의 길이는? [3점]

① $\frac{45}{4}$ cm ② $\frac{23}{2}$ cm

③ $\frac{47}{4}$ cm ④ $\frac{95}{8}$ cm

⑤ $\frac{97}{8}$ cm

04 아래 그림의 두 삼각기둥은 서로 닮은 도형이고, 닮음비는 2 : 3이다. $\overline{EF}$에 대응하는 변이 $\overline{KL}$일 때, 다음 중 옳지 <u>않은</u> 것은? [4점]

① $\overline{AC}=\frac{2}{3}\overline{GI}$ ② ∠ABC=∠GHI

③ $\overline{BC} : \overline{HI}=2 : 3$ ④ $\overline{AE} : \overline{GK}=2 : 3$

⑤ □HKLI$=\frac{2}{3}$□BEFC

05 오른쪽 그림에서 두 직각삼각형 ABC와 ADE의 닮음비가 1 : 3일 때, △BDC의 넓이는? [4점]

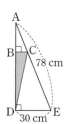

① 230 cm² ② 240 cm²

③ 250 cm² ④ 260 cm²

⑤ 270 cm²

06 다음 그림과 같이 ∠B=90°인 직각삼각형 ABC에서 $\overline{AC} \perp \overline{BD}$이고 $\overline{AB}=8$ cm, $\overline{AD}=3$ cm일 때, $\overline{DC}$의 길이는? [4점]

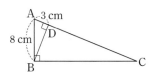

① 16 cm ② $\dfrac{50}{3}$ cm ③ 17 cm

④ $\dfrac{53}{3}$ cm ⑤ $\dfrac{55}{3}$ cm

07 다음 그림에서 $l /\!/ m /\!/ n$일 때, $x+y$의 값은? [4점]

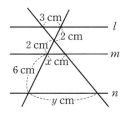

① 13 ② 14 ③ 15
④ 16 ⑤ 17

08 오른쪽 그림과 같은 평행사변형 ABCD에서 점 E는 $\overline{BC}$의 중점이고, 점 F는 $\overline{AC}$, $\overline{DE}$의 교점이다. $\overline{AC}=24$ cm일 때, $\overline{FC}$의 길이는? [4점]

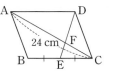

① 8 cm ② $\dfrac{17}{2}$ cm ③ 9 cm

④ $\dfrac{19}{2}$ cm ⑤ 10 cm

09 오른쪽 그림에서 $\overline{AD}$, $\overline{BE}$는 △ABC의 중선이고, 점 G는 $\overline{AD}$, $\overline{BE}$의 교점이다. △ABC의 넓이가 72 cm²일 때, △GDE의 넓이는? [4점]

① 4 cm² ② 5 cm² ③ 6 cm²
④ 8 cm² ⑤ 9 cm²

10 오른쪽 그림과 같은 정사각형 ABCD에서 $\overline{AE}=\overline{BF}=\overline{CG}=\overline{DH}$ =4 cm 이고 □EFGH의 넓이가 25 cm²일 때, □ABCD의 넓이는? [4점]

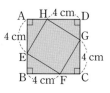

① 36 cm² ② 45 cm² ③ 48 cm²
④ 49 cm² ⑤ 52 cm²

11 세 변의 길이가 7 cm, 24 cm, 25 cm인 삼각형의 넓이는? [3점]

① 75 cm² ② 78 cm² ③ 80 cm²
④ 82 cm² ⑤ 84 cm²

12 오른쪽 그림과 같은 등변사다리꼴 ABCD에서 $\overline{AB}=13$ cm, $\overline{AD}=5$ cm, $\overline{BC}=15$ cm일 때, □ABCD의 넓이는? [4점]

① 90 cm² ② 100 cm² ③ 110 cm²
④ 120 cm² ⑤ 130 cm²

13 오른쪽 그림과 같이 원기둥을 반으로 자른 도형과 직육면체를 붙여 만든 입체도형이 있다. 밑면의 일부인 반원의 반지름의 길이가 5이고 $\overline{AB}=3\pi$, $\overline{DH}=6\pi$일 때, 점 A에서 $\overline{BF}$, $\overline{CG}$를 거쳐 점 H에 도달하는 최단 거리를 x라 하자. x^2의 값은? [4점]

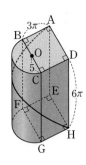

① $156\pi^2$ ② $157\pi^2$ ③ $158\pi^2$
④ $159\pi^2$ ⑤ $160\pi^2$

14 셔츠 7종류와 바지 4종류가 있을 때, 셔츠와 바지를 한 종류씩 선택하여 한 벌로 입을 수 있는 모든 경우의 수는? [3점]

① 11   ② 14   ③ 17
④ 21   ⑤ 28

15 두 개의 주사위 A, B를 동시에 던질 때, 나온 두 눈의 수의 합이 5가 되는 경우의 수는? [4점]

① 3   ② 4   ③ 5
④ 6   ⑤ 7

16 어느 이벤트에서 오른쪽 그림과 같이 8등분된 룰렛판을 두 번 돌려 나온 수의 합이 10 이상이면 상품을 준다고 할 때, 이벤트에 참가한 사람이 상품을 받을 확률은? [4점]

① $\dfrac{3}{16}$ ② $\dfrac{5}{16}$ ③ $\dfrac{7}{16}$
④ $\dfrac{9}{16}$ ⑤ $\dfrac{11}{16}$

17 민서와 준우가 가위바위보를 할 때, 민서가 이길 확률은? [3점]

① $\dfrac{1}{9}$ ② $\dfrac{2}{9}$ ③ $\dfrac{1}{3}$
④ $\dfrac{4}{9}$ ⑤ $\dfrac{2}{3}$

18 어느 일기 예보에 따르면 이번 주말의 토요일에 비가 올 확률이 25 %이고, 일요일에 비가 올 확률이 40 %라고 한다. 다음 중 옳은 것은? [4점]

① 토요일에 비가 오지 않을 확률은 $\dfrac{1}{4}$이다.

② 토요일과 일요일에 모두 비가 올 확률은 $\dfrac{1}{5}$이다.

③ 토요일과 일요일에 모두 비가 오지 않을 확률은 $\dfrac{9}{20}$이다.

④ 토요일에 비가 오지 않고 일요일에 비가 올 확률은 $\dfrac{7}{10}$이다.

⑤ 토요일에 비가 오고 일요일에 비가 오지 않을 확률은 $\dfrac{3}{10}$이다.

19 학생 A가 자유투를 던져 성공할 확률이 $\dfrac{2}{3}$이고, 학생 B가 자유투를 던져 성공할 확률이 $\dfrac{4}{5}$이다. 두 학생이 각자의 골대를 향해 동시에 자유투를 던질 때, 적어도 한 명이 성공할 확률은? [4점]

① $\dfrac{3}{5}$ ② $\dfrac{2}{3}$ ③ $\dfrac{4}{5}$
④ $\dfrac{13}{15}$ ⑤ $\dfrac{14}{15}$

20 동전을 던져서 앞면이 나오면 앞으로 두 칸, 뒷면이 나오면 뒤로 한 칸 말을 이동하는 게임이 있다. 시작점에서 출발하여 동전을 3번 던진 후 말이 다시 시작점에 위치할 확률은? [4점]

① $\frac{1}{4}$　　② $\frac{3}{8}$　　③ $\frac{1}{2}$

④ $\frac{5}{8}$　　⑤ $\frac{3}{4}$

서·술·형

21 오른쪽 그림의 사다리꼴 ABCD에서 점 E는 $\overline{AD}$의 중점이고, $\overline{BC}=3\overline{AE}$이다. △ABE의 넓이가 40 cm²일 때, △EDF의 넓이를 구하시오. [5점]

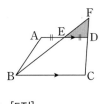

22 다음 그림과 같은 두 정사각뿔 A, B는 서로 닮은 도형이다. 두 정사각뿔 A, B의 밑면의 넓이는 각각 80 cm², 20 cm²이고 정사각뿔 A의 높이가 6 cm일 때, 정사각뿔 B의 부피를 구하시오. [5점]

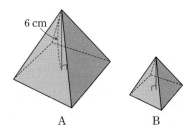

23 다음 그림에서 $\overline{AD}$, $\overline{BE}$는 △ABC의 중선이고, 점 G는 두 중선의 교점이다. $\overline{AD}\,/\!/\,\overline{EF}$이고 $\overline{AG}=10$ cm일 때, $\overline{EF}$의 길이를 구하시오. [5점]

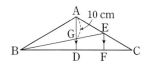

24 다음 그림과 같은 5장의 카드 중에서 2장을 뽑아 두 자리 정수를 만들 때, 그 수가 짝수일 확률을 구하시오. [5점]

25 두 학생 A와 B가 어떤 문제를 푸는데 A가 답을 맞힐 확률은 $\frac{3}{5}$, B가 답을 맞힐 확률은 $\frac{1}{3}$이다. 두 학생 중 한 명만 답을 맞힐 확률을 구하시오. [5점]

실전 모의고사 3회

점수 　　　　　　 점 이름

1. 선택형 20문항, 서술형 5문항으로 되어 있습니다.
2. 주어진 문제를 잘 읽고, 알맞은 답을 답안지에 정확하게 표기하시오.

01
다음 그림의 두 직육면체는 서로 닮은 도형이다. $\overline{AB}$에 대응하는 모서리가 $\overline{A'B'}$일 때, $\overline{DH}$의 길이는? [3점]

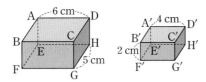

① $\dfrac{5}{2}$ cm　　② $\dfrac{8}{3}$ cm　　③ 3 cm

④ $\dfrac{10}{3}$ cm　　⑤ 4 cm

02
오른쪽 그림에서 $\angle ABC=\angle AED$일 때, $\overline{EC}$의 길이는? [4점]

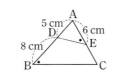

① $\dfrac{25}{6}$ cm　　② $\dfrac{9}{2}$ cm　　③ $\dfrac{29}{6}$ cm

④ $\dfrac{31}{6}$ cm　　⑤ $\dfrac{35}{6}$ cm

03
다음 그림의 두 원뿔 A, B는 닮은 도형이다. 원뿔 A의 밑면의 넓이가 $\dfrac{9\pi}{4}$ cm²일 때, 원뿔 B의 밑면의 넓이는? [4점]

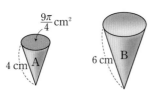

① $\dfrac{9\pi}{2}$ cm²　　② $\dfrac{81\pi}{16}$ cm²　　③ $\dfrac{27\pi}{4}$ cm²

④ 9π cm²　　⑤ $\dfrac{81\pi}{4}$ cm²

04
오른쪽 그림과 같은 사다리꼴 ABCD에서 $\overline{MN}\,/\!/\,\overline{BC}$이고, $\overline{MB}=2\overline{AM}$이다. $\overline{AD}=a$ cm, $\overline{BC}=b$ cm일 때, 다음 중 $\overline{MN}$의 길이를 a와 b의 식으로 옳게 나타낸 것은? [4점]

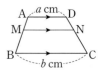

① $\dfrac{a+b}{2}$ cm　　② $\dfrac{2a+b}{2}$ cm

③ $\dfrac{a+b}{3}$ cm　　④ $\dfrac{a+2b}{3}$ cm

⑤ $\dfrac{2a+b}{3}$ cm

05
오른쪽 그림에서 $\overline{BC}\,/\!/\,\overline{DE}$, $\overline{BE}\,/\!/\,\overline{DF}$이고 $\overline{AC}=9$ cm, $\overline{CE}=2$ cm일 때, $\overline{EF}$의 길이는? [4점]

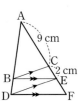

① $\dfrac{20}{9}$ cm　　② $\dfrac{22}{9}$ cm　　③ $\dfrac{25}{9}$ cm

④ $\dfrac{26}{9}$ cm　　⑤ $\dfrac{28}{9}$ cm

06
오른쪽 그림과 같이 $\angle A=90°$인 직각삼각형 ABC에서 $\overline{AD}\perp\overline{BC}$일 때, $\triangle ABC$의 넓이는? [4점]

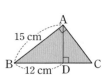

① $\dfrac{675}{8}$ cm²　　② 85 cm²　　③ $\dfrac{695}{8}$ cm²

④ $\dfrac{175}{2}$ cm²　　⑤ 90 cm²

07 아래 그림에서 $l /\!/ m /\!/ n$일 때, 다음 중 x, y의 값을 차례로 구한 것은? [4점]

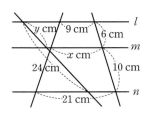

① $\dfrac{23}{2}$, 9   ② $\dfrac{25}{2}$, $\dfrac{17}{2}$ ③ $\dfrac{25}{2}$, 9

④ $\dfrac{27}{2}$, $\dfrac{17}{2}$ ⑤ $\dfrac{27}{2}$, 9

08 오른쪽 그림에서 점 G는 △ABC의 무게중심이고, $\overline{EF} /\!/ \overline{BC}$이다. $\overline{DC}=12$ cm, $\overline{GD}=6$ cm 일 때, 다음 중 x, y의 값을 차례로 구한 것은? [3점]

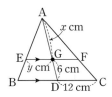

① 12, 8   ② 12, 9   ③ 15, 8

④ 15, 9   ⑤ 18, 10

09 오른쪽 그림에서 점 G는 △ABC의 무게중심이고, $\overline{DF} /\!/ \overline{BC}$이다. △DGH의 넓이가 6 cm²일 때, △ADH의 넓이는? [4점]

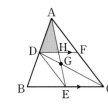

① 10 cm²   ② 12 cm²   ③ 16 cm²

④ 18 cm²   ⑤ 24 cm²

10 오른쪽 그림에서 점 G는 △ABC의 무게중심이고 $\overline{AB} /\!/ \overline{DE}$이다. $\overline{DC}=9$ cm, $\overline{DE}=5$ cm, $\overline{EC}=6$ cm일 때, △ABC의 둘레의 길이는? [4점]

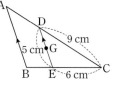

① 24 cm   ② 26 cm   ③ 28 cm

④ 30 cm   ⑤ 32 cm

11 다음 그림은 ∠B=90°인 직각삼각형 ABC의 세 변을 각각 반지름으로 하는 세 사분원을 그린 것이다. 작은 두 사분원의 넓이가 각각 12π cm², 24π cm²일 때, $\overline{AC}$의 길이는? [4점]

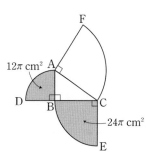

① 4 cm   ② 6 cm   ③ 8 cm

④ 10 cm   ⑤ 12 cm

12 세 변의 길이가 각각 다음과 같은 삼각형 중에서 둔각삼각형인 것은? [3점]

① 3, 5, 5   ② 5, 11, 13

③ 6, 8, 10   ④ 8, 17, 18

⑤ 9, 10, 10

13 1부터 15까지의 자연수가 각각 적힌 15장의 카드 중에서 한 장을 뽑을 때, 12의 약수가 적힌 카드를 뽑는 경우의 수는 x, 소수가 적힌 카드를 뽑는 경우의 수는 y이다. $x+y$의 값은? [3점]

① 9 ② 10 ③ 11
④ 12 ⑤ 13

14 어느 동아리의 남자 회원이 8명, 여자 회원이 9명일 때, 남자 대표 1명과 여자 대표 1명을 뽑는 경우의 수는? [3점]

① 17 ② 18 ③ 34
④ 36 ⑤ 72

15 서로 다른 세 개의 주사위를 동시에 던질 때, 나오는 세 눈의 수의 합이 6보다 작은 경우의 수는? [4점]

① 8 ② 9 ③ 10
④ 11 ⑤ 12

16 오른쪽 그림과 같이 각 면에 1, 3, 5, 7, 9, 11이 적힌 주사위 A와 0, 2, 4, 6, 8, 10이 적힌 주사위 B가 있다. A, B 주사위를 동시에 던질 때, 주사위 A에서 나온 눈의 수를 x, 주사위 B에서 나온 눈의 수를 y라 하자. $2x=y$를 만족시킬 확률은? [4점]

A   B

① $\dfrac{1}{18}$ ② $\dfrac{1}{12}$ ③ $\dfrac{1}{9}$
④ $\dfrac{5}{36}$ ⑤ $\dfrac{1}{6}$

17 사건 A가 일어날 확률을 p, 사건 A가 일어나지 않을 확률을 q라 할 때, 다음 〈보기〉에서 옳은 것을 모두 고른 것은? [4점]

• 보기 •
ㄱ. $p<q$ ㄴ. $pq<1$
ㄷ. $p=1-q$ ㄹ. $0<p<1$

① ㄴ ② ㄹ ③ ㄱ, ㄷ
④ ㄴ, ㄷ ⑤ ㄴ, ㄷ, ㄹ

18 시험에 통과할 확률이 각각 $\dfrac{3}{5}$, $\dfrac{3}{4}$인 두 명의 학생이 함께 시험을 볼 때, 적어도 한 명이 시험에 통과할 확률은? [4점]

① $\dfrac{1}{2}$ ② $\dfrac{3}{5}$ ③ $\dfrac{7}{10}$
④ $\dfrac{4}{5}$ ⑤ $\dfrac{9}{10}$

19 상자 A에는 홀수가 적힌 카드 5장, 짝수가 적힌 카드 3장이 들어 있고, 상자 B에는 홀수가 적힌 카드 6장, 짝수가 적힌 카드 9장이 들어 있다. 두 상자 A, B에서 임의로 카드를 한 장씩 꺼낼 때, 나온 두 수의 곱이 짝수일 확률은? [4점]

① $\dfrac{1}{2}$ ② $\dfrac{2}{3}$ ③ $\dfrac{3}{4}$
④ $\dfrac{5}{6}$ ⑤ $\dfrac{11}{12}$

20 서로 다른 두 개의 주사위를 던질 때, 나오는 눈의 수가 모두 3의 배수일 확률은? [4점]

① $\dfrac{1}{9}$ ② $\dfrac{2}{9}$ ③ $\dfrac{1}{3}$
④ $\dfrac{4}{9}$ ⑤ $\dfrac{5}{9}$

서·술·형

21 다음 그림에서 $\overline{AB}=\overline{BC}=\overline{CD}$이고, $\overline{AB}$, $\overline{AC}$, $\overline{AD}$는 세 원의 지름이다. $\overline{AD}$를 지름으로 하는 원의 넓이가 54 cm²일 때, 색칠한 부분의 넓이를 구하시오. [5점]

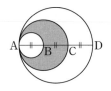

22 오른쪽 그림과 같이 ∠B=90° 인 직각삼각형 ABC에서 점 G는 △ABC의 무게중심이다. $\overline{AD}=12$ cm, $\overline{DG}=5$ cm일 때, △ABC의 넓이를 구하시오. [5점]

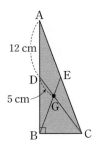

23 오른쪽 그림과 같이 ∠C = ∠D = 90°인 사다리꼴 ABCD에서 $\overline{AB}=13$, $\overline{AD}=4$, $\overline{BC}=9$일 때, $\overline{BD}$의 길이를 구하시오. [5점]

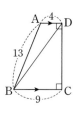

24 주사위 한 개를 연속해서 두 번 던질 때, 처음에는 3의 배수의 눈이 나오고, 두 번째는 소수의 눈이 나오는 경우의 수를 구하시오. [5점]

25 오른쪽 그림에서 점 P는 한 변의 길이가 1인 정육각형 ABCDEF의 한 꼭짓점 A를 출발하여 서로 다른 두 개의 주사위를 던져 나오는 눈의 수의 합만큼 시계 반대 방향으로 움직인다. 서로 다른 주사위 두 개를 동시에 던질 때, 점 P가 꼭짓점 A에 올 확률을 구하시오. [5점]

최종 마무리 50제

닮음의 뜻

01 다음 중 옳지 <u>않은</u> 것은?

① 모든 원은 닮은 도형이다.

② 모든 이등변삼각형은 닮은 도형이다.

③ 닮음인 두 도형에서 대응하는 각의 크기는 같다.

④ 닮음인 두 입체도형에서 대응하는 면은 서로 닮은 도형이다.

⑤ 한 예각의 크기가 같은 두 직각삼각형은 닮은 도형이다.

닮음비

02 다음 그림에서 △ABC∽△AED일 때, △ABC와 △AED의 닮음비는?

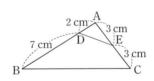

① 2 : 1   ② 3 : 1   ③ 3 : 2

④ 7 : 2   ⑤ 7 : 3

닮은 도형(넓이비, 부피비)

03 다음 그림에서 두 직육면체는 서로 닮은 도형이다. □ABCD와 □A′B′C′D′가 대응하는 면일 때, $\overline{FG}+\overline{D'H'}$의 길이는?

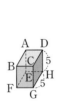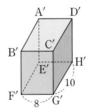

① 10   ② 11   ③ 12

④ 13   ⑤ 14

삼각형의 닮음 조건

04 다음 중 오른쪽 그림과 같은 △ABC와 닮음인 것을 모두 고르면? (정답 2개)

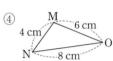

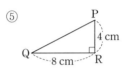

삼각형의 닮음 조건

05 오른쪽 그림과 같이 ∠A = 90°인 직각삼각형 ABC의 꼭짓점 A에서 빗변 BC에 내린 수선의 발을 D라 하자. $\overline{AB}=12$ cm, $\overline{BD}=8$ cm일 때, $\overline{CD}$의 길이는?

① $\frac{19}{2}$ cm   ② 10 cm   ③ $\frac{21}{2}$ cm

④ 11 cm   ⑤ $\frac{23}{2}$ cm

삼각형의 닮음 조건

06 오른쪽 그림과 같은 삼각형 ABC에서 $\overline{AD}$의 길이는?

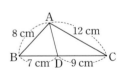

① $\frac{16}{3}$ cm   ② $\frac{11}{2}$ cm   ③ 6 cm

④ $\frac{25}{4}$ cm   ⑤ $\frac{13}{2}$ cm

삼각형의 닮음 조건

07 오른쪽 그림과 같은 삼각형 ABC에서 ∠ADE=∠ACB이고, $\overline{AD}$=8 cm, $\overline{AE}$=6 cm, $\overline{BD}$=4 cm이다. $\overline{CE}$의 길이는?

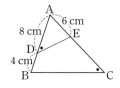

① 9 cm
② 10 cm
③ $\frac{21}{2}$ cm
④ $\frac{32}{3}$ cm
⑤ $\frac{43}{4}$ cm

직각삼각형의 닮음

08 오른쪽 그림과 같이 ∠B=90°인 직각삼각형 ABC의 꼭짓점 B에서 빗변 AC에 내린 수선의 발을 D라 하자. $\overline{AD}$=3 cm, $\overline{BD}$=4 cm일 때, $\overline{CD}$의 길이는?

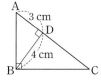

① 5 cm
② $\frac{16}{3}$ cm
③ 6 cm
④ $\frac{20}{3}$ cm
⑤ $\frac{25}{3}$ cm

직각삼각형의 닮음

09 오른쪽 그림과 같이 ∠A=90°인 직각삼각형 ABC에서 점 M은 $\overline{BC}$의 중점이다. $\overline{AD}\perp\overline{BC}$, $\overline{DE}\perp\overline{AM}$일 때, $\overline{DE}$의 길이는?

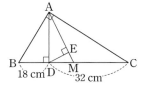

① $\frac{27}{7}$ cm
② 5 cm
③ 6 cm
④ $\frac{56}{9}$ cm
⑤ $\frac{168}{25}$ cm

삼각형의 한 변에 평행한 선분의 길이의 비

10 오른쪽 그림과 같은 △ABC에서 $\overline{DE}$∥$\overline{BC}$일 때, $\overline{DE}$의 길이는?

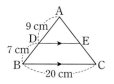

① $\frac{45}{4}$ cm
② 12 cm
③ $\frac{40}{3}$ cm
④ 15 cm
⑤ $\frac{140}{9}$ cm

삼각형의 한 변에 평행한 선분의 길이의 비

11 다음 그림에서 $\overline{BC}$∥$\overline{DE}$일 때, $x+y$의 값은?

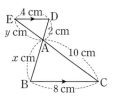

① 8
② 9
③ 10
④ 11
⑤ 12

삼각형의 한 변에 평행한 선분의 길이의 비

12 다음 〈보기〉 중 오른쪽 그림과 같은 △ABC에 대한 설명으로 옳은 것의 개수는?

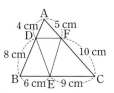

┌─── 보기 ────
ㄱ. $\overline{AB}$∥$\overline{EF}$　　　ㄴ. $\overline{AC}$∥$\overline{DE}$
ㄷ. $\overline{BC}$∥$\overline{DF}$　　　ㄹ. ∠ABC=∠FEC
ㅁ. ∠BAC=∠EFC　　ㅂ. ∠ACB=∠AFD
└─────────

① 1개
② 2개
③ 3개
④ 4개
⑤ 5개

평행선 사이의 선분의 길이의 비

13 다음 그림에서 $l /\!/ m /\!/ n$일 때, xy의 값은?

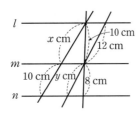

① 80   ② 96   ③ 100

④ 120   ⑤ 144

평행선 사이의 선분의 길이의 비

14 오른쪽 그림과 같은 사다리꼴 ABCD에서 $\overline{AD} /\!/ \overline{EF} /\!/ \overline{BC}$일 때, $\overline{EF}$의 길이는?

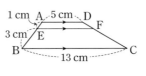

① $\dfrac{27}{4}$ cm   ② 7 cm   ③ $\dfrac{29}{4}$ cm

④ $\dfrac{15}{2}$ cm   ⑤ 8 cm

평행선 사이의 선분의 길이의 비

15 오른쪽 그림에서 $\overline{AB} /\!/ \overline{EF} /\!/ \overline{DC}$이고, $\overline{AB}=10$ cm, $\overline{DC}=15$ cm일 때, $\overline{EF}$의 길이는?

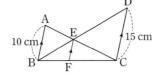

① 5 cm   ② 6 cm   ③ 7 cm

④ $\dfrac{36}{5}$ cm   ⑤ $\dfrac{15}{2}$ cm

삼각형의 무게중심

16 오른쪽 그림에서 점 G는 △ABC의 무게중심일 때, 다음 중 비가 나머지 넷과 다른 하나는?

① $\overline{BG} : \overline{EG}$

② $\overline{AB} : \overline{AF}$

③ △ABG : △GCE

④ △ABC : △ABG

⑤ △ABC : △ABE

삼각형의 무게중심

17 오른쪽 그림과 같은 △ABC에서 점 M은 $\overline{BC}$의 중점이고, 두 점 G, G′는 각각 △ABM, △AMC의 무게중심이다. $\overline{BC}=18$ cm일 때, $\overline{GG'}$의 길이는?

① 6 cm   ② 7 cm   ③ 8 cm

④ 9 cm   ⑤ 10 cm

삼각형의 무게중심

18 오른쪽 그림과 같은 평행사변형 ABCD에서 두 점 M, N은 각각 $\overline{BC}$, $\overline{CD}$의 중점이다. $\overline{AM}$, $\overline{AN}$이 $\overline{BD}$와 만나는 점을 각각 E, F라 하고 $\overline{BE}=4$ cm일 때, $\overline{BD}$의 길이는?

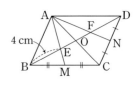

① 10 cm   ② 11 cm   ③ 12 cm

④ 13 cm   ⑤ 14 cm

삼각형의 무게중심

19 오른쪽 그림에서 점 G
는 △ABC의 무게중심
이고 $\overline{BC}=24$ cm,
$\overline{GN}=5$ cm일 때,
$x+y$의 값은?

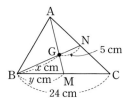

① 20   ② 21   ③ 22

④ 23   ⑤ 24

삼각형의 무게중심

20 오른쪽 그림에서 점 G는
△ABC의 무게중심이고, 점
G′는 △GBC의 무게중심이
다. △G′BD의 넓이가 4 cm²
일 때, △ABC의 넓이는?

① 64 cm²   ② 72 cm²   ③ 80 cm²

④ 84 cm²   ⑤ 96 cm²

피타고라스 정리

21 오른쪽 그림과 같이
∠A=90°인 직각삼각형
ABC에서 $\overline{AB}=15$ cm,
$\overline{BC}=17$ cm일 때, △ABC의 넓이는?

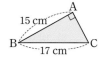

① 60 cm²   ② 68 cm²   ③ 75 cm²

④ 85 cm²   ⑤ 90 cm²

피타고라스 정리

22 삼각형의 세 변의 길이가 각각 다음과 같을 때,
직각삼각형이 <u>아닌</u> 것은?

① 2 cm, 5 cm, 6 cm

② 3 cm, 4 cm, 5 cm

③ 8 cm, 15 cm, 17 cm

④ 7 cm, 24 cm, 25 cm

⑤ 9 cm, 40 cm, 41 cm

피타고라스 정리

23 오른쪽 그림과 같은 직
육면체의 꼭짓점 F에서
겉면을 따라 모서리 CG
를 거쳐 꼭짓점 D까지
가는 최단 거리는?

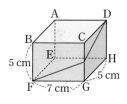

① 12 cm   ② 13 cm   ③ 14 cm

④ 15 cm   ⑤ 16 cm

피타고라스 정리

24 오른쪽 그림의 □ABCD
는 한 변의 길이가 23 cm
인 정사각형이다.
$\overline{AE}=\overline{BF}=\overline{CG}=\overline{DH}$이고
$\overline{AE}=8$ cm일 때,
□EFGH의 넓이는?

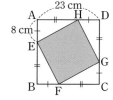

① 256 cm²   ② 289 cm²   ③ 324 cm²

④ 361 cm²   ⑤ 465 cm²

피타고라스 정리

25 오른쪽 그림과 같은 원뿔의 부피는?

① 136π cm³ ② 320π cm³

③ 680π cm³ ④ 740π cm³

⑤ 960π cm³

피타고라스 정리

26 오른쪽 그림과 같이 가로, 세로의 길이가 각각 10 cm, 6 cm인 직사각형 모양의 종이 ABCD를 $\overline{AQ}$를 접는 선으로 하여 점 D가 $\overline{BC}$ 위의 점 P에 오도록 접을 때, $\overline{CQ}$의 길이는?

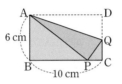

① $\dfrac{3}{2}$ cm ② 2 cm ③ $\dfrac{8}{3}$ cm

④ 3 cm ⑤ 4 cm

피타고라스 정리

27 오른쪽 그림과 같이 ∠A=90°인 직각삼각형 ABC의 세 변을 각각 지름으로 하는 반원을 그렸다. $\overline{AB}$=4 cm, $\overline{AC}$=3 cm일 때, 색칠한 부분의 넓이의 합은?

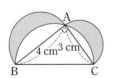

① 6 cm² ② 25 cm²

③ $(7\pi+25)$cm² ④ $(25\pi-25)$cm²

⑤ 25π cm²

피타고라스 정리

28 오른쪽 그림에서 x, y의 값을 차례로 구하면?

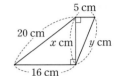

① 12, 13

② 12, 15

③ 15, 17

④ 15, 18

⑤ 18, 21

피타고라스 정리

29 오른쪽 그림과 같은 사다리꼴 ABCD의 넓이는?

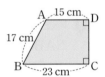

① 255 cm²

② 256 cm²

③ 285 cm²

④ 323 cm²

⑤ 345 cm²

피타고라스 정리

30 오른쪽 그림은 ∠C=90°인 직각삼각형 ABC의 각 변을 한 변으로 하는 정사각형을 그린 것이다. 색칠한 부분의 넓이는?

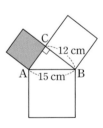

① 81 cm² ② 100 cm² ③ 121 cm²

④ 144 cm² ⑤ 225 cm²

카드, 공을 뽑는 경우의 수

31 A 상자에는 숫자 2, 3, 4가 각각 적힌 3개의 공이 들어 있고, B 상자에는 숫자 0, 1, 2, 3이 각각 적힌 4개의 공이 들어 있다. 두 상자 A, B에서 각각 한 개의 공을 임의로 꺼낼 때, 공에 적힌 두 수의 합이 4 또는 6인 경우의 수는?

① 4　　　　② 5　　　　③ 6
④ 7　　　　⑤ 8

카드, 공을 뽑는 경우의 수

32 0, 1, 2, 3의 숫자가 각각 적힌 4장의 카드 중에서 3장을 뽑아 세 자리 정수를 만들려고 한다. 가장 작은 수부터 크기순으로 나열할 때, 13번째에 오는 수는?

① 213　　　② 230　　　③ 231
④ 301　　　⑤ 302

동전, 주사위를 던지는 경우의 수

33 주사위 2개를 동시에 던질 때, 나오는 두 눈의 수의 합이 8인 경우의 수는?

① 4　　　　② 5　　　　③ 6
④ 7　　　　⑤ 8

동전, 주사위를 던지는 경우의 수

34 서로 다른 주사위 A, B를 동시에 던져 주사위 A에서 나온 눈의 수를 a, 주사위 B에서 나온 눈의 수를 b라 할 때, 방정식 $ax=b$의 해가 2인 경우의 수는?

① 1　　　　② 2　　　　③ 3
④ 4　　　　⑤ 5

한 줄로 세우는 경우의 수

35 지연, 기범, 기석, 민영 4명의 학생을 일렬로 세울 때, 기범이와 기석이가 양 끝에 서는 경우의 수는?

① 1　　　　② 2　　　　③ 3
④ 4　　　　⑤ 5

한 줄로 세우는 경우의 수

36 알파벳 A, B, C, D, E가 각각 적힌 카드 5장을 일렬로 배열할 때, A 또는 E가 가장 앞에 오는 경우의 수는?

① 24　　　② 30　　　③ 36
④ 40　　　⑤ 48

길을 찾는 경우의 수

37 오른쪽 그림은 세 지점 A, B, C를 지나는 길을 간단히 나타낸 것이다. A 지점에서 출발하여 C 지점까지 가는 경우의 수는?

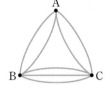

(단, 한 번 지나간 지점은 다시 지나지 않는다.)

① 6　　　　② 8　　　　③ 10
④ 12　　　⑤ 14

대표를 뽑는 경우의 수

38 학급 임원 선거에 남학생 2명, 여학생 2명이 입후보하였다. 남녀 회장, 부회장을 각각 한 명씩 선출하는 경우의 수는?

① 1　　　　② 2　　　　③ 4
④ 6　　　　⑤ 8

대표를 뽑는 경우의 수

39 A, B, C, D의 4명 중에서 2명의 대표를 뽑는 경우의 수는?

① 4　　　　② 5　　　　③ 6
④ 7　　　　⑤ 8

색칠하는 경우의 수

40 오른쪽 그림은 사각형을 4등분하여 노란색과 파란색을 하나씩 칠한 것이다. 나머지 A, B 부분에 빨간색, 노란색, 파란색, 보라색의 4가지 색을 사용하여 칠하려고 한다. 같은 색을 두 번 이상 쓸 수 있으나 이웃한 부분은 서로 다른 색을 칠하는 경우의 수는?

① 4　　　　② 5　　　　③ 6
④ 7　　　　⑤ 8

확률의 뜻과 성질

41 어느 공장에서 만드는 제품 중 불량품은 250개 중 6개 꼴로 나온다. 이 공장에서 만든 제품 중 한 개를 임의로 고를 때, 불량품이 아닐 확률은?

① $\dfrac{3}{125}$　　　② $\dfrac{2}{5}$　　　③ $\dfrac{3}{5}$
④ $\dfrac{4}{5}$　　　⑤ $\dfrac{122}{125}$

확률의 뜻과 성질

42 주사위 한 개를 던질 때, 다음 중 확률이 두 번째로 큰 것은?

① 나오는 눈의 수가 9의 배수일 확률
② 나오는 눈의 수가 6의 약수일 확률
③ 나오는 눈의 수가 정수일 확률
④ 나오는 눈의 수가 2의 배수일 확률
⑤ 나오는 눈의 수가 합성수일 확률

사건 A 또는 사건 B가 일어날 확률

43 주머니 안에 들어 있는 25개의 제비 중 1등 제비는 1개, 2등 제비는 2개, 3등 제비는 5개이다. 이 주머니에서 한 개의 제비를 임의로 뽑을 때, 1등 또는 2등에 당첨될 확률은?

① $\dfrac{2}{25}$　　　② $\dfrac{3}{25}$　　　③ $\dfrac{4}{25}$
④ $\dfrac{1}{5}$　　　⑤ $\dfrac{6}{25}$

사건 A 또는 사건 B가 일어날 확률

44 이번 주 월요일에 비가 올 확률은 $\dfrac{1}{4}$이고, 화요일에 비가 올 확률은 $\dfrac{2}{3}$이다. 월요일과 화요일 중 하루만 비가 올 확률은?

① $\dfrac{1}{4}$　② $\dfrac{1}{3}$　③ $\dfrac{5}{12}$

④ $\dfrac{1}{2}$　⑤ $\dfrac{7}{12}$

사건 A와 사건 B가 동시에 일어날 확률

45 현아와 소희가 월요일 3시에 문구점 앞에서 만나기로 하였다. 현아가 약속을 지킬 확률은 $\dfrac{4}{5}$이고 소희가 약속을 지킬 확률은 $\dfrac{5}{7}$일 때, 두 사람이 약속 시간에 만나지 못할 확률은?

① $\dfrac{2}{35}$　② $\dfrac{2}{7}$　③ $\dfrac{2}{5}$

④ $\dfrac{3}{7}$　⑤ $\dfrac{4}{7}$

사건 A와 사건 B가 동시에 일어날 확률

46 두 개의 주사위 A, B를 동시에 던질 때, 주사위 A는 4 이상의 눈이 나오고 주사위 B는 소수의 눈이 나올 확률은?

① $\dfrac{1}{4}$　② $\dfrac{5}{18}$　③ $\dfrac{1}{3}$

④ $\dfrac{5}{12}$　⑤ $\dfrac{4}{9}$

어떤 사건이 적어도 한 번 일어날 확률

47 진용이네 학교 동아리 학생 중에는 남학생 3명과 여학생이 2명이 있다. 5명의 학생 중 대표 2명을 뽑을 때, 적어도 한 명은 남학생이 뽑힐 확률은?

① $\dfrac{1}{10}$　② $\dfrac{3}{10}$　③ $\dfrac{2}{5}$

④ $\dfrac{3}{5}$　⑤ $\dfrac{9}{10}$

어떤 사건이 적어도 한 번 일어날 확률

48 제비 6개 중 당첨 제비가 2개 들어 있는 주머니에서 임의로 제비 1개를 뽑아 확인하고 다시 주머니에 넣은 후 임의로 제비 1개를 다시 뽑을 때, 적어도 한 번은 당첨 제비를 뽑을 확률은?

① $\dfrac{11}{36}$　② $\dfrac{4}{9}$　③ $\dfrac{5}{9}$

④ $\dfrac{2}{3}$　⑤ $\dfrac{25}{36}$

연속하여 뽑는 경우의 확률

49 2개의 당첨 제비를 포함한 7개의 제비 중에서 한 개를 꺼내어 결과를 확인하고 다시 넣어 잘 섞은 후 한 개를 꺼낼 때, 첫 번째는 당첨 제비가 나오고 두 번째는 당첨 제비가 나오지 않을 확률은?

① $\dfrac{4}{49}$　② $\dfrac{5}{21}$　③ $\dfrac{10}{49}$

④ $\dfrac{25}{49}$　⑤ $\dfrac{16}{21}$

도형에서의 확률

50 오른쪽 그림과 같이 점 P는 한 변의 길이가 1인 정사각형 ABCD의 꼭짓점 A를 출발하여 주사위를 던져 나온 눈의 수만큼 정사각형의 변을 따라 시계 반대 방향으로 움직인다고 한다. 주사위를 두 번 던진 후 점 P가 꼭짓점 C에 있을 확률은?

① $\dfrac{1}{9}$　② $\dfrac{1}{6}$　③ $\dfrac{2}{9}$

④ $\dfrac{1}{4}$　⑤ $\dfrac{5}{18}$

MEMO

✦ 원리 학습을 기반으로 한
   중학 과학의 새로운 패러다임

✦ 학교 시험 족보 분석으로
   내신 시험도 완벽 대비

원 리 학 습 으 로 완 성 하 는 과 학

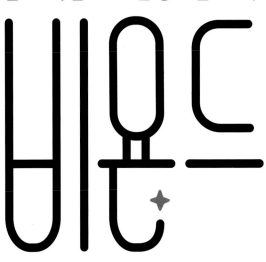

비욘드

개념 탐구 적용 실전 **체계적인 실험 분석 + 모든 유형 적용**

✦ **시리즈 구성** ✦

중학 과학 1-1	중학 과학 1-2
중학 과학 2-1	중학 과학 2-2
중학 과학 3-1	중학 과학 3-2

효과가 상상 이상입니다.

예전에는 아이들의 어휘 학습을 위해 학습지를 만들어 주기도 했는데,
이제는 이 교재가 있으니 어휘 학습 고민은 해결되었습니다.
아이들에게 아침 자율 활동으로 할 것을 제안하였는데,
"선생님, 더 풀어도 되나요?"라는 모습을 보면,
아이들의 기초 학습 습관 형성에도 큰 도움이 되고 있다고 생각합니다.

ㄷ초등학교 안OO 선생님

어휘 공부의 힘을 느꼈습니다.

학습에 자신감이 없던 학생도 이미 배운 어휘가 수업에 나왔을 때 반가워합니다.
어휘를 먼저 학습하면서 흥미도가 높아지고
동기 부여가 되는 것을 보면서 어휘 공부의 힘을 느꼈습니다.

ㅂ학교 김OO 선생님

학생들 스스로 뿌듯해해요.

처음에는 어휘 학습을 따로 한다는 것 자체가 부담스러워했지만,
공부하는 내용에 대해 이해도가 높아지는 경험을 하면서
스스로 뿌듯해하는 모습을 볼 수 있었습니다.

ㅅ초등학교 손OO 선생님

앞으로도 활용할 계획입니다.

학생들에게 확인 문제의 수준이 너무 어렵지 않으면서도
교과서에 나오는 낱말의 뜻을 확실하게 배울 수 있었고,
주요 학습 내용과 관련 있는 낱말의 뜻과 용례를
정확하게 공부할 수 있어서 효과적이었습니다.

ㅅ초등학교 지OO 선생님

중학도 역시 **EBS**

정답과 풀이

전국 중학교
기출문제
완벽 분석

시험 대비
적중 문항
수록

중학 수학
내신 대비
기출문제집

2 - 2   기말고사

실전 모의고사
+
최종 마무리 50제

중학 수학
내신 대비
기출문제집

2-2 기말고사

정답과 풀이

V 도형의 닮음과 피타고라스 정리

1 | 도형의 닮음

개념 체크 본문 8~9쪽

01 ②

02 (1) □ABCD∽□EFGH (2) 3 : 4 (3) $\frac{9}{2}$ cm

03 (1) 3 : 2 (2) 10

04 (1) 1 : 4 (2) 1 : 8

05 △ABC∽△DFE (SAS 닮음)

06 (1) △ABC∽△DAC (2) △ABC∽△ACD

07 $\frac{16}{5}$

대표유형 본문 10~13쪽

01 ②　　**02** ③, ⑤　**03** ③　　**04** ⑤　　**05** ⑤

06 ④　　**07** (1) 36 cm² (2) 160 cm³　　**08** ①

09 ①　　**10** ②, ⑤　**11** ④

12 △ABC∽△DEC∽△FBE (AA 닮음)

13 (1) △ABC∽△AED (SAS 닮음) (2) 3 : 1
　　(3) 36 cm

14 ㉠ △CBD, ㉡ 4

15 (1) △ABC∽△EBD (SAS 닮음) (2) 4 : 1
　　(3) 1 cm

16 ④　　**17** ⑤　　**18** ④　　**19** $\frac{25}{4}$　　**20** ⑤

21 (1) △ABE∽△ADF (AA 닮음) (2) 12 cm

22 ⑤　　**23** ⑤　　**24** ①

01 ② $\overline{BC} : \overline{FE} = 3 : 1$

02 ③ $\overline{BC} : \overline{FG} = 12 : 9 = 4 : 3$이므로 두 사각형의 닮음비는 4 : 3이다.
　　⑤ $\overline{DC}$에 대응하는 변은 $\overline{HG}$이다

03 ③ 두 직사각형은 가로와 세로의 길이의 비가 다르면 닮은 도형이 아니다.

04 ⑤ $\overline{AB}$의 대응변인 $\overline{A'B'}$의 길이가 주어지지 않아 길이를 구할 수 없다.

05 □ABCD와 □EFGH의 닮음비가 5 : 6이므로
$\overline{CD} : \overline{GH} = 5 : 6$에서
$15 : \overline{GH} = 5 : 6$, $\overline{GH} = 18$
따라서 □EFGH는 직사각형이므로 둘레의 길이는
$(12 + 18) \times 2 = 60$

06 ④ 두 사각뿔대의 닮음비는 $\overline{AD} : \overline{A'D'} = 2 : 1$
　　따라서 $\overline{BC} : \overline{B'C'} = 2 : 1$

07 (1) 두 삼각뿔의 닮음비가 2 : 3이므로 밑면의 넓이의 비는 $2^2 : 3^2 = 4 : 9$
이때 작은 삼각뿔의 밑면의 넓이가 16 cm²이므로
$16 : (큰 삼각뿔의 밑면의 넓이) = 4 : 9$
따라서
$(큰 삼각뿔의 밑면의 넓이) = \frac{16 \times 9}{4} = 36 \,(cm^2)$

(2) 두 삼각뿔의 닮음비가 2 : 3이므로 부피의 비는
$2^3 : 3^3 = 8 : 27$
이때 큰 삼각뿔의 부피가 540 cm³이므로
$(작은 삼각뿔의 부피) : 540 = 8 : 27$
따라서
$(작은 삼각뿔의 부피) = \frac{540 \times 8}{27} = 160 \,(cm^3)$

08 $\overline{DF} = \frac{1}{2}\overline{BC}$이므로 $\overline{DF} = \overline{BE} = \overline{EC}$

$\overline{DE} = \frac{1}{2}\overline{AC}$이므로 $\overline{DE} = \overline{AF} = \overline{FC}$

$\overline{FE} = \frac{1}{2}\overline{AB}$이므로 $\overline{FE} = \overline{AD} = \overline{DB}$

△ADF≡△DBE≡△FEC≡△EFD (SSS 합동)
이고, △ABC와 △EFD의 닮음비가 2 : 1이므로 넓이의 비는 $2^2 : 1^2 = 4 : 1$
따라서
$△DEF = \frac{1}{4}△ABC = \frac{1}{4} \times 128 = 32 \,(cm^2)$

09 원뿔 모양의 그릇과 그릇 안에 들어 있는 물이 이루는 원뿔은 닮은 도형이고, 닮음비가 3 : 2이므로 부피의 비는 $3^3 : 2^3 = 27 : 8$
따라서 $108 : (물의 부피) = 27 : 8$이므로
$(물의 부피) = \frac{108 \times 8}{27} = 32 \,(cm^3)$

10 ②의 삼각형과 ⑤의 삼각형은 두 대응변의 길이의 비가 $8:4=6:3=2:1$로 같고, 그 끼인각의 크기가 $55°$로 같으므로 닮은 도형이다.

11 ④ $\angle A=60°$, $\angle F=65°$이면 $\angle B=55°$, $\angle D=60°$이므로 $\triangle ABC \backsim \triangle DEF$ (AA 닮음)

12 $\triangle ABC$와 $\triangle DEC$에서 $\overline{AF} /\!/ \overline{DE}$이므로
$\angle ABC=\angle DEC$, $\angle C$는 공통인 각
이므로 $\triangle ABC \backsim \triangle DEC$ (AA 닮음)
$\triangle ABC$와 $\triangle FBE$에서 $\overline{AD} /\!/ \overline{FE}$이므로
$\angle BAC=\angle BFE$, $\angle B$는 공통인 각
이므로 $\triangle ABC \backsim \triangle FBE$ (AA 닮음)
따라서 $\triangle ABC \backsim \triangle DEC \backsim \triangle FBE$

13 (1) $\overline{AB}:\overline{AE}=24:8=3:1$,
$\overline{AC}:\overline{AD}=30:10=3:1$,
$\angle A$는 공통인 각
이므로 $\triangle ABC \backsim \triangle AED$ (SAS 닮음)
(2) $\overline{AB}:\overline{AE}=24:8=3:1$,
$\overline{AC}:\overline{AD}=30:10=3:1$
이므로 닮음비는 $3:1$이다.
(3) $\overline{BC}:\overline{ED}=\overline{BC}:12=3:1$이므로
$\overline{BC}=36$ cm

14 $\overline{BA}:\overline{BC}=8:12=2:3$,
$\overline{BC}:\overline{BD}=12:18=2:3$,
$\angle ABC=\angle CBD$
이므로 $\triangle ABC \backsim \triangle CBD$ (SAS 닮음)
$\overline{AC}:\overline{CD}=2:3$, $\overline{AC}:6=2:3$, $\overline{AC}=4$ cm
따라서 ㉠ $\triangle CBD$, ㉡ 4

15 (1) $\triangle ABC$와 $\triangle EBD$에서
$\overline{AB}:\overline{EB}=8:2=4:1$,
$\overline{BC}:\overline{BD}=12:3=4:1$,
$\angle B$는 공통인 각
이므로 $\triangle ABC \backsim \triangle EBD$ (SAS 닮음)
(2) 닮음비는 $4:1$이다.
(3) $4:\overline{ED}=4:1$이므로 $\overline{ED}=1$ cm

16 $\triangle AFD \backsim \triangle CDE$
(AA 닮음)이므로
$\overline{AF}:\overline{CD}=\overline{AD}:\overline{CE}$에서
$9:6=12:\overline{CE}$

따라서 $\overline{CE}=72 \times \dfrac{1}{9}=8$ (cm)

17 $\triangle EBC$와 $\triangle EDM$에서
$\angle EBC=\angle EDM$ (엇각),
$\angle BEC=\angle DEM$ (맞꼭지각)
이므로 $\triangle EBC \backsim \triangle EDM$ (AA 닮음)
$\overline{DE}=x$ cm라 하면 $\overline{BE}=(30-x)$ cm
이때 닮음비가 $\overline{BC}:\overline{DM}=2:1$이므로
$\overline{BE}:\overline{DE}=2:1$에서 $(30-x):x=2:1$
$2x=30-x$, $3x=30$, $x=10$
따라서 $\overline{DE}=10$ cm

18 $\triangle AOD$와 $\triangle COB$에서
$\angle DAO=\angle OCB$ (엇각),
$\angle AOD=\angle COB$ (맞꼭지각)
이므로 $\triangle AOD \backsim \triangle COB$ (AA 닮음)
$\overline{DO}=x$라 하면 $\overline{BO}=6-x$
$\overline{AO}:\overline{CO}=\overline{DO}:\overline{BO}$이므로
$3:6=x:(6-x)$, $6x=3(6-x)$, $x=2$
따라서 $\overline{DO}=2$
또 $\overline{AO}:\overline{CO}=\overline{AD}:\overline{BC}$이므로
$3:6=\overline{AD}:8$, $\overline{AD}=4$
따라서 $\triangle AOD$의 둘레의 길이는
$\overline{AO}+\overline{DO}+\overline{AD}=3+2+4=9$

19 $\triangle ABC$와 $\triangle AED$에서
$\angle ABC=\angle AED=90°$, $\angle A$는 공통인 각
이므로 $\triangle ABC \backsim \triangle AED$ (AA 닮음)
$\overline{AE}=\overline{CE}=\dfrac{1}{2} \times 10=5$
$\overline{AC}:\overline{AD}=\overline{AB}:\overline{AE}$이므로
$10:\overline{AD}=8:5$, $8\overline{AD}=50$
따라서 $\overline{AD}=\dfrac{25}{4}$

20 $\triangle ADF$와 $\triangle ECF$에서
$\angle ADF=\angle ECF=90°$,
$\angle AFD=\angle EFC$
(맞꼭지각)
이므로 $\triangle ADF \backsim \triangle ECF$ (AA 닮음)
$\overline{AF}:\overline{EF}=\overline{DF}:\overline{CF}$이므로 $10:\overline{EF}=8:4$
따라서 $\overline{EF}=5$ cm

21 (1) $\angle AEB=\angle AFD=90°$

□ABCD는 평행사변형이고, 이때 대각의 크기가 같으므로 ∠B=∠D

따라서 △ABE∽△ADF (AA 닮음)

(2) $\overline{AE} : \overline{AF} = \overline{AB} : \overline{AD}$이므로

$8 : \overline{AF} = 10 : 15$

따라서 $\overline{AF} = 12$ cm

22 △ABC와 △DBA에서

∠BAC=∠BDA=90°,

∠ACB=∠DAB

이므로 △ABC∽△DBA (AA 닮음)

$\overline{AB} : \overline{BD} = \overline{BC} : \overline{AB}$에서

$\overline{AB}^2 = \overline{BD} \times \overline{BC}$이므로 $4^2 = \overline{BD} \times 5$

따라서 $\overline{BD} = \dfrac{16}{5}$ cm

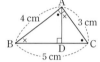

23 △ABC∽△CBD∽△ACD

⑤ ∠B=90°−∠BCD

= ∠ACD

24 △ABD와 △CAD에서

∠ADB=∠CDA=90°,

∠BAD=∠ACD

이므로 △ABD∽△CAD (AA 닮음)

$\overline{AD} : \overline{CD} = \overline{DB} : \overline{DA}$에서

$6 : 12 = x : 6$, $12x = 36$

따라서 $x = 3$

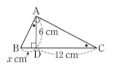

본문 14~17쪽

기출 예상 문제

01 ④	**02** ②	**03** ④	**04** 40 cm	**05** ②
06 ②	**07** ①	**08** ④	**09** ⑤	

10 풀이 참조

11 (1) △OAB∽△ODC (SAS 닮음), 1 : 4

(2) △ABC∽△DAC (SSS 닮음), 5 : 4

12 ③	**13** ④	**14** ①	**15** ②	**16** ①
17 ④	**18** 8 cm	**19** 8 cm	**20** ⑤	**21** ①
22 ③	**23** ①	**24** ③		

---

01 항상 닮음인 것은

ㄱ. 두 반원

ㅁ. 두 정사면체

ㅂ. 두 직각이등변삼각형

ㅅ. 중심각의 크기가 같은 두 부채꼴

의 4개이다.

02 ② 닮음인 두 도형의 넓이의 비는 닮음비의 제곱과 같다.

03 닮음비는 $\overline{BC} : \overline{FG} = 20 : 15 = 4 : 3$

① ∠E=∠A=70°

② ∠G=∠C=360°−(70°+80°+110°)=100°

③ $\overline{AB} : \overline{EF} = 4 : 3$이므로 $16 : \overline{EF} = 4 : 3$

따라서 $\overline{EF} = 12$ cm

④ $\overline{DC} : \overline{HG} = 4 : 3$이므로 $8 : \overline{HG} = 4 : 3$

따라서 $\overline{HG} = 6$ cm

⑤ $\overline{DC}$의 대응변은 $\overline{HG}$이므로 $\overline{DC} : \overline{HG} = 4 : 3$

04 $\overline{AB} : \overline{FG} = \overline{AE} : \overline{FJ} = 4 : 5$ 이므로

(오각형 ABCDE의 둘레의 길이) : (오각형 FGHIJ의 둘레의 길이)=4 : 5

32 : (오각형 FGHIJ의 둘레의 길이)=4 : 5

따라서 (오각형 FGHIJ의 둘레의 길이)=40 (cm)

05 □ABCD∽□DEFC이므로

$\overline{AD} : \overline{DC} = \overline{AB} : \overline{DE}$에서

$9 : 6 = 6 : x$, $x = 4$

$\overline{AE} = 9 - 4 = 5$ (cm)

□ABCD∽□AGHE이므로

$\overline{AD} : \overline{AE} = \overline{AB} : \overline{AG}$에서

$9 : 5 = 6 : \overline{AG}$, $\overline{AG} = \dfrac{10}{3}$ cm

$\overline{GB} = 6 - \dfrac{10}{3} = \dfrac{8}{3}$ (cm), $y = \dfrac{8}{3}$

따라서 $x + y = 4 + \dfrac{8}{3} = \dfrac{20}{3}$

06 두 사면체 A−BCD와 E−FGH의 닮음비가

$\overline{BC} : \overline{FG} = 4 : 6 = 2 : 3$이므로

$\overline{AD} : \overline{EH} = 2 : 3$

$6 : x = 2 : 3$에서 $x = 9$

$y : 15 = 2 : 3$에서 $y = 10$

따라서 $x + y = 9 + 10 = 19$

07 △EOD와 △COB에서

∠EOD=∠COB (맞꼭지각),

∠EDO=∠CBO (엇각)

이므로 △EOD∽△COB (AA 닮음)

$\overline{ED} : \overline{CB} = 9 : 12 = 3 : 4$에서 닮음비는 $3 : 4$이므로

넓이의 비는 $3^2 : 4^2 = 9 : 16$

따라서 $18 : \triangle BOC = 9 : 16$이므로

$\triangle BOC = \dfrac{18 \times 16}{9} = 32 \, (\text{cm}^2)$

08 처음 큰 원뿔과 잘라서 생기는 작은 원뿔의 닮음비는

$(9 + 6) : 9 = 15 : 9 = 5 : 3$

밑면의 넓이의 비는 $5^2 : 3^2 = 25 : 9$

따라서 (큰 원뿔의 밑면의 넓이) : $36 = 25 : 9$이므로

(큰 원뿔의 밑면의 넓이) $= \dfrac{25 \times 36}{9} = 100 \, (\text{cm}^2)$

09 두 쇠구슬의 닮음비가 $5 : 1$이므로 부피의 비는

$5^3 : 1^3 = 125 : 1$

따라서 지름의 길이가 $1 \, \text{cm}$인 쇠구슬을 최대 125개까지 만들 수 있다.

10 ㄱ ― ㅁ, $\triangle ABC \backsim \triangle NOM$, SSS 닮음

ㄴ ― ㄹ, $\triangle DEF \backsim \triangle KJL$, SAS 닮음

ㄷ ― ㅂ, $\triangle GHI \backsim \triangle RQP$, AA 닮음

11 (1) $\triangle OAB$와 $\triangle ODC$에서

$\overline{OA} : \overline{OD} = 5 : 20 = 1 : 4$,

$\overline{OB} : \overline{OC} = 4 : 16 = 1 : 4$,

$\angle AOB = \angle DOC$

이므로 $\triangle OAB \backsim \triangle ODC$ (SAS 닮음)이고, 닮음비는 $1 : 4$이다.

(2) $\triangle ABC$와 $\triangle DAC$에서

$\overline{AB} : \overline{DA} = 15 : 12 = 5 : 4$,

$\overline{AC} : \overline{DC} = 20 : 16 = 5 : 4$,

$\overline{BC} : \overline{AC} = 25 : 20 = 5 : 4$

이므로 $\triangle ABC \backsim \triangle DAC$ (SSS 닮음)이고, 닮음비는 $5 : 4$이다.

12 ① $\triangle ABC$와 $\triangle ADB$에서

$\overline{AC} : \overline{AB} = 18 : 12 = 3 : 2$,

$\overline{AB} : \overline{AD} = 12 : 8 = 3 : 2$,

$\angle A$는 공통인 각

이므로 $\triangle ABC$와 $\triangle ADB$는 닮은 도형이다.

② $\overline{BC} : \overline{BD} = 3 : 2$이므로 $18 : \overline{BD} = 3 : 2$

따라서 $\overline{BD} = 12 \, \text{cm}$

④, ⑤ $\triangle ADB$와 $\triangle CDE$에서

$\angle ADB = \angle CDE$,

$\overline{AD} : \overline{CD} = \overline{BD} : \overline{ED} = 4 : 5$

이므로 $\triangle ADB \backsim \triangle CDE$ (SAS 닮음)

13

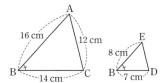

$\triangle ABC$와 $\triangle EBD$에서

$\angle B$는 공통인 각, $\overline{AB} : \overline{EB} = \overline{BC} : \overline{BD} = 2 : 1$

이므로 $\triangle ABC \backsim \triangle EBD$ (SAS 닮음)

닮음비가 $2 : 1$이므로

$\overline{AC} : \overline{ED} = 12 : \overline{ED} = 2 : 1$

따라서 $\overline{ED} = 6 \, \text{cm}$

14

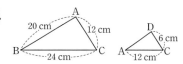

$\triangle ABC$와 $\triangle DAC$에서

$\overline{BC} : \overline{AC} = 24 : 12 = 2 : 1$,

$\overline{AC} : \overline{DC} = 12 : 6 = 2 : 1$,

$\angle C$는 공통인 각

이므로 $\triangle ABC \backsim \triangle DAC$ (SAS 닮음)

닮음비가 $2 : 1$이므로

$\overline{BA} : \overline{AD} = 20 : \overline{AD} = 2 : 1$

따라서 $\overline{AD} = 10 \, \text{cm}$

15

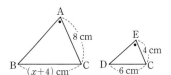

$\triangle ABC$와 $\triangle EDC$에서

$\angle A = \angle DEC$, $\angle C$는 공통인 각

이므로 $\triangle ABC \backsim \triangle EDC$ (AA 닮음)

$\overline{AC} : \overline{EC} = 8 : 4 = 2 : 1$이고,

$\overline{BE} = x \, \text{cm}$라 하면 $\overline{BC} = (x+4) \, \text{cm}$이므로

$\overline{BC} : \overline{DC} = (x+4) : 6 = 2 : 1$

$x + 4 = 12$, $x = 8$

따라서 $\overline{BE} = 8 \, \text{cm}$

16

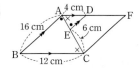

$\triangle ABC$와 $\triangle EDA$에서

$\angle BAC = \angle DEA$ (엇각), $\angle ACB = \angle EAD$ (엇각)

이므로 △ABC∽△EDA (AA 닮음)
$\overline{BC}:\overline{DA}=\overline{AC}:\overline{EA}$이므로 $\overline{AE}=x$ cm라 하면
$12:4=(x+6):x$
$12x=4(x+6)$, $x=3$
따라서 $\overline{AE}=3$ cm

17 △CDF와 △EBF에서
∠DFC=∠BFE (맞꼭지각),
∠FDC=∠FBE (엇각) ①
이므로 △CDF∽△EBF (AA 닮음) ②
마름모의 두 대각선은 서로 수직이등분하므로
$\overline{DO}=\overline{BO}=8$ cm
$\overline{OF}=\overline{OB}-\overline{BF}=8-6=2$ (cm) ③
$\overline{DF}=\overline{DO}+\overline{OF}=8+2=10$ (cm)
$\overline{DF}:\overline{BF}=10:6=5:3$이므로
$\overline{DC}:\overline{BE}=5:3$에서 $\overline{DC}:6=5:3$
$\overline{DC}=10$ cm
마름모 ABCD의 둘레의 길이는
$10\times4=40$ (cm) ⑤
따라서 옳지 않은 것은 ④이다.

18 △ABC∽△DCE이므로
$\overline{BC}:\overline{CE}=\overline{AC}:\overline{DE}$, $8:4=\overline{AC}:6$
$\overline{AC}=12$ cm
△BED와 △BCF에서
∠FBC는 공통인 각, ∠BED=∠BCF
이므로 △BED∽△BCF (AA 닮음)
$\overline{BE}:\overline{BC}=\overline{DE}:\overline{FC}$, $12:8=6:\overline{FC}$
$\overline{FC}=4$ cm
따라서 $\overline{AF}=\overline{AC}-\overline{FC}=12-4=8$ (cm)

19
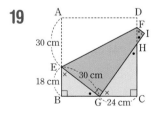
△EBG와 △GCH에서
∠B=∠C=90°,
∠BEG+∠EGB=∠EGB+∠CGH=90°
이므로 ∠BEG=∠CGH
따라서 △EBG∽△GCH (AA 닮음)
$\overline{BE}:\overline{CG}=18:24=3:4$
$\overline{EG}=\overline{EA}=30$ cm이므로

$\overline{EG}:\overline{GH}=3:4$에서 $30:\overline{GH}=3:4$
$\overline{GH}=40$ cm
따라서 $\overline{IH}=\overline{AD}-\overline{GH}=48-40=8$ (cm)

20 △ACD와 △BCE에서
∠C는 공통인 각,
∠ADC=∠BEC=90°
이므로

△ACD∽△BCE (AA 닮음)
$\overline{AC}:\overline{BC}=\overline{DC}:\overline{EC}$이므로 $\overline{AE}=x$ cm라 하면
$(x+12):24=10:12$, $12(x+12)=240$
$x=8$
따라서 $\overline{AE}=8$ cm

21

△AEF∽△BDF∽△BEC∽△ADC (AA 닮음)
따라서 닮음이 아닌 것은 ① △ABE와 △BAD이다.

22 △ABD와 △HAD에서
∠BAD=∠AHD=90°,
∠ABD=∠HAD
이므로 △ABD∽△HAD (AA 닮음)
$\overline{AD}:\overline{HD}=\overline{BD}:\overline{AD}$에서
$10:8=\overline{BD}:10$, $\overline{BD}=\dfrac{25}{2}$ cm
$\overline{BH}=\overline{BD}-\overline{HD}=\dfrac{25}{2}-8=\dfrac{9}{2}$ (cm)
△ADH와 △BAH에서
∠ADH=∠BAH, ∠DHA=∠AHB=90°
이므로 △ADH∽△BAH (AA 닮음)
$\overline{DH}:\overline{AH}=\overline{AH}:\overline{BH}$에서
$8:\overline{AH}=\overline{AH}:\dfrac{9}{2}$, $\overline{AH}^2=36$, $\overline{AH}=6$ cm
따라서 $x=6$, $y=\dfrac{9}{2}$이므로 $xy=6\times\dfrac{9}{2}=27$

23 ① $\overline{BC}^2=\overline{CH}\times\overline{CA}$이므로 $x^2=8\times(8+10)$, $x=12$
② $\overline{BH}^2=\overline{HA}\times\overline{HC}$이므로 $6^2=x\times12$, $x=3$
③ $\overline{AB}^2=\overline{AH}\times\overline{AC}$이므로 $4^2=x\times6$, $x=\dfrac{8}{3}$
④ $\overline{AB}\times\overline{BC}=\overline{BH}\times\overline{AC}$이므로
$12\times5=x\times13$, $x=\dfrac{60}{13}$
⑤ $\overline{BH}^2=\overline{AH}\times\overline{CH}$이므로 $x^2=4\times9$, $x=6$

24

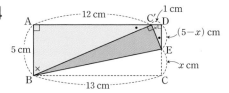

△ABC′와 △DC′E에서

∠A=∠D=90°,

∠AC′B+∠ABC′=∠AC′B+∠DC′E=90°에서

∠ABC′=∠DC′E

이므로 △ABC′∽△DC′E (AA 닮음)

$\overline{AB} : \overline{DC'} = \overline{AC'} : \overline{DE}$이므로 $\overline{CE} = x$ cm라 하면

$5 : 1 = 12 : (5-x)$, $5(5-x) = 12$, $x = \dfrac{13}{5}$

따라서 $\overline{CE} = \dfrac{13}{5}$ cm

고난도 집중 연습

본문 18~19쪽

1 21 cm^2 **1-1** $\dfrac{45}{2}$ cm^2 **2** $\dfrac{25}{8}$ cm **2-1** $\dfrac{15}{2}$ cm

3 10 cm **3-1** $\dfrac{45}{4}$ cm **4** $\dfrac{18}{5}$ cm **4-1** $\dfrac{96}{5}$ cm

---

1

풀이 전략 △HBE와 닮음인 삼각형을 찾는다.

△HBE와 △GCE에서

∠B=∠GCE=90°, ∠GEC는 공통인 각

이므로 △HBE∽△GCE (AA 닮음)

이때 $\overline{BE} : \overline{CE} = \overline{HB} : \overline{GC}$이므로

$8 : 2 = \overline{HB} : 1$, $\overline{HB} = 4$ cm

$\overline{AH} = \overline{AB} - \overline{HB} = 6 - 4 = 2$ (cm)

$\overline{DG} = \overline{DC} - \overline{GC} = 6 - 1 = 5$ (cm)

따라서 $\square AHGD = \dfrac{1}{2} \times (5+2) \times 6 = 21$ (cm^2)

1-1

풀이 전략 △BCD와 닮음인 삼각형을 찾는다.

△BCD와 △HED에서

∠BCD=∠E=90°, ∠BDC=∠HDE (맞꼭지각)

이므로 △BCD∽△HED (AA 닮음)

$\overline{DC} : \overline{DE} = \overline{BC} : \overline{HE}$이고,

$\overline{DE} = \overline{EC} - \overline{DC} = 10 - 4 = 6$ (cm)이므로

$4 : 6 = 5 : \overline{HE}$, $\overline{HE} = \dfrac{15}{2}$ cm

따라서 $\triangle EDH = \dfrac{1}{2} \times 6 \times \dfrac{15}{2} = \dfrac{45}{2}$ (cm^2)

2

풀이 전략 △MOA와 닮음인 삼각형을 찾는다.

△MOA와 △ABC에서

∠MOA=∠B=90°,

∠MAO=∠ACB (엇각)

이므로

△MOA∽△ABC (AA 닮음)

$\overline{AM} : \overline{CA} = \overline{AO} : \overline{CB}$이므로

$\overline{AM} : 5 = \dfrac{5}{2} : 4$

따라서 $\overline{AM} = \dfrac{25}{8}$ cm

2-1

풀이 전략 △ABC와 △QOC가 닮음임을 이용한다.

△ABC와 △QOC에서

∠C는 공통인 각,

∠ABC=∠QOC=90°

이므로

△ABC∽△QOC (AA 닮음)

$\overline{AB} : \overline{QO} = \overline{BC} : \overline{OC}$이고,

$\overline{OC} = \dfrac{1}{2}\overline{AC} = 5$ (cm)이므로

$6 : \overline{QO} = 8 : 5$, $\overline{QO} = \dfrac{15}{4}$ cm

따라서 $\overline{PQ} = 2\overline{QO} = \dfrac{15}{2}$ (cm)

3

풀이 전략 △EBF와 닮음인 삼각형을 찾는다.

△EBF와 △DBC에서

∠EFB=∠DCB=90°,

∠DBC=∠EBF (접은각)

이므로

△EBF∽△DBC (AA 닮음)

△EBD는 이등변삼각형이므로

$\overline{BF} = \overline{DF} = \dfrac{1}{2}\overline{BD} = 5$ (cm)

$\overline{BF} : \overline{BC} = \overline{EF} : \overline{DC}$이므로

$5 : 8 = \overline{EF} : 6$에서 $\overline{EF} = \dfrac{15}{4}$ cm

$\overline{EB} : \overline{DB} = \overline{BF} : \overline{BC}$이므로

$\overline{EB} : 10 = 5 : 8$에서 $\overline{EB} = \dfrac{25}{4}$ cm

따라서 $\overline{EF} + \overline{EB} = \dfrac{15}{4} + \dfrac{25}{4} = 10$ (cm)

3-1

풀이 전략 △EBF와 닮음인 삼각형을 찾는다.

$\overline{AD} /\!/ \overline{BC}$이므로

$\angle EDB = \angle DBC$ (엇각),

$\angle EBD = \angle DBC$ (접은각)이므로

$\angle EDB = \angle EBD$

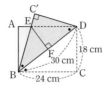

따라서 △EBD는 $\overline{EB} = \overline{ED}$인 이등변삼각형이므로

$\overline{BF} = \overline{DF} = \dfrac{1}{2}\overline{BD} = 30 \times \dfrac{1}{2} = 15 \, (\text{cm})$

△EBF와 △DBC에서

$\angle EBF = \angle DBC$ (접은각), $\angle EFB = \angle DCB = 90°$

이므로 △EBF∽△DBC (AA 닮음)

$\overline{BF} : \overline{BC} = \overline{EF} : \overline{DC}$이므로 $15 : 24 = \overline{EF} : 18$

따라서 $\overline{EF} = \dfrac{15 \times 18}{24} = \dfrac{45}{4} \, (\text{cm})$

4

풀이 전략 점 M은 직각삼각형 ABC의 외심임을 이용한다.

점 M은 빗변의 중점이므로 △ABC의 외심이다.

$\overline{AM} = \overline{BM} = \overline{CM} = \dfrac{20}{2} = 10 \, (\text{cm})$

△ABC에서 $\overline{AD}^2 = \overline{BD} \times \overline{CD} = 64$이므로 $\overline{AD} = 8 \, \text{cm}$

△DAM에서 $\overline{AD}^2 = \overline{AH} \times \overline{AM}$이므로

$64 = \overline{AH} \times 10$, $\overline{AH} = \dfrac{32}{5} \, \text{cm}$

따라서 $\overline{HM} = \overline{AM} - \overline{AH} = 10 - \dfrac{32}{5} = \dfrac{18}{5} \, (\text{cm})$

4-1

풀이 전략 점 M이 직각삼각형 ABC의 외심임을 이용한다.

점 M은 빗변의 중점이므로 △ABC의 외심이다.

$\overline{AM} = \overline{BM} = \overline{CM} = \dfrac{20}{2} = 10 \, (\text{cm})$

△ABC에서 $\overline{AG}^2 = \overline{BG} \times \overline{CG} = 36$이므로 $\overline{AG} = 6 \, \text{cm}$

△GAM에서 $\overline{AG}^2 = \overline{AH} \times \overline{AM}$이므로

$36 = \overline{AH} \times 10$, $\overline{AH} = \dfrac{18}{5} \, \text{cm}$

$\overline{HM} = \overline{AM} - \overline{AH} = 10 - \dfrac{18}{5} = \dfrac{32}{5} \, (\text{cm})$

$\overline{MG} = \overline{MC} - \overline{GC} = 10 - 2 = 8 \, (\text{cm})$

$\overline{AM} \times \overline{HG} = \overline{MG} \times \overline{AG}$이므로

$10 \times \overline{HG} = 8 \times 6$, $\overline{HG} = \dfrac{24}{5} \, \text{cm}$

따라서

$(\triangle \text{HMG의 둘레의 길이}) = \overline{HM} + \overline{MG} + \overline{HG}$

$\qquad\qquad\qquad\qquad = \dfrac{32}{5} + 8 + \dfrac{24}{5} = \dfrac{96}{5} \, (\text{cm})$

예제 1 풀이 참조	유제 1 $\dfrac{21}{5}$ cm
예제 2 풀이 참조	유제 2 $6 : 5$
예제 3 풀이 참조	유제 3 $\dfrac{16}{3}$ cm
예제 4 풀이 참조	유제 4 $\dfrac{75}{8}$ cm²

예제 1

△ADC와 △DEB 에서 ··· **1단계**

$\angle C = \angle B = \boxed{60}°$ ······ ㉠

$\angle CAD + \angle ADC = \angle BDE + \angle ADC = 120°$이므로

$\angle CAD = \boxed{\angle BDE}$ ······ ㉡

㉠, ㉡에서 △ADC∽ △DEB (AA 닮음) ··· **2단계**

$\overline{AC} : \overline{BD} = \overline{DC} : \overline{BE}$에서

$8 : 6 = 2 : \boxed{BE}$

따라서 $\overline{BE} = \boxed{\dfrac{3}{2}}$ cm ··· **3단계**

채점 기준표

단계	채점 기준	비율
1단계	△ADC와 닮은 삼각형을 찾은 경우	10 %
2단계	두 삼각형이 닮음임을 보인 경우	40 %
3단계	$\overline{BE}$의 길이를 구한 경우	50 %

유제 1

△ABD와 △DCE에서 ··· **1단계**

$\angle B = \angle C = 60°$ ······ ㉠

$\angle BAD + \angle ADB = \angle CDE + \angle ADB = 120°$이므로

$\angle BAD = \angle CDE$ ······ ㉡

㉠, ㉡에서 △ABD∽△DCE (AA 닮음) ··· **2단계**

$\overline{AB} : \overline{DC} = \overline{BD} : \overline{CE}$이므로 $20 : 14 = 6 : \overline{CE}$

따라서 $\overline{CE} = \dfrac{21}{5} \, \text{cm}$ ··· **3단계**

채점 기준표

단계	채점 기준	비율
1단계	△ABD와 닮은 삼각형을 찾은 경우	10 %
2단계	두 삼각형이 닮음임을 보인 경우	40 %
3단계	$\overline{CE}$의 길이를 구한 경우	50 %

예제 2

삼각형의 한 외각의 크기는
그와 이웃하지 않는 두 내각
의 크기의 합과 같으므로

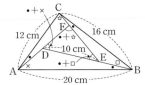

$\angle EDF$

$= \angle DAB + \boxed{\angle DBA}$

$= \angle DAB + \angle CAF = \boxed{\angle CAB}$

마찬가지 방법으로 $\angle DEF = \angle ABC$이므로

$\triangle ABC \backsim \boxed{\triangle DEF}$ (AA 닮음)   ··· 1단계

$\overline{AB} : \overline{DE} = 20 : 10 = \boxed{2} : \boxed{1}$이므로

$\overline{BC} : \overline{EF} = 16 : \overline{EF} = 2 : 1$에서 $\overline{EF} = \boxed{8}$ cm   ··· 2단계

$\overline{AC} : \overline{DF} = 12 : \overline{DF} = 2 : 1$에서 $\overline{DF} = \boxed{6}$ cm   ··· 3단계

채점 기준표

단계	채점 기준	비율
1단계	△ABC와 △DEF가 닮음임을 보인 경우	40 %
2단계	$\overline{EF}$의 길이를 구한 경우	30 %
3단계	$\overline{DF}$의 길이를 구한 경우	30 %

유제 2

삼각형의 한 외각의 크기는 그와 이웃하지 않는 두 내각의
크기의 합과 같으므로

$\angle DEF = \angle ABE + \angle BAE$

$\qquad = \angle ABE + \angle CBF = \angle ABC$

마찬가지 방법으로 $\angle EDF = \angle BAC$이므로

$\triangle ABC \backsim \triangle DEF$ (AA 닮음)   ··· 1단계

따라서 $\overline{EF} : \overline{DF} = \overline{BC} : \overline{AC} = 6 : 5$ ··· 2단계

채점 기준표

단계	채점 기준	비율
1단계	△ABC와 △DEF가 닮음임을 보인 경우	50 %
2단계	$\overline{EF} : \overline{DF}$를 구한 경우	50 %

예제 3

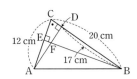

$\triangle ADC$와 $\triangle BEC$에서

$\angle ADC = \angle BEC = 90°$, $\angle C$는 공통인 각

이므로 $\triangle ADC \backsim \boxed{\triangle BEC}$ (AA 닮음)   ··· 1단계

$\overline{AC} : \overline{BC} = \boxed{\overline{CD}} : \boxed{\overline{CE}}$에서

$12 : 20 = \boxed{3} : \boxed{\overline{CE}}$ ··· 2단계

따라서 $\overline{CE} = \boxed{5}$ cm   ··· 3단계

채점 기준표

단계	채점 기준	비율
1단계	△ADC와 △BEC가 닮음임을 보인 경우	40 %
2단계	$\overline{CE}$의 길이를 구하는 식을 세운 경우	40 %
3단계	$\overline{CE}$의 길이를 구한 경우	20 %

유제 3

$\triangle ABD$와 $\triangle ACE$에서

$\angle A$는 공통인 각, $\angle ADB = \angle AEC = 90°$

이므로 $\triangle ABD \backsim \triangle ACE$ (AA 닮음)   ··· 1단계

$\overline{AB} : \overline{AC} = \overline{AD} : \overline{AE}$이므로

$18 : 12 = 8 : \overline{AE}$ ··· 2단계

따라서 $\overline{AE} = \dfrac{16}{3}$ cm   ··· 3단계

채점 기준표

단계	채점 기준	비율
1단계	△ABD와 △ACE가 닮음임을 보인 경우	40 %
2단계	$\overline{AE}$의 길이를 구하는 식을 세운 경우	40 %
3단계	$\overline{AE}$의 길이를 구한 경우	20 %

예제 4

$\triangle ABC \backsim \triangle CBH$ (AA 닮음)이므로

$\overline{AB} : \boxed{\overline{CB}} = \overline{BC} : \boxed{\overline{BH}}$에서 $\overline{BC}^2 = \overline{BA} \times \boxed{\overline{BH}}$

$12^2 = \boxed{15} \times x$, $x = \boxed{\dfrac{48}{5}}$ ··· 1단계

$\overline{AB} : \boxed{\overline{CB}} = \overline{AC} : \boxed{\overline{CH}}$에서

$15 : 12 = 9 : \boxed{y}$, $y = \boxed{\dfrac{36}{5}}$ ··· 2단계

[다른 풀이] $\triangle ABC$의 넓이는

$\dfrac{1}{2} \times \overline{BC} \times \overline{AC} = \dfrac{1}{2} \times \overline{AB} \times \boxed{\overline{CH}}$이므로

$\overline{BC} \times \overline{AC} = \overline{AB} \times \boxed{\overline{CH}}$, $12 \times 9 = 15 \times \boxed{y}$, $y = \boxed{\dfrac{36}{5}}$

채점 기준표

단계	채점 기준	비율
1단계	x의 값을 구한 경우	50 %
2단계	y의 값을 구한 경우	50 %

유제 4

$\triangle ABC \backsim \triangle CBD$ (AA 닮음)이므로

$\overline{AB} : \overline{CB} = \overline{BC} : \overline{BD}$에서 $\overline{BC}^2 = \overline{AB} \times \overline{BD}$

$\overline{AD} = x$ cm라 하면 $5^2 = 4(x+4)$, $x = \dfrac{9}{4}$ ··· **1단계**

$\triangle ACD \backsim \triangle CBD$ (AA 닮음)이므로

$\overline{AD} : \overline{CD} = \overline{CD} : \overline{BD}$에서 $\overline{CD}^2 = \overline{AD} \times \overline{BD}$

$\overline{CD} = y$ cm라 하면 $y^2 = \dfrac{9}{4} \times 4$, $y = 3$ ··· **2단계**

따라서

$\triangle ABC = \dfrac{1}{2} \times \overline{AB} \times \overline{CD} = \dfrac{1}{2} \times \left(4 + \dfrac{9}{4}\right) \times 3$

$\qquad = \dfrac{75}{8}$ (cm^2) ··· **3단계**

채점 기준표

단계	채점 기준	비율
1단계	$\overline{AD}$의 길이를 구한 경우	30 %
2단계	$\overline{CD}$의 길이를 구한 경우	30 %
3단계	$\triangle ABC$의 넓이를 구한 경우	40 %

중단원 실전 테스트 1회

본문 22~24쪽

01 ④	**02** ⑤	**03** ③	**04** ④
05 $\dfrac{4}{5}$ cm	**06** ⑤	**07** ②, ④	**08** ③	**09** ②
10 ④	**11** $\dfrac{35}{4}$ cm	**12** ④	**13** 5 cm	**14** $\dfrac{18}{5}$
15 10 cm	**16** $\dfrac{64}{9}$ cm^2		

01 항상 서로 닮은 도형인 것에는 원, 직각이등변삼각형, 정다각형(정삼각형, 정사각형, …), 정다면체(정사면체, …) 등이 있다.

따라서 항상 서로 닮은 도형인 것은 ㄱ, ㄴ, ㄹ, ㅂ의 4개이다.

02 ① $\triangle ABC \backsim \triangle EDA$ (AA 닮음)

② $\triangle AFE \backsim \triangle BFD$ (AA 닮음)

③ $\triangle ABC \backsim \triangle DBA \backsim \triangle DAC$ (AA 닮음)

④ $\triangle ABD \backsim \triangle ACE$ (AA 닮음)

03 두 직육면체 모양의 상자 A, B의 닮음비가 3 : 4이므로 부피의 비는 $3^3 : 4^3 = 27 : 64$

(상자 A의 부피) : (상자 B의 부피) $= 27 : 64$이므로

270 : (상자 B의 부피) $= 27 : 64$

따라서 (상자 B의 부피) $= 640$ cm^3

04 ④ 두 삼각기둥의 밑면의 둘레의 길이의 비는 도형의 닮음비와 같으므로 2 : 3이다.

05 $\triangle ABC$와 $\triangle EFD$에서

$\angle A = \angle DEF = 90°$,

$\angle B = \angle DFE$

이므로

$\triangle ABC \backsim \triangle EFD$ (AA 닮음)

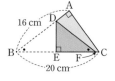

$\overline{AD} : \overline{DB} = 1 : 3$이므로

$\overline{FD} = \overline{BD} = \dfrac{3}{4} \times \overline{AB} = \dfrac{3}{4} \times 16 = 12$ (cm)

$\overline{AB} : \overline{EF} = \overline{BC} : \overline{FD}$

$16 : \overline{EF} = 20 : 12$, $\overline{EF} = \dfrac{48}{5}$ cm

따라서

$\overline{FC} = \overline{BC} - 2\overline{EF} = 20 - 2 \times \dfrac{48}{5} = \dfrac{4}{5}$ (cm)

06 $\triangle ABC \backsim \triangle DCE$이므로

$\overline{BC} : \overline{CE} = \overline{AC} : \overline{DE}$

$\qquad = 10 : 5 = 2 : 1$

$\overline{BC} : 4 = 2 : 1$, $\overline{BC} = 8$ cm

$\triangle BED$와 $\triangle BCF$에서

$\angle E = \angle BCF$, $\angle DBE$는 공통인 각

이므로 $\triangle BED \backsim \triangle BCF$ (AA 닮음)

$\overline{BE} : \overline{BC} = \overline{DE} : \overline{FC}$

$12 : 8 = 5 : \overline{FC}$, $\overline{FC} = \dfrac{10}{3}$ cm

따라서

$\overline{AF} = \overline{AC} - \overline{FC} = 10 - \dfrac{10}{3} = \dfrac{20}{3}$ (cm)

07 ① $\triangle ABC$와 $\triangle NMO$에서

$\angle C = \angle O = 90°$, $\angle B = \angle M = 60°$

이므로 $\triangle ABC \backsim \triangle NMO$ (AA 닮음)

③ $\triangle DEF$와 $\triangle GIH$에서

$\angle D = \angle G = 60°$, $\angle E = \angle I = 50°$

이므로 $\triangle DEF \backsim \triangle GIH$ (AA 닮음)

⑤ $\triangle JKL$과 $\triangle PQR$에서

$\overline{JK} : \overline{PQ} = \overline{JL} : \overline{PR} = \overline{KL} : \overline{QR} = 2 : 3$

이므로 $\triangle JKL \backsim \triangle PQR$ (SSS 닮음)

08 $\triangle ABC$와 $\triangle CBD$에서

$\overline{AB} : \overline{CB} = \overline{BC} : \overline{BD} = 3 : 2$, ∠B는 공통인 각

이므로 △ABC∽△CBD (SAS 닮음)

두 삼각형의 닮음비가 3 : 2이므로

$\overline{AC} : \overline{CD} = 3 : 2$, $9 : \overline{CD} = 3 : 2$

따라서 $\overline{CD} = 6$ cm

09 △ABC와 △EDC에서

∠ABC=∠EDC=90°, ∠C는 공통인 각

이므로 △ABC∽△EDC (AA 닮음)

$\overline{BC} : \overline{DC} = 8 : 4 = 2 : 1$이므로

$\overline{AB} : \overline{ED} = x : 3 = 2 : 1$, $x = 6$

$\overline{AC} : \overline{EC} = 2 : 1$이므로 $(y+4) : 5 = 2 : 1$, $y = 6$

따라서 $x + y = 12$

10 △ADC와 △BEC에서

∠C는 공통인 각, ∠ADC=∠BEC=90°

이므로 △ADC∽△BEC (AA 닮음)

$\overline{AC} : \overline{BC} = \overline{CD} : \overline{CE}$에서

$8 : 6 = 4 : \overline{CE}$, $\overline{CE} = 3$ cm

따라서 $\overline{AE} = \overline{AC} - \overline{CE} = 8 - 3 = 5$ (cm)

11

△ADF와 △BED에서

∠A=∠B=60°,

∠ADF+∠AFD=∠ADF+∠BDE=120°에서

∠AFD=∠BDE

이므로 △ADF∽△BED (AA 닮음)

$\overline{AF} : \overline{BD} = 8 : 10 = 4 : 5$이므로

$\overline{FD} : \overline{DE} = 7 : \overline{DE} = 4 : 5$

따라서 $\overline{DE} = \dfrac{35}{4}$ cm

12

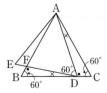

△ACD와 △DBF에서

∠C=∠B=60°,

∠CAD+∠ADC=∠FDB+∠ADC=120°에서

∠CAD=∠FDB

이므로 △ACD∽△DBF (AA 닮음)

$\overline{AC} : \overline{DB} = \overline{CD} : \overline{BF}$이고, △ABC의 한 변의 길이를 x라 하면 $\overline{BD} : \overline{DC} = 4 : 1$이므로

$x : \dfrac{4}{5}x = \dfrac{1}{5}x : \overline{BF}$, $x \times \overline{BF} = \dfrac{4}{5}x \times \dfrac{1}{5}x$

$\overline{BF} = \dfrac{4}{25}x$

따라서 $\overline{BF}$의 길이는 $\overline{AC}$의 길이의 $\dfrac{4}{25}$배이다.

13 △ADF와 △ECF에서

∠D=∠C=90°, ∠DFA=∠EFC (맞꼭지각)

이므로 △ADF∽△ECF (AA 닮음) ··· **1단계**

△ABC와 △EFC에서

∠ACB=∠ECF=90°, ∠A=∠E

이므로 △ABC∽△EFC (AA 닮음)

$\overline{BC} : \overline{FC} = \overline{AC} : \overline{EC}$, $4 : 3 = \overline{AC} : 6$

$\overline{AC} = 8$ cm ··· **2단계**

따라서 $\overline{AF} = \overline{AC} - \overline{FC} = 8 - 3 = 5$ (cm) ··· **3단계**

채점 기준표

단계	채점 기준	비율
1단계	△ADF와 △ECF가 닮음임을 보인 경우	40 %
2단계	$\overline{AC}$의 길이를 구한 경우	30 %
3단계	$\overline{AF}$의 길이를 구한 경우	30 %

14 점 B의 x좌표는 직선 $-4x+3y=24$의 x절편이므로

$-4x+3y=24$에 $y=0$을 대입하면 $x=-6$

$\overline{OB}=6$ ··· **1단계**

△ABO에서 $\overline{OB}^2 = \overline{BH} \times \overline{AB}$이므로

$6^2 = \overline{BH} \times 10$ ··· **2단계**

따라서 $\overline{BH} = \dfrac{36}{10} = \dfrac{18}{5}$ ··· **3단계**

채점 기준표

단계	채점 기준	비율
1단계	$\overline{OB}$의 길이를 구한 경우	40 %
2단계	$\overline{BH}$의 길이를 구하는 식을 세운 경우	30 %
3단계	$\overline{BH}$의 길이를 구한 경우	30 %

15

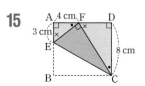

△AEF와 △DFC에서

∠A=∠D=90°,

∠AEF+∠AFE=∠CFD+∠AFE=90°에서

∠AEF＝∠CFD

이므로 △AEF∽△DFC (AA 닮음) ··· 2단계

$\overline{AF}:\overline{DC}=\overline{AE}:\overline{DF}$에서

4：8＝3：$\overline{FD}$, $\overline{FD}$＝6 cm

따라서

$\overline{BC}=\overline{AD}=\overline{AF}+\overline{FD}=4+6=10$ (cm) ··· 3단계

채점 기준표

단계	채점 기준	비율
1단계	△AEF와 닮은 삼각형을 찾은 경우	10 %
2단계	두 삼각형이 닮음임을 보인 경우	40 %
3단계	$\overline{BC}$의 길이를 구한 경우	50 %

16 △ABC와 △ADF에서

∠C＝∠AFD＝90°, ∠A는 공통인 각

이므로 △ABC∽△ADF (AA 닮음) ··· 1단계

정사각형 DECF의 한 변의 길이를 a cm라 하면

$\overline{BC}:\overline{DF}=\overline{AC}:\overline{AF}$에서

8：a＝4：$(4-a)$, $4a=8(4-a)$

$a=\dfrac{8}{3}$ ··· 2단계

따라서 □DECF의 넓이는

$\dfrac{8}{3}\times\dfrac{8}{3}=\dfrac{64}{9}$ (cm²) ··· 3단계

채점 기준표

단계	채점 기준	비율
1단계	△ABC와 △ADF가 닮음임을 보인 경우	20 %
2단계	정사각형의 한 변의 길이를 구한 경우	40 %
3단계	□DECF의 넓이를 구한 경우	40 %

중단원 실전 테스트 2회

본문 25~27쪽

01 ④	02 ③	03 ③	04 35초	05 ⑤
06 8	07 ③	08 ②	09 풀이 참조	10 ⑤
11 ②	12 $\dfrac{12}{5}$ cm	13 ∠A＝72°, ∠B＝36°		
14 $\dfrac{48}{5}$ cm²	15 6 cm	16 12 cm		

01 ① $\overline{AB}:\overline{EF}=\overline{BC}:\overline{FG}=12：18＝2：3$이므로

15：$\overline{EF}$＝2：3

따라서 $\overline{EF}$＝22.5 cm

② $\overline{AD}:\overline{EH}=2：3$이므로 $\overline{AD}:21＝2：3$

따라서 $\overline{AD}$＝14 cm

③ ∠A＝∠E＝60°

④ ∠F의 크기는 구할 수 없다.

⑤ 닮음비는 2：3이다.

02 $\overline{FG}:\overline{NO}=\overline{GH}:\overline{OP}$이므로

8：6＝4：x, x＝3

$\overline{FG}:\overline{NO}=\overline{DH}:\overline{LP}$이므로

8：6＝y：3, y＝4

따라서 $x+y=3+4=7$

03 △ADF, △AEG, △ABC의 닮음비가 1：2：3이므

로 넓이의 비는

$1^2：2^2：3^2＝1：4：9$

△ADF：□DEGF：□EBCG

＝1：$(4-1)$：$(9-4)$＝1：3：5

즉, □EBCG：△ABC＝5：9이므로

□EBCG：135＝5：9

따라서 □EBCG＝$\dfrac{135\times5}{9}＝75$ (cm²)

04 잘라낸 원뿔과 처음 원뿔의 닮음비가

4：8＝1：2이므로 부피의 비는 $1^3：2^3＝1：8$이다.

잘라낸 원뿔과 원뿔대의 부피의 비는

1：$(8-1)$＝1：7

따라서 원뿔에 물을 가득 채우는 데 걸린 시간이 5초이

므로 원뿔대를 가득 채우는 데 걸리는 시간은

$5\times7=35$(초)

05

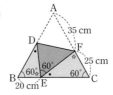

△BED와 △CFE에서

∠B＝∠C＝60°,

∠BED+∠BDE＝∠BED+∠CEF＝120°에서

∠BDE＝∠CEF

이므로 △BED∽△CFE (AA 닮음)

$\overline{BE}:\overline{CF}=\overline{DE}:\overline{EF}$이므로 $\overline{DE}$의 길이를 x cm라

하면

20：25＝x：35, x＝28

따라서 $\overline{DE}$＝28 cm

06 △ADF와 △ABC에서

∠A는 공통인 각, ∠ADF=∠ABC (동위각)

이므로 △ADF∽△ABC (AA 닮음)

∠AFD=∠ACB=∠ADE

△ADF와 △AED에서

∠A는 공통인 각, ∠ADE=∠AFD

이므로 △ADF∽△AED (AA 닮음)

$\overline{AD}:\overline{AE}=\overline{AF}:\overline{AD}$, $x:1=(1+3):x$

$x^2=4$, $x=2$ $(x>0)$

또 $\overline{AD}:\overline{AB}=\overline{AF}:\overline{AC}$이므로

$2:y=4:12$, $y=6$

따라서 $x+y=2+6=8$

---

07 △BFE와 △CDE에서 $\overline{AB}\,\#\,\overline{CD}$이므로

∠BFE=∠CDE (엇각),

∠BEF=∠DEC (맞꼭지각)

이므로 △BFE∽△CDE (AA 닮음)

따라서 $\overline{BF}:\overline{CD}=\overline{BE}:\overline{CE}$이고,

$\overline{AB}=\overline{CD}=6$ cm이므로

$3:6=\overline{BE}:8$, $\overline{BE}=4$ cm

$\overline{AD}=\overline{BE}+\overline{EC}=4+8=12$ (cm)

또한 △AGD∽△CGE (AA 닮음)이므로

$\overline{AD}:\overline{CE}=\overline{AG}:\overline{CG}$

$12:8=\overline{AG}:3$

따라서 $\overline{AG}=\dfrac{9}{2}$ cm

---

08 △ABC와 △ADF에서

∠A는 공통인 각, ∠ACB=∠AFD (동위각)

이므로 △ABC∽△ADF (AA 닮음)

$\overline{DF}=x$ cm라 하면

$\overline{AC}:\overline{AF}=\overline{BC}:\overline{DF}$에서 $6:(6-x)=3:x$

$6x=3(6-x)$, $x=2$

따라서 (마름모의 둘레의 길이)$=2\times4=8$ (cm)

09

	짧은 변의 길이	긴 변의 길이
A1 용지	$\dfrac{1}{2}y$	x
A2 용지	$\dfrac{1}{2}x$	$\dfrac{1}{2}y$
A3 용지	㉠ $\dfrac{1}{2}\times\dfrac{1}{2}y=\dfrac{1}{4}y$	㉡ $\dfrac{1}{2}x$
A4 용지	㉢ $\dfrac{1}{2}\times\dfrac{1}{2}x=\dfrac{1}{4}x$	㉣ $\dfrac{1}{4}y$

A0 용지와 A4 용지의 닮음비는

$x:\dfrac{1}{4}x=y:\dfrac{1}{4}y=4:1$

---

10 △ABC∽△CBD (AA 닮음)이므로

$\overline{BC}^2=\overline{BD}\times\overline{AB}$, $6^2=\overline{BD}\times10$, $\overline{BD}=\dfrac{18}{5}$ cm

△ABC의 넓이에서

$\dfrac{1}{2}\times\overline{AC}\times\overline{BC}=\dfrac{1}{2}\times\overline{AB}\times\overline{CD}$

$\overline{AC}\times\overline{BC}=\overline{AB}\times\overline{CD}$

$8\times6=10\times\overline{CD}$, $\overline{CD}=\dfrac{24}{5}$ cm

따라서 △DBC의 둘레의 길이는

$\overline{BC}+\overline{BD}+\overline{CD}=6+\dfrac{18}{5}+\dfrac{24}{5}=\dfrac{72}{5}$ (cm)

다른 풀이 △ABC∽△CBD (AA 닮음)

(△ABC의 둘레의 길이)$=10+8+6=24$ (cm)

△ABC와 △CBD의 둘레의 길이의 비는 △ABC와

△CBD의 닮음비와 같으므로

$\overline{AB}:\overline{CB}=10:6=5:3$

즉, 24 : (△CBD의 둘레의 길이)$=5:3$이므로

△DBC의 둘레의 길이는 $\dfrac{72}{5}$ cm이다.

---

11 △ABC와 △DAC에서

∠ABC=∠DAC, ∠C는 공통인 각

이므로 △ABC∽△DAC (AA 닮음)

$\overline{AB}:\overline{DA}=\overline{AC}:\overline{DC}$이므로

$16:8=y:5$, $y=10$

$\overline{AB}:\overline{DA}=\overline{BC}:\overline{AC}$이므로

$16:8=x:10$, $x=20$

따라서 $x-y=20-10=10$

12

△ABE와 △DEF에서

∠A=∠D=90°,

∠AEB+∠ABE=∠AEB+∠DEF=90°에서

∠ABE=∠DEF

이므로 △ABE∽△DEF (AA 닮음)

$\overline{AB}:\overline{DE}=\overline{AE}:\overline{DF}$이므로

$8:(10-6)=6:\overline{DF}$, $\overline{DF}=3$ cm

$\overline{FE}=\overline{FC}=\overline{CD}-\overline{DF}=8-3=5$ (cm)

$\overline{DE}\times\overline{DF}=\overline{DG}\times\overline{FE}$이므로

$4\times3=\overline{DG}\times5$

따라서 $\overline{DG}=\dfrac{12}{5}$ cm

13 $\triangle ABC \circlearrowright \triangle CAD$이므로

$$\angle B = \angle DAC = \frac{1}{2} \angle A$$

$$\angle A = 2\angle B \qquad \cdots \text{ 1단계}$$

$$\angle C = \angle A = 2\angle B \qquad \cdots \text{ 2단계}$$

$\triangle ABC$에서

$$\angle A + \angle B + \angle C = 2\angle B + \angle B + 2\angle B$$
$$= 5\angle B = 180°$$

따라서 $\angle B = 36°$, $\angle A = 72°$ $\qquad \cdots \text{ 3단계}$

채점 기준표

단계	채점 기준	비율
1단계	$\angle A$를 $\angle B$의 곱으로 나타낸 경우	30 %
2단계	$\angle C$를 $\angle B$의 곱으로 나타낸 경우	30 %
3단계	$\angle A$, $\angle B$의 크기를 구한 경우	각 20 %

14

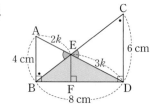

$\triangle ABE$와 $\triangle DCE$에서

$\angle AEB = \angle DEC$ (맞꼭지각),

$\overline{AB} /\!/ \overline{DC}$에서 $\angle ABE = \angle DCE$ (엇각)

이므로 $\triangle ABE \circlearrowright \triangle DCE$ (AA 닮음)

$$\overline{AE} : \overline{DE} = \overline{AB} : \overline{DC} = 2 : 3 \qquad \cdots \text{ 1단계}$$

$\overline{AE} = 2k$, $\overline{DE} = 3k$라 하면

$\triangle ABD$와 $\triangle EFD$는 닮음이므로

$$\overline{AB} : \overline{EF} = \overline{AD} : \overline{ED} = 5k : 3k = 5 : 3$$

$$4 : \overline{EF} = 5 : 3, \ \overline{EF} = \frac{12}{5} \text{ cm} \qquad \cdots \text{ 2단계}$$

따라서

$$\triangle EBD = \frac{1}{2} \times 8 \times \frac{12}{5} = \frac{48}{5} \text{ (cm}^2) \qquad \cdots \text{ 3단계}$$

채점 기준표

단계	채점 기준	비율
1단계	$\overline{AE} : \overline{DE}$를 구한 경우	40 %
2단계	$\overline{EF}$의 길이를 구한 경우	40 %
3단계	$\triangle EBD$의 넓이를 구한 경우	20 %

15 $\triangle AED$와 $\triangle MEB$에서

$\angle EDA = \angle EBM$ (엇각),

$\angle AED = \angle MEB$ (맞꼭지각)

이므로 $\triangle AED \circlearrowright \triangle MEB$ (AA 닮음) $\qquad \cdots \text{ 1단계}$

$\overline{DE} : \overline{BE} = \overline{AD} : \overline{MB} = 2 : 1$이므로 $\qquad \cdots \text{ 2단계}$

$$\overline{BE} = \frac{1}{3}\overline{BD} = \frac{1}{3} \times 18 = 6 \text{ (cm)} \qquad \cdots \text{ 3단계}$$

채점 기준표

단계	채점 기준	비율
1단계	$\triangle AED$와 $\triangle MEB$가 닮음임을 보인 경우	30 %
2단계	닮음비를 구한 경우	30 %
3단계	$\overline{BE}$의 길이를 구한 경우	40 %

16 $\triangle AED$가 이등변삼각형이므로

$$\angle AED = \angle ADE$$

$\triangle ABE$와 $\triangle CBD$에서

$$\angle AEB = 180° - \angle AED$$
$$= 180° - \angle ADE = \angle CDB$$

즉, $\angle AEB = \angle CDB$, $\angle ABE = \angle CBD$이므로

$\triangle ABE \circlearrowright \triangle CBD$ (AA 닮음) $\qquad \cdots \text{ 1단계}$

$\overline{AD} = \overline{AE}$, $\overline{AD} : \overline{DC} = 3 : 5$이므로

$$\overline{AE} : \overline{DC} = 3 : 5 \qquad \cdots \text{ 2단계}$$

$$\overline{AB} : \overline{BC} = \overline{AE} : \overline{CD} = 3 : 5$$

$$\overline{AB} : 20 = 3 : 5$$

따라서 $\overline{AB} = 12$ cm $\qquad \cdots \text{ 3단계}$

채점 기준표

단계	채점 기준	비율
1단계	$\triangle ABE$와 $\triangle CBD$가 닮음임을 보인 경우	30 %
2단계	닮음비를 구한 경우	30 %
3단계	$\overline{AB}$의 길이를 구한 경우	40 %

쉽게 배우는 중학 AI

4차 산업혁명의 핵심인 인공지능!
중학 교과와 AI를 융합한 인공지능 입문서

2 | 닮음의 활용

개념 체크   본문 30~31쪽

01 6 cm

02 5 cm

03 18

04 $\frac{15}{2}$ cm

05 (1) 4 cm (2) 10 cm^2

06 $x=4,\ y=\frac{9}{2}$

07 27 cm^2

08 5 cm

대표유형   본문 32~35쪽

01 ②	**02** ③	**03** ④	**04** ④	**05** ③
06 ⑤	**07** ②	**08** ③	**09** ③	**10** ④
11 ④	**12** ①	**13** ③	**14** ③	**15** ②
16 ④	**17** ①	**18** ①	**19** ⑤	**20** ②
21 ①	**22** ⑤	**23** ②	**24** ①	

01 △ADE와 △ABC에서
∠EAD=∠CAB (맞꼭지각), ∠ADE=∠ABC (엇각)
이므로 △ADE∽△ABC (AA 닮음)이고,
닮음비는 $\overline{AE}:\overline{AC}=2:6=1:3$이다.
닮은 도형에서 대응하는 변의 길이의 비는 모두 같으므로
$\overline{DE}:\overline{BC}=1:3$
따라서 $\dfrac{\overline{BC}}{\overline{ED}}=3$

02 $\overline{AB}\,/\!/\,\overline{CD}$이므로 ∠BAD와 ∠CDA는 엇각으로 그
크기가 같다.
즉, ∠CDA=∠CAD이므로 △ADC는 이등변삼각
형이다.
따라서 $\overline{CD}=12$ cm
또한 △ABO와 △DCO에서
∠BAO=∠CDO (엇각),
∠AOB=∠DOC (맞꼭지각)
이므로 △ABO∽△DCO (AA 닮음)

두 닮은 삼각형의 대응하는 변의 길이의 비는 같으므로
$\overline{AB}:\overline{DC}=\overline{BO}:\overline{CO}$
$8:12=x:(15-x),\ 12x=8(15-x)$
따라서 $x=6$

03 △ADF와 △ABG에서
∠DAF는 공통인 각, ∠ADF=∠ABG (동위각)
이므로 △ADF∽△ABG (AA 닮음)
$\overline{AD}:\overline{DF}=\overline{AB}:\overline{BG}$이므로
$4:2=(4+x):5,\ 2(4+x)=20,\ x=6$
또한 $\overline{AD}:\overline{DB}=\overline{AE}:\overline{EC}$이므로
$4:6=3:y,\ y=\dfrac{9}{2}$
따라서 $xy=6\times\dfrac{9}{2}=27$

04 △ADE와 △ABC에서 ∠A는 공통인 각이고,
두 점 D, E는 각각 $\overline{AB},\ \overline{AC}$의 중점이므로
$\overline{AD}:\overline{AB}=\overline{AE}:\overline{AC}=1:2$
따라서 △ADE와 △ABC는 닮은 도형이고, 닮음비
는 1 : 2이다.
$\overline{DE}:\overline{BC}=7:y=1:2$이므로 $y=14$
∠ADE=∠ABC=72°이므로 $x=72$
따라서 $x-y=58$

05 점 E에서 $\overline{AC}$에 평행하게 그은
직선과 $\overline{BD}$의 교점을 G라 하자.
△FCD와 △EGD에서
∠D는 공통인 각,
∠CFD=∠GED (동위각)
이므로 △FCD∽△EGD (AA 닮음)이고, 닮음비는
1 : 2이므로
$\overline{EG}=2\overline{FC}=2\times2=4$ (cm)
또한 △EBG와 △ABC에서
∠B는 공통인 각, ∠BEG=∠BAC (동위각)
이므로 두 삼각형은 닮음비가 1 : 2인 닮은 도형이고,
$\overline{AC}=2\overline{EG}=2\times4=8$ (cm)
따라서 $\overline{AF}=\overline{AC}-\overline{FC}=8-2=6$ (cm)

06 △ADF와 △ABC에서
∠A는 공통인 각, $\overline{AD}:\overline{AB}=\overline{AF}:\overline{AC}=1:2$
이므로 △ADF∽△ABC (SAS 닮음)이고, 닮음비
는 1 : 2이다.
마찬가지 방법으로

$\triangle\text{BED}\backsim\triangle\text{BCA}$, $\triangle\text{CFE}\backsim\triangle\text{CAB}$

이고, 닮음비는 모두 $1:2$이다.

따라서

($\triangle\text{DEF}$의 둘레의 길이)

$=\overline{\text{DF}}+\overline{\text{FE}}+\overline{\text{ED}}=\dfrac{1}{2}\overline{\text{BC}}+\dfrac{1}{2}\overline{\text{AB}}+\dfrac{1}{2}\overline{\text{CA}}$

$=\dfrac{1}{2}(\overline{\text{BC}}+\overline{\text{AB}}+\overline{\text{CA}})=\dfrac{1}{2}(12+10+14)$

$=18\,(\text{cm})$

07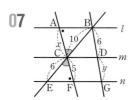

$l\,/\!/\,n$이므로 $\triangle\text{ACB}$와 $\triangle\text{FCE}$에서

$\angle\text{CAB}=\angle\text{CFE}$ (엇각),

$\angle\text{ACB}=\angle\text{FCE}$ (맞꼭지각)

이므로 $\triangle\text{ACB}\backsim\triangle\text{FCE}$ (AA 닮음)

$\overline{\text{AC}}:\overline{\text{CF}}=\overline{\text{BC}}:\overline{\text{CE}}$이므로

$x:5=10:6$, $x=\dfrac{25}{3}$

또한 $m\,/\!/\,n$이므로 $\triangle\text{BCD}\backsim\triangle\text{BEG}$ (AA 닮음)

$\overline{\text{BC}}:\overline{\text{CE}}=\overline{\text{BD}}:\overline{\text{DG}}$이므로

$10:6=6:y$, $y=\dfrac{18}{5}$

따라서 $xy=\dfrac{25}{3}\times\dfrac{18}{5}=30$

08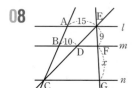

$\triangle\text{BCD}$와 $\triangle\text{ACE}$에서

$\overline{\text{CD}}:\overline{\text{CE}}=\overline{\text{BD}}:\overline{\text{AE}}=10:15=2:3$이므로

$\overline{\text{ED}}:\overline{\text{DC}}=1:2$

또한 $m\,/\!/\,n$이므로 $\overline{\text{ED}}:\overline{\text{DC}}=\overline{\text{EF}}:\overline{\text{FG}}$

$1:2=9:x$

따라서 $x=18$

09 $\overline{\text{AB}}\,/\!/\,\overline{\text{DC}}$이므로 $\triangle\text{ABE}$와 $\triangle\text{CDE}$에서

$\angle\text{ABE}=\angle\text{CDE}$ (엇각),

$\angle\text{AEB}=\angle\text{CED}$ (맞꼭지각)

이므로 $\triangle\text{ABE}\backsim\triangle\text{CDE}$ (AA 닮음)

$\overline{\text{BE}}:\overline{\text{DE}}=\overline{\text{AB}}:\overline{\text{CD}}=20:12=5:3$

한편, $\overline{\text{EF}}\,/\!/\,\overline{\text{DC}}$이므로 $\triangle\text{BFE}$와 $\triangle\text{BCD}$에서

$\angle\text{B}$는 공통인 각, $\angle\text{BEF}=\angle\text{BDC}$ (동위각)

이므로 $\triangle\text{BFE}\backsim\triangle\text{BCD}$ (AA 닮음)

$\overline{\text{BE}}:\overline{\text{ED}}=5:3$에서 $\overline{\text{BE}}:\overline{\text{BD}}=5:8$이므로

$\overline{\text{EF}}:\overline{\text{DC}}=\overline{\text{EF}}:12=5:8$

따라서 $\overline{\text{EF}}=\dfrac{15}{2}\,\text{cm}$

10 $\overline{\text{DE}}\,/\!/\,\overline{\text{BF}}$이므로 $\overline{\text{AD}}:\overline{\text{DB}}=\overline{\text{AE}}:\overline{\text{EF}}$

$8:6=4:\overline{\text{EF}}$, $\overline{\text{EF}}=3\,\text{cm}$

또한 $\overline{\text{DF}}\,/\!/\,\overline{\text{BC}}$이므로

$\overline{\text{AD}}:\overline{\text{DB}}=\overline{\text{AF}}:\overline{\text{FC}}$, $8:6=7:\overline{\text{FC}}$

따라서 $\overline{\text{FC}}=\dfrac{21}{4}\,\text{cm}$

11 오른쪽 그림과 같이 $\overline{\text{AC}}$를 그어

$\overline{\text{EF}}$와 만나는 점을 G라 하면

$\triangle\text{AEG}\backsim\triangle\text{ABC}$ (AA 닮음)

$\overline{\text{EG}}:\overline{\text{BC}}=\overline{\text{AE}}:\overline{\text{AB}}=1:2$이므로

$\overline{\text{EG}}=\dfrac{1}{2}\overline{\text{BC}}=\dfrac{1}{2}\times30=15\,(\text{cm})$

또한 $\triangle\text{ACD}\backsim\triangle\text{GCF}$ (AA 닮음)이므로

$\overline{\text{AD}}:\overline{\text{GF}}=\overline{\text{DC}}:\overline{\text{FC}}=2:1$

$\overline{\text{GF}}=\dfrac{1}{2}\overline{\text{AD}}=\dfrac{1}{2}\times20=10\,(\text{cm})$

따라서 $\overline{\text{EF}}=\overline{\text{EG}}+\overline{\text{GF}}=25\,(\text{cm})$

다른 풀이 오른쪽 그림과 같이

점 A에서 $\overline{\text{DC}}$에 평행한 선분을

그어 $\overline{\text{EF}}$, $\overline{\text{BC}}$와 만나는 점을 각

각 G, H라 하면 $\square\text{AHCD}$는 평

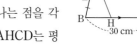

행사변형이므로

$\overline{\text{GF}}=\overline{\text{HC}}=20\,\text{cm}$

또한 $\triangle\text{AEG}\backsim\triangle\text{ABH}$ (AA 닮음)이므로

$\overline{\text{EG}}=\dfrac{1}{2}\overline{\text{BH}}=\dfrac{1}{2}\times10=5\,(\text{cm})$

따라서 $\overline{\text{EF}}=\overline{\text{EG}}+\overline{\text{GF}}=5+20=25\,(\text{cm})$

12 $\overline{\text{AE}}:\overline{\text{EB}}=3:1$이므로

$\overline{\text{DG}}:\overline{\text{GB}}=\overline{\text{AH}}:\overline{\text{HC}}=3:1$

따라서 $\overline{\text{GF}}:\overline{\text{BC}}=\overline{\text{DG}}:\overline{\text{DB}}=3:4$이므로

$\overline{\text{GF}}=\dfrac{3}{4}\overline{\text{BC}}=\dfrac{3}{4}\times20=15\,(\text{cm})$

또한 $\overline{\text{AD}}:\overline{\text{HF}}=\overline{\text{AC}}:\overline{\text{HC}}=4:1$이므로

$\overline{\text{HF}}=\dfrac{1}{4}\overline{\text{AD}}=\dfrac{1}{4}\times14=\dfrac{7}{2}\,(\text{cm})$

따라서

$\overline{\text{GH}}=\overline{\text{GF}}-\overline{\text{HF}}=15-\dfrac{7}{2}=\dfrac{23}{2}\,(\text{cm})$

13 $\overline{AE}$는 △ABC의 중선이므로 $\overline{BE}=\overline{EC}$

$$\triangle ABE=\frac{1}{2}\triangle ABC=\frac{1}{2}\times100=50\,(\text{cm}^2)$$

따라서 점 D는 $\overline{AB}$의 중점이므로 $\overline{AD}=\overline{DB}$이고,

$$\triangle DBE=\frac{1}{2}\triangle ABE=\frac{1}{2}\times50=25\,(\text{cm}^2)$$

14 ① △ABC와 △DBE에서

∠B는 공통인 각, $\overline{BA}:\overline{BD}=\overline{BC}:\overline{BE}=2:1$

이므로 △ABC∽△DBE가 성립하여

$\overline{AC}/\!/\overline{DE}$

마찬가지 방법으로 △ABC∽△FEC가 성립하여

$\overline{AB}/\!/\overline{FE}$

따라서 □ADEF는 직사각형이고, $\overline{AE}=\overline{DF}$이다.

② $\overline{BE}=\frac{1}{2}\overline{BC}=5\,(\text{cm})$

③ $\triangle ABE=\frac{1}{2}\triangle ABC=\frac{1}{2}\times\left(\frac{1}{2}\times6\times8\right)$

$\qquad\qquad=12\,(\text{cm}^2)$

④ $\overline{AF}=\overline{CF}$, $\overline{AE}=\overline{EC}$, $\overline{EF}$는 공통이므로

△AEF≡△CEF (SSS 합동)

⑤ $\triangle BED=\frac{1}{2}\times\overline{BD}\times\overline{DE}=\frac{1}{2}\times4\times3=6\,(\text{cm}^2)$

$\triangle ECF=\frac{1}{2}\times\overline{EF}\times\overline{FC}=\frac{1}{2}\times4\times3=6\,(\text{cm}^2)$

따라서 △BED=△ECF

15 $\overline{AG}:\overline{GD}=2:1$이므로

$$\overline{GD}=\frac{1}{2}\overline{AG}=\frac{1}{2}\times18=9\,(\text{cm})$$

또한 $\overline{GG'}:\overline{G'D}=2:1$이므로

$$\overline{GG'}=\frac{2}{3}\overline{GD}=\frac{2}{3}\times9=6\,(\text{cm})$$

16 평행사변형 ABCD에서 두 대각선의 교점을 O라 하면

$\overline{AO}=\overline{CO}=\frac{1}{2}\overline{AC}=30\,(\text{cm})$

$\overline{AG}:\overline{GO}=2:1$이므로

$$\overline{GO}=\frac{1}{3}\overline{AO}=\frac{1}{3}\times30=10\,(\text{cm})$$

또한 $\overline{OG'}:\overline{G'C}=1:2$이므로

$$\overline{OG'}=\frac{1}{3}\overline{CO}=\frac{1}{3}\times30=10\,(\text{cm})$$

따라서 $\overline{GG'}=\overline{GO}+\overline{OG'}=10+10=20\,(\text{cm})$

17 점 D는 △ABC의 외심이므로

$\overline{AD}=\overline{BD}=\overline{CD}=8\,\text{cm}$

또한 $\overline{CG}:\overline{GD}=2:1$이므로

$$\overline{CG}=\frac{2}{3}\overline{CD}=\frac{2}{3}\times8=\frac{16}{3}\,(\text{cm})$$

18 점 G와 점 G'가 각각 △ABC, △GBC의 무게중심이므로

$\overline{AD}:\overline{GD}=3:1$, $\overline{GD}:\overline{G'D}=3:1$

에서 $\overline{AD}:\overline{G'D}=9:1$

따라서

$\triangle G'BD=\frac{1}{9}\triangle ABD=\frac{1}{9}\times\frac{1}{2}\triangle ABC$

$\qquad\qquad=\frac{1}{9}\times\frac{1}{2}\times90=5\,(\text{cm}^2)$

다른 풀이 $\triangle ABD=\frac{1}{2}\triangle ABC=45\,(\text{cm}^2)$

$\overline{AG}:\overline{GD}=2:1$이므로

$\triangle GBD=\frac{1}{3}\triangle ABD=\frac{1}{3}\times45=15\,(\text{cm}^2)$

또한 $\overline{GG'}:\overline{G'D}=2:1$이므로

$\triangle G'BD=\frac{1}{3}\triangle GBD=\frac{1}{3}\times15=5\,(\text{cm}^2)$

19 $\overline{DG}:\overline{GC}=1:2$이므로

△ADG : △AGC=△ADG : 80=1 : 2

△ADG=40 cm²

또한 $\overline{AG}:\overline{GE}=2:1$이므로

△ADG : △DEG=40 : △DEG=2 : 1

따라서 △DEG=20 cm²

다른 풀이 △DEG와 △CAG에서

$\overline{DG}:\overline{GC}=\overline{EG}:\overline{AG}=1:2$,

∠DGE=∠CGA (맞꼭지각)

이므로 △DEG∽△CAG (SAS 닮음)

또한 △DEG와 △CAG의 닮음비는 1 : 2이므로 넓이의 비는 1 : 4이다.

따라서 $\triangle DEG=\frac{1}{4}\triangle CAG=\frac{1}{4}\times80=20\,(\text{cm}^2)$

20 $\overline{BO}:\overline{GO}=3:1$이므로

△ABC : △AGC=3 : 1에서

△ABC=3△AGC

또한 $\overline{OD}:\overline{OG'}=3:1$이므로

△ACD : △ACG'=3 : 1에서

△ACD=3△ACG'

따라서

□ABCD=△ABC+△ACD

$\qquad\quad=3\triangle AGC+3\triangle ACG'$

$\qquad\quad=3(\triangle AGC+\triangle ACG')$

$$=3\square AGCG'$$
$$=3\times15=45\ (\text{cm}^2)$$

21 $\overline{AF}:\overline{FC}=\overline{AG}:\overline{GD}=2:1$이므로

$10:x=2:1$, $x=5$

$\overline{EG}:\overline{BD}=\overline{AG}:\overline{AD}=2:3$이므로

$4:y=2:3$, $y=6$

따라서 $x+y=5+6=11$

22 점 G는 $\triangle ABC$의 무게중심이므로

$\overline{AG}:\overline{AD}=2:3$

$\overline{AE}:\overline{AB}=\overline{AF}:\overline{AC}=\overline{EF}:\overline{BC}=2:3$이므로

($\triangle AEF$의 둘레의 길이)

$$=\overline{AE}+\overline{AF}+\overline{EF}=\frac{2}{3}\overline{AB}+\frac{2}{3}\overline{AC}+\frac{2}{3}\overline{BC}$$

$$=\frac{2}{3}(\overline{AB}+\overline{AC}+\overline{BC})=\frac{2}{3}\times30$$

$$=20\ (\text{cm})$$

23 $\triangle AGG'$와 $\triangle ACE$에서

$\overline{AG}:\overline{AC}=\overline{AG'}:\overline{AE}=2:3$,

$\angle GAG'$는 공통인 각

이므로 $\triangle AGG'\backsim\triangle ACE$ (SAS 닮음)

따라서 $\overline{GG'}\,/\!/\,\overline{CE}$이고, $\overline{GG'}:\overline{CE}=2:3$이므로

$$\overline{GG'}=\frac{2}{3}\overline{CE}=\frac{2}{3}\times12=8\ (\text{cm})$$

24 오른쪽 그림과 같이 $\overline{AC}$와 $\overline{BD}$의 교점을 O라 하자.

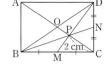

점 P는 $\triangle DBC$의 중선 $\overline{BN}$과 $\overline{DM}$의 교점이므로

$\triangle DBC$의 무게중심이며 $\overline{AC}$ 위에 있다.

$\overline{OP}:\overline{PC}=1:2$이므로 $\overline{OP}=1$ cm

따라서 $\overline{AP}=\overline{AO}+\overline{OP}=3+1=4\ (\text{cm})$

---

01 $\triangle ACB$와 $\triangle GCF$에서

$\angle CAB=\angle CGF$ (엇각),

$\angle ACB=\angle GCF$ (맞꼭지각)

이므로 $\triangle ACB\backsim\triangle GCF$ (AA 닮음)

$\overline{AB}:\overline{GF}=\overline{BC}:\overline{FC}$이므로

$24:x=22:11$, $x=12$

또한 $\triangle ACB\backsim\triangle ECD$ (AA 닮음)이므로

$\overline{AB}:\overline{ED}=\overline{BC}:\overline{DC}$에서

$24:y=22:33$, $y=36$

따라서 $x+y=12+36=48$

02 $\triangle DBE$와 $\triangle ABC$에서

$\angle B$는 공통인 각, $\angle BDE=\angle BAC$ (동위각)

이므로 $\triangle DBE\backsim\triangle ABC$ (AA 닮음)

$\overline{BE}:\overline{BC}=\overline{DE}:\overline{AC}$이므로

$7:(7+\overline{EC})=5:12$, $5(7+\overline{EC})=84$

따라서 $\overline{EC}=\dfrac{49}{5}$ cm

03 $\triangle ADE$와 $\triangle ABC$에서

$\angle A$는 공통인 각, $\angle ADE=\angle ABC$ (동위각)

이므로 $\triangle ADE\backsim\triangle ABC$ (AA 닮음)

$\overline{AD}:\overline{DE}=\overline{AB}:\overline{BC}$이므로

$6:\overline{DE}=18:20$, $\overline{DE}=\dfrac{20}{3}$ cm

또한 $\angle BAC=\angle FEC$로 동위각의 크기가 같으므로

$\overline{AB}\,/\!/\,\overline{EF}$이고, $\square DBFE$는 평행사변형이므로

$\overline{DE}=\overline{BF}$

따라서 $\overline{FC}=\overline{BC}-\overline{BF}=20-\dfrac{20}{3}=\dfrac{40}{3}\ (\text{cm})$

04 $\triangle ADE$와 $\triangle ABC$에서

$\angle A$는 공통인 각, $\overline{AD}:\overline{AB}=\overline{AE}:\overline{AC}=1:2$

이므로 두 삼각형은 닮음비가 $1:2$인 닮은 도형이다.

$\overline{DE}:\overline{BC}=1:2$이므로

$x:16=1:2$, $x=8$

$\overline{DE}\,/\!/\,\overline{BC}$이므로 $\angle ADE=\angle B=90°$

따라서 $x=8$, $y=90$

05 $\triangle ADF$와 $\triangle AEC$에서

$\angle A$는 공통인 각, $\angle AFD=\angle ACE$ (동위각)

이므로 $\triangle ADF\backsim\triangle AEC$ (AA 닮음)이고, 닮음비는

$\overline{AF}:\overline{AC}=1:2$

$\overline{DF}:\overline{EC}=1:2$이므로

$\overline{\text{DF}}=\dfrac{1}{2}\overline{\text{EC}}=\dfrac{1}{2}\times 16=8\,(\text{cm})$

또한 $\triangle\text{BGE}$와 $\triangle\text{BFD}$에서

$\angle\text{GBE}$는 공통인 각, $\angle\text{BEG}=\angle\text{BDF}$ (동위각)

이므로 $\triangle\text{BGE}\backsim\triangle\text{BFD}$ (AA 닮음)이고, 닮음비는

$\overline{\text{BG}}:\overline{\text{BF}}=1:2$

$\overline{\text{EG}}:\overline{\text{DF}}=1:2$이므로

$\overline{\text{EG}}=\dfrac{1}{2}\overline{\text{DF}}=\dfrac{1}{2}\times 8=4\,(\text{cm})$

따라서 $\overline{\text{GC}}=\overline{\text{EC}}-\overline{\text{EG}}=16-4=12\,(\text{cm})$

06 $\triangle\text{ABC}$와 $\triangle\text{EBF}$에서

$\angle\text{B}$는 공통인 각, $\overline{\text{AB}}:\overline{\text{EB}}=\overline{\text{BC}}:\overline{\text{BF}}=2:1$

이므로 두 삼각형은 닮음비가 $2:1$인 닮은 도형이다.

$\overline{\text{AC}}:\overline{\text{EF}}=2:1$이므로

$\overline{\text{EF}}=\dfrac{1}{2}\overline{\text{AC}}=\dfrac{1}{2}\times 15=\dfrac{15}{2}\,(\text{cm})$

마찬가지 방법으로

$\overline{\text{FG}}=\dfrac{1}{2}\overline{\text{BD}}=\dfrac{1}{2}\times 12=6\,(\text{cm})$

$\overline{\text{HG}}=\dfrac{1}{2}\overline{\text{AC}}=\dfrac{1}{2}\times 15=\dfrac{15}{2}\,(\text{cm})$

$\overline{\text{EH}}=\dfrac{1}{2}\overline{\text{BD}}=\dfrac{1}{2}\times 12=6\,(\text{cm})$

따라서

(□EFGH의 둘레의 길이)$=\overline{\text{EF}}+\overline{\text{FG}}+\overline{\text{GH}}+\overline{\text{HE}}$

$\qquad\qquad\qquad=\dfrac{15}{2}+6+\dfrac{15}{2}+6$

$\qquad\qquad\qquad=27\,(\text{cm})$

07 오른쪽 그림과 같이 $\overline{\text{AC}}$, $\overline{\text{BD}}$를

그으면 $\triangle\text{ABD}$와 $\triangle\text{AEG}$에서

$\angle\text{A}$는 공통인 각,

$\overline{\text{AB}}:\overline{\text{AE}}=\overline{\text{AD}}:\overline{\text{AG}}=2:1$

이므로 두 삼각형은 닮음비가 $2:1$

인 닮은 도형이다.

$\overline{\text{BD}}:\overline{\text{EG}}=2:1$이므로

$\overline{\text{BD}}=2\overline{\text{EG}}=2\times 3=6\,(\text{cm})$

또한 $\triangle\text{ACD}$와 $\triangle\text{GFD}$에서

$\angle\text{D}$는 공통인 각, $\overline{\text{AD}}:\overline{\text{GD}}=\overline{\text{CD}}:\overline{\text{FD}}=2:1$

이므로 두 삼각형은 닮음비가 $2:1$인 닮은 도형이다.

$\overline{\text{AC}}:\overline{\text{GF}}=2:1$이므로

$\overline{\text{AC}}=2\overline{\text{GF}}=2\times 4=8\,(\text{cm})$

따라서

$\square\text{ABCD}=\dfrac{1}{2}\times\overline{\text{BD}}\times\overline{\text{AC}}$

$\qquad\quad\ =\dfrac{1}{2}\times 6\times 8=24\,(\text{cm}^2)$

08 $l\,/\!/\,m\,/\!/\,n$이므로 $x:10=8:y$

따라서 $xy=80$

09

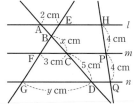

$\overline{\text{AC}}:\overline{\text{CD}}=\overline{\text{HP}}:\overline{\text{PQ}}$이므로

$\overline{\text{AC}}:5=4:4$, $\overline{\text{AC}}=5\,\text{cm}$

또한 $\triangle\text{ABE}\backsim\triangle\text{CBF}$ (AA 닮음)이고,

$\overline{\text{AB}}:\overline{\text{CB}}=\overline{\text{AE}}:\overline{\text{CF}}=2:3$

$\overline{\text{BC}}=\dfrac{3}{5}\overline{\text{AC}}=\dfrac{3}{5}\times 5=3\,(\text{cm})$에서 $x=3$

또한 $\triangle\text{BFC}\backsim\triangle\text{BGD}$ (AA 닮음)이고,

$\overline{\text{FC}}:\overline{\text{GD}}=\overline{\text{BC}}:\overline{\text{BD}}=3:8$이므로

$\overline{\text{GD}}=8\,\text{cm}$에서 $y=8$

따라서 $x+y=11$

10 $\triangle\text{BCF}$와 $\triangle\text{BDE}$에서

$\overline{\text{BC}}:\overline{\text{BD}}=\overline{\text{CF}}:\overline{\text{DE}}=3:7$이므로

$\overline{\text{BC}}:\overline{\text{CD}}=3:4$이고, $\overline{\text{AB}}=\overline{\text{CD}}$이므로

$\overline{\text{AB}}:\overline{\text{BC}}:\overline{\text{CD}}=4:3:4$

$\triangle\text{DFC}$와 $\triangle\text{DGB}$에서

$\overline{\text{CD}}:\overline{\text{BD}}=\overline{\text{CF}}:\overline{\text{BG}}=4:7$이므로

$3:x=4:7$, $x=\dfrac{21}{4}$

또한 $\triangle\text{DFC}$와 $\triangle\text{DHA}$에서

$\overline{\text{CD}}:\overline{\text{AD}}=\overline{\text{CF}}:\overline{\text{AH}}=4:11$이므로

$3:y=4:11$, $y=\dfrac{33}{4}$

따라서 $y-x=\dfrac{33}{4}-\dfrac{21}{4}=3$

11 $\triangle\text{AOD}$와 $\triangle\text{GOH}$에서

$\angle\text{GOH}$는 공통인 각, $\angle\text{ADO}=\angle\text{GHO}$ (동위각)

이므로 $\triangle\text{AOD}\backsim\triangle\text{GOH}$ (AA 닮음)이고, 닮음비는

$\overline{\text{OD}}:\overline{\text{OH}}=2:1$

$\overline{\text{AD}}:\overline{\text{GH}}=2:1$이므로

$\overline{\text{AD}}=2\overline{\text{GH}}=2\times 3=6\,(\text{cm})$

$\triangle\text{EBH}$와 $\triangle\text{POH}$에서

$\angle\text{PHO}$는 공통인 각, $\angle\text{BEH}=\angle\text{OPH}$ (동위각)

이므로 $\triangle\text{EBH}\backsim\triangle\text{POH}$ (AA 닮음)이고,

닮음비는 $\overline{\text{HB}}:\overline{\text{HO}}=3:1$이므로

$\overline{\text{EB}}:\overline{\text{PO}}=3:1$, $\overline{\text{EB}}=3\overline{\text{PO}}=3\times 1=3\,(\text{cm})$

마찬가지 방법으로 $\triangle POH \circ \triangle FDH$ (AA 닮음)이고, 닮음비는 $\overline{OH} : \overline{DH} = 1 : 1$이므로

$\overline{PO} : \overline{FD} = 1 : 1$, $\overline{FD} = \overline{AE} = 1$ cm

따라서

$$(\square ABCD의\ 둘레의\ 길이) = 2(\overline{AD} + \overline{AB})$$
$$= 2(\overline{AD} + \overline{AE} + \overline{EB})$$
$$= 2 \times (6 + 4) = 20\ (cm)$$

12 $\triangle AOD$와 $\triangle COB$에서

$\angle OAD = \angle OCB$ (엇각),

$\angle AOD = \angle COB$ (맞꼭지각)

이므로 $\triangle AOD \circ \triangle COB$ (AA 닮음)이고, 닮음비는

$\overline{AD} : \overline{CB} = \overline{AO} : \overline{CO} = \overline{DO} : \overline{BO} = b : a$

① $\triangle ACD$와 $\triangle OCE$에서
$\overline{AD} : \overline{OE} = \overline{AC} : \overline{OC} = (a+b) : a$

② $\triangle AOD$와 $\triangle COB$에서
$\overline{AO} : \overline{OC} = \overline{DO} : \overline{OB} = b : a$

③ $\triangle DOE$와 $\triangle DBC$에서
$\overline{DE} : \overline{EC} = \overline{DO} : \overline{OB} = b : a$

④ $\triangle DOE$와 $\triangle DBC$에서
$\overline{OE} : \overline{BC} = \overline{DO} : \overline{DB} = b : (a+b)$

⑤ $\triangle AOD \circ \triangle COB$ (AA 닮음)이고, 닮음비는
$b : a$이므로 넓이의 비는 $b^2 : a^2$이다.

13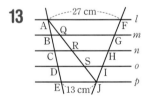

위의 그림과 같이 보조선 $\overline{AJ}$를 그어 세 직선 m, n, o와의 교점을 각각 Q, R, S라 하자.

$\overline{BQ} : \overline{EJ} = \overline{AB} : \overline{AE} = \overline{AB} : 4\overline{AB} = 1 : 4$이므로

$\overline{BQ} = \dfrac{1}{4}\overline{EJ}$

같은 방법으로 $\overline{CR} = \dfrac{2}{4}\overline{EJ}$, $\overline{DS} = \dfrac{3}{4}\overline{EJ}$

또한 $\overline{SI} : \overline{AF} = \overline{IJ} : \overline{FJ} = \overline{IJ} : 4\overline{IJ} = 1 : 4$이므로

$\overline{SI} = \dfrac{1}{4}\overline{AF}$

같은 방법으로 $\overline{RH} = \dfrac{2}{4}\overline{AF}$, $\overline{QG} = \dfrac{3}{4}\overline{AF}$

따라서

$\overline{BG} + \overline{CH} + \overline{DI}$
$= (\overline{BQ} + \overline{QG}) + (\overline{CR} + \overline{RH}) + (\overline{DS} + \overline{SI})$
$= (\overline{BQ} + \overline{CR} + \overline{DS}) + (\overline{QG} + \overline{RH} + \overline{SI})$

$= \left(\dfrac{1}{4} + \dfrac{2}{4} + \dfrac{3}{4}\right)\overline{EJ} + \left(\dfrac{3}{4} + \dfrac{2}{4} + \dfrac{1}{4}\right)\overline{AF}$

$= \dfrac{3}{2}\overline{EJ} + \dfrac{3}{2}\overline{AF} = \dfrac{3}{2}(\overline{EJ} + \overline{AF})$

$= \dfrac{3}{2}(13 + 27) = 60\ (cm)$

다른 풀이

위의 그림과 같이 점 E를 지나고 $\overline{FJ}$에 평행한 직선과 네 직선 l, m, n, o와의 교점을 각각 Q, R, S, T라 하자.

$\square QEJF$는 평행사변형이므로

$\overline{QF} = \overline{RG} = \overline{SH} = \overline{TI} = \overline{EJ} = 13$ cm

또한 $\overline{DT} : \overline{AQ} = \overline{DE} : \overline{AE} = \overline{DE} : 4\overline{DE} = 1 : 4$이므로

$\overline{DT} = \dfrac{1}{4}\overline{AQ}$

같은 방법으로 $\overline{CS} = \dfrac{2}{4}\overline{AQ}$, $\overline{BR} = \dfrac{3}{4}\overline{AQ}$

따라서
$\overline{BG} + \overline{CH} + \overline{DI}$
$= (\overline{BR} + \overline{RG}) + (\overline{CS} + \overline{SH}) + (\overline{DT} + \overline{TI})$
$= (\overline{BR} + \overline{CS} + \overline{DT}) + (\overline{RG} + \overline{SH} + \overline{TI})$
$= \left(\dfrac{3}{4} + \dfrac{2}{4} + \dfrac{1}{4}\right)\overline{AQ} + 3 \times 13$
$= \dfrac{3}{2}\overline{AQ} + 39 = \dfrac{3}{2} \times 14 + 39 = 60\ (cm)$

14 ㄴ. $\overline{AE}$는 $\triangle ABC$의 중선이므로
$\overline{BE} = \overline{EC}$

ㄹ. $\overline{AF} = \overline{FC}$이므로 $\triangle ABF = \triangle FBC$

ㄱ, ㄷ. 주어진 조건으로는 $\overline{AD} = \overline{AF}$, $\overline{GE} = \overline{GF}$인지 알 수 없다.

15 $\triangle ADC$와 $\triangle EFC$는 닮음비가
$\overline{AC} : \overline{EC} = \overline{DC} : \overline{FC} = 2 : 1$
인 닮은 도형이므로 넓이의 비는 4 : 1이다.
또한 $\overline{AD}$는 $\triangle ABC$의 중선이므로
$\triangle ADC = \triangle ABD = 120\ cm^2$
따라서
$\triangle EFC = \dfrac{1}{4} \times \triangle ADC = \dfrac{1}{4} \times 120 = 30\ (cm^2)$

16 점 F는 두 중선 $\overline{AD}$, $\overline{BE}$의 교점이므로 $\triangle ABC$의 무게중심이다.

즉, $\overline{BF}:\overline{FE}=2:1$이므로

$\overline{FE}=\dfrac{1}{2}\times10=5\,(\text{cm})$

$\triangle ABC$는 정삼각형이므로 $\triangle FBD$와 $\triangle FAE$에서

$\overline{BD}=\overline{AE}$, $\angle BDF=\angle AEF=90°$,

$\angle FBD=\angle FAE=30°$

이므로 $\triangle FBD\equiv\triangle FAE$ (ASA 합동)

따라서 $\overline{FD}=\overline{FE}=5\,\text{cm}$

17 점 F는 두 중선 $\overline{AD}$, $\overline{BE}$의 교점으로 $\triangle ABC$의 무게중심이다.

$\overline{AF}:\overline{FD}=x:10=2:1$에서 $x=20$

$\overline{BF}:\overline{FE}=y:11=2:1$에서 $y=22$

18 평행사변형의 두 대각선의 교점을 O라 하면 $\overline{BO}=\overline{OD}$이므로 $\overline{AO}$, $\overline{CO}$

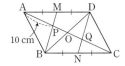

는 각각 $\triangle ABD$와 $\triangle DBC$의 중선이다.

즉, 두 점 P와 Q는 각각 $\triangle ABD$와 $\triangle DBC$의 무게중심이다.

$\overline{AP}:\overline{PO}=2:1$이므로

$\overline{PO}=\dfrac{1}{2}\overline{AP}=\dfrac{1}{2}\times10=5\,(\text{cm})$

$\overline{OQ}:\overline{QC}=1:2$이므로

$\overline{OQ}=\dfrac{1}{3}\overline{OC}=\dfrac{1}{3}\times15=5\,(\text{cm})$

따라서 $\overline{PQ}=\overline{PO}+\overline{OQ}=10\,(\text{cm})$

19 $\overline{AE}$, $\overline{CD}$는 $\triangle ABC$의 중선이므로

$\overline{BE}=\overline{EC}$, $\overline{AD}=\overline{DB}$이고,

$\triangle ADC=\triangle AEC=\dfrac{1}{2}\triangle ABC$

또한 $\overline{CG}:\overline{GD}=2:1$이므로

$\triangle ADG=\dfrac{1}{3}\triangle ADC$

$\overline{AG}:\overline{GE}=2:1$이므로

$\triangle GEC=\dfrac{1}{3}\triangle AEC$

따라서

$\triangle ADG:\triangle GEC$

$=\dfrac{1}{3}\triangle ADC:\dfrac{1}{3}\triangle AEC$

$=\left(\dfrac{1}{3}\times\dfrac{1}{2}\triangle ABC\right):\left(\dfrac{1}{3}\times\dfrac{1}{2}\triangle ABC\right)$

$=1:1$

20 $\overline{BD}$는 $\triangle ABC$의 중선이므로

$\triangle DBC=\dfrac{1}{2}\triangle ABC=30\,(\text{cm}^2)$

또한 점 G는 $\triangle DBC$의 무게중심이므로

$\triangle GEC=\dfrac{1}{2}\triangle GBC=\dfrac{1}{2}\times\dfrac{1}{3}\triangle DBC$

$\quad\quad\;=\dfrac{1}{6}\triangle DBC=\dfrac{1}{6}\times30=5\,(\text{cm}^2)$

$\triangle GCF=\dfrac{1}{2}\triangle GCD=\dfrac{1}{2}\times\dfrac{1}{3}\triangle DBC$

$\quad\quad\;=\dfrac{1}{6}\triangle DBC=\dfrac{1}{6}\times30=5\,(\text{cm}^2)$

따라서

$\square GECF=\triangle GEC+\triangle GCF=5+5=10\,(\text{cm}^2)$

21 ① $\overline{AF}=2\overline{DE}$, $\overline{GF}=\dfrac{2}{3}\overline{DE}$이므로

$\overline{AG}=\overline{AF}-\overline{GF}=2\overline{DE}-\dfrac{2}{3}\overline{DE}=\dfrac{4}{3}\overline{DE}$

② $\overline{DE}:\overline{GF}=\overline{DC}:\overline{GC}=3:2$이므로

$\overline{DE}=\dfrac{3}{2}\overline{GF}$

③ $\overline{DG}:\overline{GC}=1:2$이므로 $\overline{DG}=\dfrac{1}{2}\overline{GC}$

④ $\triangle ADG=\triangle GFC=\dfrac{1}{6}\triangle ABC$

⑤ $\triangle ABF$와 $\triangle DBE$의 닮음비는 $\overline{AB}:\overline{DB}=2:1$이므로 넓이의 비는 $4:1$이다.

즉, $\triangle DBE=\dfrac{1}{4}\triangle ABF$

22 점 G는 $\triangle ABC$의 무게중심이므로

$\triangle ABG:\triangle ABC=1:3$ ······ ㉠

또한 $\overline{AB}:\overline{DB}=\overline{AE}:\overline{GE}=3:1$이므로

$\triangle ABG:\triangle DBG=3:1$ ······ ㉡

㉠, ㉡에서 $\triangle DBG:\triangle ABC=1:9$

따라서

$\triangle ABC=9\triangle DBG=9\times10=90\,(\text{cm}^2)$

23 오른쪽 그림과 같이 $\overline{BG}$, $\overline{BG'}$의 연장선이 $\overline{AC}$와 만나는 점을 각각 P, Q 라 하자.

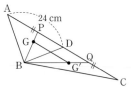

$\overline{PQ}=\dfrac{1}{2}\overline{AC}=24\,(\text{cm})$

따라서 $\overline{BG}:\overline{BP}=\overline{GG'}:\overline{PQ}=2:3$이므로

$\overline{GG'}=\dfrac{2}{3}\overline{PQ}=\dfrac{2}{3}\times24=16\,(\text{cm})$

24 두 점 G와 G'는 각각 $\triangle ABC$, $\triangle ADE$의 무게중심이므로

$$\overline{AG} : \overline{GD} = \overline{AG'} : \overline{G'C} = 2 : 1$$

$$\overline{AG'} = \frac{2}{3}\overline{AC} = \frac{2}{3} \times 15 = 10 \text{ (cm)}$$

또한 $\overline{GG'} : \overline{DC} = \overline{AG'} : \overline{AC} = 2 : 3$이므로

$$\overline{GG'} = \frac{2}{3}\overline{DC} = \frac{2}{3} \times \frac{1}{3}\overline{BE}$$

$$= \frac{2}{3} \times \frac{1}{3} \times 36 = 8 \text{ (cm)}$$

따라서

$$\triangle AGG' = \frac{1}{2} \times \overline{GG'} \times \overline{AG'}$$

$$= \frac{1}{2} \times 8 \times 10 = 40 \text{ (cm}^2\text{)}$$

고난도 집중 연습

본문 40~41쪽

1 36 cm **1-1** $\frac{20}{63}a$ cm² **2** 120 cm² **2-1** $\frac{20}{3}$ cm

3 $\frac{125}{6}$ cm² **3-1** $\frac{25}{3}$ cm² **4** 8 cm² **4-1** 12 cm²

1

풀이 전략 보조선을 그려 닮은 삼각형을 만든 후 닮음비를 이용한다.

오른쪽 그림과 같이 점 E를 지나면서 $\overline{AD}$에 평행한 직선과 $\overline{AF}$의 연장선이 만나는 점을 G라 하자.

$\triangle ADF$와 $\triangle GEF$에서

∠AFD = ∠GFE (맞꼭지각),

∠DAF = ∠EGF (엇각)

이므로 $\triangle ADF \backsim \triangle GEF$ (AA 닮음)이고,

$\overline{AD} : \overline{GE} = \overline{DF} : \overline{EF}$

$\overline{AE} = \overline{GE} = 10$ cm이므로

$6 : 10 = \overline{DF} : 5$

따라서 $\overline{DF} = 3$ cm

∠DFB = ∠FBC (엇각)이므로 $\triangle DBF$는

$\overline{DB} = \overline{DF} = 3$ cm인 이등변 삼각형이고

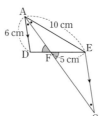

$\triangle ADE$와 $\triangle ABC$에서

$\overline{AD} : \overline{AB} = \overline{AE} : \overline{AC} = \overline{DE} : \overline{BC}$이므로

$6 : 9 = 10 : \overline{AC}$에서 $\overline{AC} = 15$ cm

$6 : 9 = 8 : \overline{BC}$에서 $\overline{BC} = 12$ cm

따라서

($\triangle ABC$의 둘레의 길이) $= \overline{AB} + \overline{AC} + \overline{BC}$

$$= 9 + 15 + 12 = 36 \text{ (cm)}$$

1-1

풀이 전략 삼각형의 내심은 삼각형의 세 내각의 이등분선의 교점임을 이용한다.

점 I는 $\triangle ABC$의 내심이므로

∠BAD = ∠CAD,

∠ACI = ∠DCI

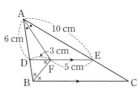

(i) ∠BAD = ∠CAD이므로

$\overline{AB} : \overline{AC} = \overline{BD} : \overline{DC}$, $8 : 10 = 6 : \overline{DC}$

$$\overline{DC} = \frac{15}{2} \text{ cm}$$

(ii) ∠ACI = ∠DCI이므로

$\overline{AC} : \overline{CD} = \overline{AI} : \overline{ID}$

$$\overline{AI} : \overline{ID} = 10 : \frac{15}{2} = 4 : 3$$

따라서

$$\triangle AIC = \frac{4}{7}\triangle ADC = \frac{4}{7} \times \frac{5}{9}\triangle ABC = \frac{20}{63}a \text{ (cm}^2\text{)}$$

2

풀이 전략 두 닮은 도형의 닮음비가 $a : b$이면 넓이의 비는 $a^2 : b^2$임을 이용한다.

$\triangle ABD \backsim \triangle EBF$ (AA 닮음)이므로

$\overline{AB} : \overline{EB} = \overline{AD} : \overline{EF} = 2 : 1$

$$\overline{EF} = \frac{1}{2}\overline{AD} = \frac{1}{2} \times 6 = 3 \text{ (cm)}$$

또한 $\triangle GFE \backsim \triangle GBC$ (AA 닮음)

$\triangle GFE$와 $\triangle GBC$의 넓이의 비는

$3 : 27 = 1 : 9 = 1^2 : 3^2$

이므로 $\triangle GFE$와 $\triangle GBC$의 닮음비는 $1 : 3$이다.

따라서 $\overline{EF} : \overline{BC} = 1 : 3$

$\overline{BC} = 3\overline{EF} = 3 \times 3 = 9 \text{ (cm)}$

점 G에서 $\overline{BC}$에 내린 수선의 발을 H라 하면

$\triangle GBC = \frac{1}{2} \times 9 \times \overline{GH} = 27 \text{ (cm}^2\text{)}$이므로 $\overline{GH} = 6$ cm

$\overline{BG} : \overline{GF} = 3 : 1$, $\overline{BF} : \overline{FD} = 1 : 1$에서

$\overline{BG} : \overline{GD} = 3 : 5$

이므로 $\triangle GBC$의 높이 $\overline{GH}$와 $\square ABCD$의 높이의 비는 $3 : 8$이다.

($\square ABCD$의 높이) $= \frac{8}{3}\overline{GH} = \frac{8}{3} \times 6 = 16 \text{ (cm)}$

따라서

$$\square ABCD=\frac{1}{2}\times(\overline{AD}+\overline{BC})\times16$$
$$=\frac{1}{2}\times(6+9)\times16=120\ (\text{cm}^2)$$

2-1

풀이 전략 두 닮은 도형의 닮음비가 $a:b$이면 넓이의 비는 $a^2:b^2$임을 이용한다.

$2\overline{AE}=\overline{EB}$이므로

$\overline{AB}:\overline{EB}=\overline{DB}:\overline{FB}=\overline{AD}:\overline{EF}=3:2$

$\overline{EF}=\dfrac{2}{3}\overline{AD}=\dfrac{2}{3}\times9=6\ (\text{cm})$

$\triangle GFE\backsim\triangle GBC$ (AA 닮음)이고, 두 삼각형의 넓이의 비는 $9:36=1:4=1^2:2^2$이므로 $\triangle GFE$와 $\triangle GBC$의 닮음비는 $1:2$이다.

$\overline{EF}:\overline{BC}=1:2$이므로

$\overline{BC}=2\overline{EF}=2\times6=12\ (\text{cm})$

$\triangle DBC\backsim\triangle DGH$ (AA 닮음)이므로

$\overline{DB}:\overline{DG}=\overline{BC}:\overline{GH}$

또한 $\overline{DF}:\overline{FB}=1:2$, $\overline{FG}:\overline{GB}=1:2$이므로

$\overline{DB}:\overline{DG}=9:5$

따라서 $\overline{BC}:\overline{GH}=9:5$이므로

$\overline{GH}=\dfrac{5}{9}\overline{BC}=\dfrac{5}{9}\times12=\dfrac{20}{3}\ (\text{cm})$

3

풀이 전략 $\square PMNQ=\square PMCO+\square OCNQ-\triangle MCN$임을 이용한다.

점 P는 $\triangle ABC$의 두 중선 $\overline{AM}$, $\overline{BO}$의 교점으로 $\triangle ABC$의 무게중심이고, 점 Q는 $\triangle ACD$의 두 중선 $\overline{AN}$, $\overline{DO}$의 교점으로 $\triangle ACD$의 무게중심이다.

$\triangle BCD$와 $\triangle MCN$에서

$\overline{BC}:\overline{MC}=\overline{DC}:\overline{NC}=2:1$, $\angle MCN$은 공통인 각이므로 $\triangle BCD\backsim\triangle MCN$ (SAS 닮음)

$\triangle BCD$와 $\triangle MCN$의 닮음비가 $2:1$이므로 넓이의 비는 $2^2:1^2=4:1$

따라서

$\square PMNQ$

$=\square PMCO+\square OCNQ-\triangle MCN$

$=\dfrac{1}{3}\triangle ABC+\dfrac{1}{3}\triangle ACD-\dfrac{1}{4}\triangle BCD$

$=\dfrac{1}{3}\times50+\dfrac{1}{3}\times50-\dfrac{1}{4}\times50=\dfrac{125}{6}\ (\text{cm}^2)$

다른 풀이 점 Q는 $\triangle ACD$의 무게중심이므로

$\overline{AQ}:\overline{QN}=2:1$

$\triangle APQ$와 $\triangle AMN$의 닮음비가 $2:3$이므로 넓이의 비는

$2^2:3^2=4:9$이고,

$\triangle APQ:\square PMNQ=4:5$

또한 $\overline{PQ}=\dfrac{1}{3}\overline{BD}$이므로

$\square PMNQ=\dfrac{5}{4}\triangle APQ=\dfrac{5}{4}\times\dfrac{1}{3}\triangle ABD$

$=\dfrac{5}{4}\times\dfrac{1}{3}\times50=\dfrac{125}{6}\ (\text{cm}^2)$

3-1

풀이 전략 $\overline{BP}:\overline{PO}=\overline{DQ}:\overline{QO}=2:1$임을 이용한다.

점 P는 $\triangle ABC$의 두 중선 $\overline{AN}$, $\overline{BO}$의 교점으로 $\triangle ABC$의 무게중심이고, 점 Q는 $\triangle ACD$의 두 중선 $\overline{CM}$, $\overline{DO}$의 교점으로 $\triangle ACD$의 무게중심이다.

$\overline{BP}:\overline{PO}=2:1$이므로 $\triangle OPN=\dfrac{1}{3}\triangle OBN$

$\overline{BN}:\overline{NC}=1:1$이므로 $\triangle OBN=\dfrac{1}{2}\triangle OBC$

따라서

$\triangle OPN=\dfrac{1}{3}\times\dfrac{1}{2}\triangle OBC=\dfrac{1}{6}\times\dfrac{1}{2}\triangle ABC$

$=\dfrac{1}{12}\times\dfrac{1}{2}\square ABCD=\dfrac{25}{6}\ (\text{cm}^2)$

마찬가지 방법으로 $\triangle OQM=\dfrac{25}{6}\ \text{cm}^2$

따라서 $\triangle OPN$과 $\triangle OQM$의 넓이의 합은

$\dfrac{25}{6}+\dfrac{25}{6}=\dfrac{25}{3}\ (\text{cm}^2)$

4

풀이 전략 두 점 G, G′는 각각 $\overline{AE}$, $\overline{DE}$ 위의 점임을 이용한다.

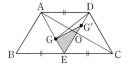

$\overline{AE}$를 그으면 점 G는 $\triangle ABC$의 무게중심이므로

$\overline{AG}:\overline{GE}=2:1$

$\triangle GED=\dfrac{1}{3}\times\triangle AED$

$\square AECD$는 평행사변형이고, 평행사변형 AECD의 두 대각선 $\overline{AC}$, $\overline{DE}$의 교점을 O라 하면 점 G′는 $\overline{DE}$ 위의 점이므로 $\overline{DG'}:\overline{G'O}=2:1$, $\overline{DG'}:\overline{G'E}=1:2$

따라서

$\triangle GEG'=\dfrac{2}{3}\triangle GED=\dfrac{2}{3}\times\dfrac{1}{3}\triangle AED$

$=\dfrac{2}{3}\times\dfrac{1}{3}\times\dfrac{1}{3}\square ABCD$

$=\dfrac{2}{3}\times\dfrac{1}{3}\times\dfrac{1}{3}\times108=8\ (\text{cm}^2)$

4-1

풀이 전략 $\overline{AE}$, $\overline{AF}$, $\overline{CG}$, $\overline{CH}$의 연장선을 그려 본다.

오른쪽 그림과 같이 $\overline{AE}$와 $\overline{CG}$
의 연장선을 그으면 두 선은
$\triangle ABO$와 $\triangle BCO$의 중선이 되
므로 한 점 M에서 만난다.

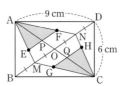

마찬가지로 $\overline{AF}$와 $\overline{CH}$의 연장선은 한 점 N에서 만난다.
또한 $\overline{AC}$와 $\overline{EF}$, $\overline{GH}$의 교점을 각각 P, Q라 하자.
$\triangle AEF$와 $\triangle AMN$에서
$\angle EAF$는 공통인 각, $\overline{AE} : \overline{AM} = \overline{AF} : \overline{AN} = 2 : 3$
이므로 $\triangle AEF \backsim \triangle AMN$ (SAS 닮음)
$\overline{AP} : \overline{AO} = 2 : 3$이므로

$$\triangle AEP = \frac{2}{3} \triangle AEO = \frac{2}{3} \times \frac{1}{3} \triangle ABO$$
$$= \frac{2}{9} \triangle ABO$$

$$\triangle APF = \frac{2}{3} \triangle AOF = \frac{2}{3} \times \frac{1}{3} \triangle AOD$$
$$= \frac{2}{9} \triangle AOD$$

$$\triangle AEF = \triangle AEP + \triangle APF$$
$$= \frac{2}{9} (\triangle ABO + \triangle AOD)$$
$$= \frac{2}{9} \triangle ABD = \frac{2}{9} \times \frac{1}{2} \square ABCD$$
$$= \frac{1}{9} \times (9 \times 6) = 6 \ (\text{cm}^2)$$

$\triangle GCH$와 $\triangle MCN$에서
$\angle GCH$는 공통인 각, $\overline{GC} : \overline{MC} = \overline{HC} : \overline{NC} = 2 : 3$
이므로 $\triangle GCH \backsim \triangle MCN$ (SAS 닮음)
$\overline{QC} : \overline{OC} = 2 : 3$이므로

$$\triangle GCQ = \frac{2}{3} \triangle GCO = \frac{2}{3} \times \frac{1}{3} \triangle BCO$$
$$= \frac{2}{9} \triangle BCO$$

$$\triangle HQC = \frac{2}{3} \triangle HOC = \frac{2}{3} \times \frac{1}{3} \triangle DOC$$
$$= \frac{2}{9} \triangle DOC$$

$$\triangle GCH = \triangle GCQ + \triangle HQC$$
$$= \frac{2}{9} (\triangle BCO + \triangle DOC)$$
$$= \frac{2}{9} \triangle BCD = \frac{2}{9} \times \frac{1}{2} \square ABCD$$
$$= \frac{1}{9} \times (9 \times 6) = 6 \ (\text{cm}^2)$$

따라서 $\triangle AEF$와 $\triangle GCH$의 넓이의 합은
$6 + 6 = 12 \ (\text{cm}^2)$

[다른 풀이] $\triangle AEF$와 $\triangle AMN$에서 $\overline{EF} : \overline{MN} = 2 : 3$이므
로 $\triangle AEF$와 $\triangle AMN$의 넓이의 비는 $2^2 : 3^2 = 4 : 9$
$$\triangle AEF = \frac{4}{9} \triangle AMN = \frac{4}{9} \times \frac{1}{2} \triangle ABD$$

$$= \frac{2}{9} \triangle ABD = \frac{2}{9} \times \frac{1}{2} \square ABCD$$
$$= \frac{1}{9} \times (9 \times 6) = 6 \ (\text{cm}^2)$$

같은 방법으로

$$\triangle GCH = \frac{4}{9} \triangle MCN = \frac{4}{9} \times \frac{1}{2} \triangle BCD$$
$$= \frac{2}{9} \triangle BCD = \frac{2}{9} \times \frac{1}{2} \square ABCD$$
$$= \frac{1}{9} \times (9 \times 6) = 6 \ (\text{cm}^2)$$

따라서 $\triangle AEF$와 $\triangle GCH$의 넓이의 합은
$6 + 6 = 12 \ (\text{cm}^2)$

서술형 집중 연습

본문 42~43쪽

예제 1 풀이 참조	유제 1 17 cm
예제 2 풀이 참조	유제 2 $\frac{10}{3}$
예제 3 풀이 참조	유제 3 300 cm²
예제 4 풀이 참조	유제 4 28 cm

예제 1

$\triangle CFG$와 $\triangle CAB$에서
$\angle C$는 공통인 각, $\angle CFG = \angle CAB$ (동위각)
이므로 $\triangle CFG \backsim \triangle CAB$ (AA 닮음)
$\overline{CF} : \overline{CA} = \overline{FG} : \overline{AB} = 1 : \boxed{3}$

$$\overline{FG} = \frac{1}{\boxed{3}} \overline{AB} = \boxed{\frac{25}{3}} \ (\text{cm}) \qquad \cdots \boxed{1\text{단계}}$$

또한 $\triangle CDE$와 $\triangle CAB$에서
$\angle C$는 공통인 각, $\angle CDE = \angle CAB$ (동위각)
이므로 $\triangle CDE \backsim \triangle CAB$ (AA 닮음)
$\overline{CD} : \overline{CA} = \overline{DE} : \overline{AB} = \boxed{2} : \boxed{3}$

$$\overline{DE} = \frac{2}{\boxed{3}} \overline{AB} = \boxed{\frac{50}{3}} \ (\text{cm}) \qquad \cdots \boxed{2\text{단계}}$$

따라서 $\overline{DE} + \overline{FG} = \boxed{25} \ (\text{cm}) \qquad \cdots \boxed{3\text{단계}}$

채점 기준표

단계	채점 기준	비율
1단계	두 삼각형의 닮음비가 1 : 3임을 이용하여 $\overline{FG}$의 길이를 구한 경우	40 %
2단계	두 삼각형의 닮음비가 2 : 3임을 이용하여 $\overline{DE}$의 길이를 구한 경우	40 %
3단계	답을 구한 경우	20 %

유제 1

오른쪽 그림과 같이 $\overline{BD}$와 $\overline{EF}$, $\overline{GH}$
와의 교점을 각각 P, Q라 하면
$\overline{GQ}:\overline{AD}=\overline{GB}:\overline{AB}=1:3$

이므로

$\overline{GQ}=\dfrac{1}{3}\overline{AD}=\dfrac{7}{3}$ (cm)

$\overline{EP}:\overline{AD}=\overline{EB}:\overline{AB}=2:3$이므로

$\overline{EP}=\dfrac{2}{3}\overline{AD}=\dfrac{14}{3}$ (cm) $\qquad$ ··· **1단계**

$\overline{PF}:\overline{BC}=\overline{DP}:\overline{DB}=1:3$이므로

$\overline{PF}=\dfrac{1}{3}\overline{BC}=\dfrac{10}{3}$ (cm)

$\overline{QH}:\overline{BC}=\overline{DQ}:\overline{DB}=2:3$이므로

$\overline{QH}=\dfrac{2}{3}\overline{BC}=\dfrac{20}{3}$ (cm) $\qquad$ ··· **2단계**

따라서

$\overline{EF}+\overline{GH}=(\overline{EP}+\overline{PF})+(\overline{GQ}+\overline{QH})$

$\qquad\qquad =\dfrac{14}{3}+\dfrac{10}{3}+\dfrac{7}{3}+\dfrac{20}{3}$

$\qquad\qquad =17$ (cm) $\qquad$ ··· **3단계**

채점 기준표

단계	채점 기준	비율
1단계	삼각형의 닮음비를 이용하여 $\overline{GQ}$, $\overline{EP}$의 길이를 구한 경우	40 %
2단계	삼각형의 닮음비를 이용하여 $\overline{PF}$, $\overline{QH}$의 길이를 구한 경우	40 %
3단계	$\overline{EF}+\overline{GH}$의 길이를 구한 경우	20 %

예제 2

△ABE와 △DCE에서

∠AEB= ∠DEC (맞꼭지각), ∠BAE= ∠CDE (엇각)

이므로 △ABE∽△DCE (AA 닮음)

$\overline{AE}:\overline{ED}=\overline{AB}:\overline{CD}=\boxed{2}:3$ $\qquad$ ··· **1단계**

또한 △ABD와 △EFD에서

$\overline{AB}:\overline{EF}=\overline{AD}:\overline{ED}=\boxed{5}:3$이므로 $\qquad$ ··· **2단계**

$\overline{EF}=\dfrac{3}{\boxed{5}}\overline{AB}=\boxed{6}$ (cm)

따라서 $x=\boxed{6}$ $\qquad$ ··· **3단계**

채점 기준표

단계	채점 기준	비율
1단계	$\overline{AE}:\overline{ED}=2:3$임을 구한 경우	40 %
2단계	$\overline{AB}:\overline{EF}=5:3$임을 구한 경우	40 %
3단계	x의 값을 구한 경우	20 %

유제 2

△ABD와 △EFD에서

∠ADB는 공통인 각, ∠ABD= ∠EFD=90°

이므로 △ABD∽△EFD (AA 닮음)

$\overline{AD}:\overline{ED}=\overline{AB}:\overline{EF}=5:2$ $\qquad$ ··· **1단계**

또한 △ABE와 △DCE에서

$\overline{AB}:\overline{CD}=\overline{AE}:\overline{ED}=3:2$이므로 $\qquad$ ··· **2단계**

$\overline{CD}=\dfrac{2}{3}\overline{AB}=\dfrac{10}{3}$ (cm)

따라서 $x=\dfrac{10}{3}$ $\qquad$ ··· **3단계**

채점 기준표

단계	채점 기준	비율
1단계	$\overline{AD}:\overline{ED}=5:2$임을 구한 경우	40 %
2단계	$\overline{AB}:\overline{CD}=3:2$임을 구한 경우	40 %
3단계	x의 값을 구한 경우	20 %

예제 3

$\overline{AC}$, $\overline{BD}$의 교점을 O라 하면 점
F는 △ACD의 두 중선 $\overline{CE}$, $\overline{DO}$
의 교점이므로 △ACD의 무게중
심이다.

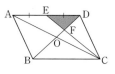

□ABCD=60 cm²이므로

△ACD=$\boxed{30}$ cm²이고 $\qquad$ ··· **1단계**

△ECD=$\dfrac{1}{2}$△ACD=$\boxed{15}$ (cm²) $\qquad$ ··· **2단계**

또한 $\overline{EF}:\overline{FC}=1:\boxed{2}$이므로

△EFD=$\dfrac{1}{3}$△ECD=$\boxed{5}$ (cm²) $\qquad$ ··· **3단계**

채점 기준표

단계	채점 기준	비율
1단계	△ACD의 넓이를 구한 경우	30 %
2단계	△ECD의 넓이를 구한 경우	30 %
3단계	△EFD의 넓이를 구한 경우	40 %

유제 3

$\overline{AC}$, $\overline{BD}$의 교점을 O라 하면 점 F는
△BCD의 두 중선 $\overline{BE}$, $\overline{CO}$의 교점이므로
△BCD의 무게중심이다.

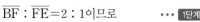

$\overline{BF}:\overline{FE}=2:1$이므로 $\qquad$ ··· **1단계**

△BCE=$\dfrac{3}{2}$△BCF

$\qquad =\dfrac{3}{2}\times 50=75$ (cm²) $\qquad$ ··· **2단계**

따라서

□ABCD=$4\times$△BCE=300 (cm²) $\qquad$ ··· **3단계**

채점 기준표

단계	채점 기준	비율
1단계	$\overline{BF} : \overline{FE} = 2 : 1$을 구한 경우	30 %
2단계	$\triangle BCE$의 넓이를 구한 경우	40 %
3단계	$\square ABCD$의 넓이를 구한 경우	30 %

채점 기준표

단계	채점 기준	비율
1단계	$\overline{AD} : \overline{AB} = \overline{AE} : \overline{AC} = \overline{DE} : \overline{BC} = 2 : 3$을 구한 경우	30 %
2단계	$\overline{AD}$, $\overline{AE}$, $\overline{DE}$의 길이를 구한 경우	각 20 %
3단계	$\triangle ADE$의 둘레의 길이를 구한 경우	10 %

예제 4

$\overline{AG}$의 연장선과 $\overline{BC}$의 교점을 F라
하자.

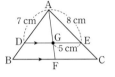

$\overline{AG} : \overline{GF} = 2 : \boxed{1}$이므로

$\overline{AD} : \overline{AB} = \overline{AE} : \overline{AC}$
$\qquad = \overline{GE} : \overline{FC} = 2 : \boxed{3}$ ··· 1단계

$\overline{AB} = \dfrac{3}{2}\overline{AD} = \boxed{\dfrac{21}{2}}$ (cm)

$\overline{AC} = \dfrac{3}{2}\overline{AE} = \boxed{12}$ (cm) ··· 2단계

$\overline{FC} = \dfrac{3}{2}\overline{GE} = \boxed{\dfrac{15}{2}}$ (cm)

또한 점 F는 $\overline{BC}$의 중점이므로 $\overline{BC} = \boxed{15}$ cm ··· 3단계

따라서

$(\triangle ABC$의 둘레의 길이$) = \overline{AB} + \overline{BC} + \overline{CA}$
$\qquad = \boxed{\dfrac{75}{2}}$ (cm) ··· 4단계

채점 기준표

단계	채점 기준	비율
1단계	$\overline{AD} : \overline{AB} = \overline{AE} : \overline{AC} = \overline{GE} : \overline{FC} = 2 : 3$을 구한 경우	30 %
2단계	$\overline{AB}$, $\overline{AC}$의 길이를 구한 경우	각 20 %
3단계	$\overline{BC}$의 길이를 구한 경우	20 %
4단계	$\triangle ABC$의 둘레의 길이를 구한 경우	10 %

유제 4

$\overline{AG}$의 연장선과 $\overline{BC}$의 교점을 F
라 하자.

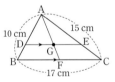

$\overline{AG} : \overline{GF} = 2 : 1$이므로

$\overline{AD} : \overline{AB} = \overline{AE} : \overline{AC}$
$\qquad = \overline{DE} : \overline{BC} = 2 : 3$ ··· 1단계

$\overline{AD} = \dfrac{2}{3}\overline{AB} = \dfrac{20}{3}$ (cm), $\overline{AE} = \dfrac{2}{3}\overline{AC} = 10$ (cm)

$\overline{DE} = \dfrac{2}{3}\overline{BC} = \dfrac{34}{3}$ (cm) ··· 2단계

따라서

$(\triangle ADE$의 둘레의 길이$) = \dfrac{20}{3} + 10 + \dfrac{34}{3}$
$\qquad = 28$ (cm) ··· 3단계

중단원 실전 테스트 1회

본문 44~46쪽

01 ④	**02** ⑤	**03** ①	**04** ②	**05** ③
06 ⑤	**07** ③	**08** ③	**09** ⑤	**10** ①
11 ②	**12** ④	**13** $\dfrac{16}{7}$ cm	**14** 2 cm	
15 30 cm²	**16** 96 cm²			

01 $\overline{AD} : \overline{AB} = \overline{AE} : \overline{AC} = \overline{DE} : \overline{BC}$이므로

$x : 12 = 15 : 18 = 10 : y$

따라서 $x = 10$, $y = 12$

02 $\triangle BCA$와 $\triangle BFE$에서

$\overline{BC} : \overline{BF} = \overline{BA} : \overline{BE} = \overline{AC} : \overline{EF} = 2 : 1$

$\overline{EF} = \dfrac{1}{2}\overline{AC} = \dfrac{1}{2} \times 18 = 9$ (cm)

같은 방법으로 $\overline{HG} = \dfrac{1}{2}\overline{AC} = 9$ (cm)

또한 $\triangle ABD$와 $\triangle AEH$에서

$\overline{AB} : \overline{AE} = \overline{AD} : \overline{AH} = \overline{BD} : \overline{EH} = 2 : 1$

$\overline{EH} = \dfrac{1}{2}\overline{BD} = \dfrac{1}{2} \times 10 = 5$ (cm)

같은 방법으로 $\overline{FG} = \dfrac{1}{2}\overline{BD} = \dfrac{1}{2} \times 10 = 5$ (cm)

따라서

$(\square EFGH$의 둘레의 길이$) = \overline{EF} + \overline{FG} + \overline{GH} + \overline{HE}$
$\qquad = 9 + 5 + 9 + 5 = 28$ (cm)

03

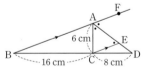

점 C에서 직선 AB에 평행하게 그은 직선과 $\overline{AD}$의 교
점을 E라 하자.

직선 AB 위의 한 점 F에 대하여

$\angle FAE = \angle CEA$ (엇각)이므로

$\angle CAE = \angle CEA$, $\overline{EC} = \overline{AC} = 6$ cm

$\triangle ABD \backsim \triangle ECD$ (AA 닮음)이므로

$\overline{AB} : \overline{EC} = \overline{BD} : \overline{CD} = 24 : 8 = 3 : 1$

$\overline{AB} : 6 = 3 : 1$

따라서 $\overline{AB} = 18$ cm

04 $a : b = c : d = g : h$

$a : (a+b) = c : (c+d) = g : (g+h) = e : f$

따라서 옳지 않은 것은 ②이다.

05 ④ $\overline{AB} : \overline{BC} = \overline{IJ} : \overline{JG} = 5 : 7$에서 $\overline{JG} = 7$ cm

$\overline{JK} = \overline{JG} - \overline{KG} = 7 - 5 = 2$ (cm)

① $\overline{EI} : \overline{FJ} = \overline{IK} : \overline{JK} = 7 : 2$에서 $\overline{EI} = 7$ cm

⑤ $\overline{EF} : \overline{FK} = \overline{IJ} : \overline{JK} = 5 : 2$에서 $\overline{FK} = \dfrac{8}{5}$ cm

$\overline{FK} : \overline{KQ} = \overline{JK} : \overline{KG} = 2 : 5$에서 $\overline{KQ} = 4$ cm

③ $\overline{FK} : \overline{KQ} = \overline{FJ} : \overline{GQ} = 2 : 5$에서 $\overline{GQ} = 5$ cm

② $\overline{AB} : \overline{IJ} = \overline{CD} : \overline{GH} = 1 : 1$이므로 $\overline{GH} = 3$ cm

06 $\overline{AD} \,/\!/\, \overline{EF} \,/\!/\, \overline{BC}$이므로

$\overline{AD} : \overline{EG} = \overline{AB} : \overline{EB} = 9 : 7$

$\overline{EG} = \dfrac{7}{9}\overline{AD} = \dfrac{7}{9} \times 6 = \dfrac{14}{3}$ (cm)

$\overline{GF} = \overline{EF} - \overline{EG} = 10 - \dfrac{14}{3} = \dfrac{16}{3}$ (cm)

또 $\overline{DG} : \overline{DB} = \overline{GF} : \overline{BC}$이므로

$2 : 9 = \dfrac{16}{3} : \overline{BC}$

따라서 $\overline{BC} = 24$ cm

07 $\overline{DE} \,/\!/\, \overline{FC}$이므로 $\overline{AE} : \overline{EC} = \overline{AD} : \overline{DF} = 5 : 3$

$\overline{AE} = 5$ cm

$\overline{FE} \,/\!/\, \overline{BC}$이므로 $\overline{AF} : \overline{FB} = \overline{AE} : \overline{EC} = 5 : 3$

따라서 $\overline{FB} = \dfrac{3}{5}\overline{AF} = \dfrac{3}{5} \times 8 = \dfrac{24}{5}$ (cm)

08 점 G는 △ABC의 무게중심이므로

$\overline{AG} : \overline{GD} = \overline{BG} : \overline{GE} = 2 : 1$

$\overline{GD} = \dfrac{1}{2}\overline{AG} = \dfrac{1}{2} \times 4 = 2$ (cm)

$\overline{GE} = \dfrac{1}{2}\overline{BG} = \dfrac{1}{2} \times 5 = \dfrac{5}{2}$ (cm)

따라서

(□GDCE의 둘레의 길이) $= \overline{GD} + \overline{DC} + \overline{CE} + \overline{GE}$

$\qquad\qquad = 2 + \dfrac{13}{2} + 6 + \dfrac{5}{2}$

$\qquad\qquad = 17$ (cm)

09 △ABC는 정삼각형이므로 △ADG, △AGF,

△BGD, △BEG, △CFG, △CGE는 모두 합동이다.

또한 점 G는 △ABC의 무게중심이므로

$\overline{AG} : \overline{GE} = \overline{BG} : \overline{GF} = \overline{CG} : \overline{GD} = 2 : 1$

ㄱ. $\overline{AG} = 2\overline{GE} = 2\overline{GF} = 4$ (cm)

ㄴ. $\overline{CD} = \overline{CG} + \overline{GD} = 4 + 2 = 6$ (cm)

ㄷ. 점 E와 점 F는 각각 $\overline{BC}$, $\overline{AC}$의 중점이므로

$\overline{AF} = \overline{BE}$이다.

ㄹ. △DBG와 △GEC는 합동이므로 두 삼각형의 넓이는 같다.

따라서 옳은 것은 ㄱ, ㄷ, ㄹ이다.

10 $\overline{AD} = \overline{BD} = \overline{CD} = 9$ cm

$\overline{AG} : \overline{GD} = 2 : 1$이므로

$\overline{GD} = \dfrac{1}{3}\overline{AD} = \dfrac{1}{3} \times 9 = 3$ (cm)

$\overline{GG'} : \overline{G'D} = 2 : 1$이므로

$\overline{G'D} = \dfrac{1}{3}\overline{GD} = \dfrac{1}{3} \times 3 = 1$ (cm)

11 $\overline{EG} : \overline{GC} = 1 : 2$이므로

$\triangle AEG = \dfrac{1}{3}\triangle AEC = \dfrac{1}{6}\triangle ABC$

$\overline{CG'} : \overline{G'F} = 2 : 1$이므로

$\triangle AG'F = \dfrac{1}{3}\triangle ACF = \dfrac{1}{6}\triangle ACD$

따라서

(색칠한 부분의 넓이의 합)

$= \triangle AEG + \triangle AG'F = \dfrac{1}{6}(\triangle ABC + \triangle ACD)$

$= \dfrac{1}{6}\triangle ABD = \dfrac{1}{6} \times \left(\dfrac{1}{2} \times 15 \times 8\right)$

$= 10$ (cm²)

12 △BED와 △BFA에서

∠B는 공통인 각, ∠BDE = ∠BAF (동위각)

이므로 △BED ∽ △BFA (AA 닮음)

두 삼각형의 닮음비는 1 : 2이므로 넓이의 비는

$1^2 : 2^2 = 1 : 4$

$\triangle BFA = 4\triangle BED = 4 \times 12 = 48$ (cm²)

또한 점 G는 △ABC의 무게중심이므로

$\overline{AG} : \overline{GF} = 2 : 1$

따라서

$\triangle GFC = \dfrac{1}{3}\triangle AFC = \dfrac{1}{3}\triangle BFA$

$\qquad = \dfrac{1}{3} \times 48 = 16$ (cm²)

13 △ABC와 △DBE에서

$\overline{AC}:\overline{DE}=\overline{BC}:\overline{BE}$, $4:\overline{DE}=7:4$ ··· 1단계

$\overline{DE}=\dfrac{16}{7}$ cm ··· 2단계

또한 $\overline{AC}\,/\!/\,\overline{DE}$이므로 $\angle CAE=\angle DEA$ (엇각)

따라서 $\overline{AD}=\overline{DE}$이므로 $\overline{AD}=\dfrac{16}{7}$ cm ··· 3단계

채점 기준표

단계	채점 기준	비율
1단계	닮은 두 삼각형을 찾아 비례식을 세운 경우	40 %
2단계	$\overline{DE}$의 길이를 구한 경우	30 %
3단계	$\overline{AD}=\overline{DE}$임을 이용하여 답을 구한 경우	30 %

14 $\overline{AD}=\overline{BC}=\overline{CE}$이므로

$\overline{DE}$를 그으면 □ACED는

평행사변형이고, $\overline{DP}=\overline{PC}$

이므로 점 F는 △ACD의

무게중심이다. ··· 1단계

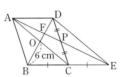

$\overline{DF}:\overline{FO}=2:1$ ··· 2단계

따라서

$\overline{FO}=\dfrac{1}{3}\overline{DO}=\dfrac{1}{3}\overline{BO}=\dfrac{1}{3}\times 6=2$ (cm) ··· 3단계

채점 기준표

단계	채점 기준	비율
1단계	점 F가 △ACD의 무게중심임을 구한 경우	40 %
2단계	$\overline{DF}:\overline{FO}=2:1$임을 구한 경우	30 %
3단계	$\overline{FO}$의 길이를 구한 경우	30 %

15 점 G는 △ABC의 무게중심이므로

$\overline{AG}:\overline{GE}=\overline{BG}:\overline{GF}=\overline{CG}:\overline{GD}=2:1$

$\triangle AGF=\dfrac{1}{3}\triangle ABF=\dfrac{1}{6}\triangle ABC$

$\triangle GEC=\dfrac{1}{3}\triangle AEC=\dfrac{1}{6}\triangle ABC$ ··· 1단계

$\overline{GF}=\dfrac{1}{2}\overline{BG}=\dfrac{1}{2}\times 6=3$ (cm)이므로 ··· 2단계

$\triangle ABC=\dfrac{1}{2}\times\overline{AC}\times\overline{BF}$

$\qquad=\dfrac{1}{2}\times 20\times 9=90$ (cm^2) ··· 3단계

따라서

(색칠한 부분의 넓이의 합)

$=\triangle AGF+\triangle GEC$

$=\dfrac{1}{6}\triangle ABC+\dfrac{1}{6}\triangle ABC$

$=\dfrac{1}{3}\triangle ABC=\dfrac{1}{3}\times 90=30$ (cm^2) ··· 4단계

채점 기준표

단계	채점 기준	비율
1단계	$\triangle AGF=\triangle GEC=\dfrac{1}{6}\triangle ABC$임을 구한 경우	30 %
2단계	$\overline{GF}$의 길이를 구한 경우	20 %
3단계	△ABC의 넓이를 구한 경우	30 %
4단계	색칠한 부분의 넓이의 합을 구한 경우	20 %

16 두 대각선 $\overline{AC}$, $\overline{BD}$의 교점을 O

라 하자.

△AEG와 △ABO에서

$\angle EAG$는 공통인 각,

$\angle AEG=\angle ABO$ (동위각)

이므로 △AEG∽△ABO (AA

닮음)

닮음비는 $\overline{AG}:\overline{AO}=2:3$이므로 두 삼각형의 넓이의 비는 $2^2:3^2=4:9$ ··· 1단계

따라서

$\square EBOG=\triangle ABO-\triangle AEG=\dfrac{5}{9}\triangle ABO$

같은 방법으로 $\square OG'FD=\dfrac{5}{9}\triangle OCD$ ··· 2단계

또한 △GOQ와 △AOD에서

$\angle GOQ=90°$는 공통인 각,

$\angle GQO=\angle ADO$ (동위각)

이므로 △GOQ∽△AOD (AA 닮음)

닮음비는 $\overline{GO}:\overline{AO}=1:3$이므로 두 삼각형의 넓이의

비는 $1^2:3^2=1:9$ ··· 3단계

따라서 $\triangle GOQ=\dfrac{1}{9}\triangle AOD$

같은 방법으로 $\triangle PG'O=\dfrac{1}{9}\triangle BCO$ ··· 4단계

따라서

(색칠한 부분의 넓이)

$=\square EBOG+\triangle GOQ+\square OG'FD+\triangle PG'O$

$=\dfrac{5}{9}\triangle ABO+\dfrac{1}{9}\triangle AOD+\dfrac{5}{9}\triangle OCD+\dfrac{1}{9}\triangle BCO$

$=\dfrac{4}{3}\triangle ABO=\dfrac{4}{3}\times\dfrac{1}{4}\times 288$

$=96$ (cm^2) ··· 5단계

채점 기준표

단계	채점 기준	비율
1단계	△AEG와 △ABO의 넓이의 비 또는 △CFG'와 △CDO의 넓이의 비를 구한 경우	20 %
2단계	$\square EBOG=\dfrac{5}{9}\triangle ABO$, $\square OG'FD=\dfrac{5}{9}\triangle OCD$를 구한 경우	20 %

3단계	△GOQ와 △AOD의 넓이의 비 또는 △PG'O 와 △BCO의 넓이의 비를 구한 경우	20 %
4단계	$\triangle GOQ=\dfrac{1}{9}\triangle AOD$, $\triangle PG'O=\dfrac{1}{9}\triangle BCO$를 구한 경우	20 %
5단계	색칠한 부분의 넓이를 구한 경우	20 %

본문 47~49쪽

중단원 **실전 테스트 2**회

01 ⑤	02 ③	03 ③	04 ④	05 ④
06 ②	07 ①	08 ①	09 ④	10 ①
11 ②	12 ②	13 $\dfrac{33}{4}$ cm	14 16 cm	
15 12	16 54 cm²			

01 $\overline{AB}:\overline{BF}=\overline{AC}:\overline{CG}$이므로

$3:x=5:15$, $x=9$

$\overline{AB}:\overline{BD}=\overline{AC}:\overline{CE}$이므로

$3:6=5:y$, $y=10$

따라서 $x+y=19$

다른 풀이 $\overline{BD}:\overline{DF}=\overline{CE}:\overline{EG}$이므로

$6:3=y:(15-y)$, $y=10$

02 △ABE와 △DCE에서

∠AEB=∠DEC (맞꼭지각),

∠BAE=∠CDE (엇각)

이므로 △ABE∽△DCE (AA 닮음)

$\overline{AB}:\overline{DC}=\overline{AE}:\overline{DE}$이므로

$9:\overline{DC}=9:14$, $\overline{DC}=14$ cm

또한 ∠CAD=∠CDA이므로

$\overline{AC}=\overline{CD}=14$ cm

03 △CAB와 △CED에서 $\overline{AB}:\overline{DE}\ne\overline{BC}:\overline{CD}$이므로

$\overline{AB}$와 $\overline{DE}$는 평행하지 않다.

△CAB와 △CGF에서 $\overline{AC}:\overline{CG}\ne\overline{BC}:\overline{CF}$이므로

$\overline{AB}$와 $\overline{FG}$는 평행하지 않다.

△CAB와 △CIH에서

$\overline{AC}:\overline{CI}=\overline{BC}:\overline{CH}$, ∠ACB=∠ICH (맞꼭지각)

이므로 △CAB∽△CIH이고, $\overline{AB}$와 $\overline{HI}$는 평행하다.

04 $\overline{DG}:\overline{GC}=\overline{AE}:\overline{EB}=1:2$이므로

$3:\overline{GC}=1:2$, $\overline{GC}=6$ cm

$\overline{EF}:\overline{BC}=\overline{AE}:\overline{AB}=1:3$이므로

$3:\overline{BC}=1:3$, $\overline{BC}=9$ cm

따라서

$\square ABCD=\dfrac{1}{2}\times(\overline{AD}+\overline{BC})\times\overline{DC}$

$=\dfrac{1}{2}\times(3+9)\times9=54$ (cm²)

05 오른쪽 그림과 같이 $\overline{AC}$, $\overline{BD}$ 의 교점을 O, $\overline{AC}$, $\overline{BD}$와 $\square EFGH$의 교점을 각각 P, Q, R, S라 하자.

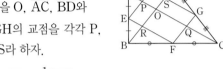

① $\overline{EF}=\overline{HG}=\dfrac{1}{2}\overline{AC}$

② $\overline{EH}=\overline{FG}=\dfrac{1}{2}\overline{BD}$이므로 $\overline{BD}=2\overline{EH}$

③ $\overline{EH}=\dfrac{1}{2}\overline{BD}$, $\overline{HG}=\dfrac{1}{2}\overline{AC}$이므로

$\overline{EH}:\overline{HG}=\overline{BD}:\overline{AC}$

④ △AEP∽△ABO이고, 닮음비는 $\overline{AE}:\overline{AB}=1:2$이므로 넓이의 비는

$1^2:2^2=1:4$

따라서 $\triangle AEP=\dfrac{1}{4}\triangle ABO$

한편, △AEP와 △EBR에서

$\overline{AE}=\overline{EB}$, ∠AEP=∠EBR, ∠EAP=∠BER

이므로 △AEP≡△EBR (ASA 합동)

$\triangle EBR=\dfrac{1}{4}\triangle ABO$

$\square EROP=\triangle ABO-(\triangle AEP+\triangle EBR)$

$=\dfrac{1}{2}\triangle ABO$

같은 방법으로

$\square POSH=\dfrac{1}{2}\triangle AOD$

$\square RFQO=\dfrac{1}{2}\triangle BCO$

$\square OQGS=\dfrac{1}{2}\triangle OCD$

따라서

$\square EFGH$

$=\square EROP+\square POSH+\square RFQO+\square OQGS$

$=\dfrac{1}{2}\triangle ABO+\dfrac{1}{2}\triangle AOD+\dfrac{1}{2}\triangle BCO$

$\quad+\dfrac{1}{2}\triangle OCD$

$=\dfrac{1}{2}\square ABCD$

⑤ $\overline{EF}=\overline{HG}$, $\overline{EH}=\overline{FG}$이므로 $\square EFGH$는 평행사변형이다.

06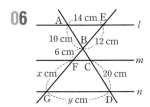

$\overline{AB} : \overline{BC} = \overline{EB} : \overline{BF}$이므로

$10 : \overline{BC} = 12 : 6$, $\overline{BC} = 5$ cm

$\overline{AB} : \overline{BD} = \overline{EB} : \overline{BG}$이므로

$10 : 25 = 12 : \overline{BG}$, $\overline{BG} = 30$ cm

$\overline{FG} = \overline{BG} - \overline{BF} = 30 - 6 = 24$ (cm)에서 $x = 24$

$\overline{AB} : \overline{BD} = \overline{AE} : \overline{GD}$이므로

$10 : 25 = 14 : \overline{GD}$, $\overline{GD} = 35$ cm, $y = 35$

따라서 $y - x = 35 - 24 = 11$

07 ① $a : b = c : d = e : f$이므로 $a : b = e : f$

② $(a+b) : b = g : h$, 즉 $(a+b) : g = b : h$이므로

  $a : g \neq b : h$

③ $c : d = h : i$인지 주어진 조건으로는 알 수 없다.

④ $e : (e+f) = i : k$, 즉 $e : i = (e+f) : k$이므로

  $e : i \neq f : k$

⑤ $c : (c+d) = i : k$, $d : (c+d) = h : g$이므로

  $h : g \neq i : k$

08 $\triangle AFD \backsim \triangle CFB$ (AA 닮음)이므로

$\overline{AD} : \overline{BC} = \overline{DF} : \overline{BF}$에서

$\overline{AD} : 12 = 4 : 10$, $\overline{AD} = \dfrac{24}{5}$ cm

또한 $\triangle ABD \backsim \triangle EBF$ (AA 닮음)이므로

$\overline{AD} : \overline{EF} = \overline{DB} : \overline{FB}$에서

$\dfrac{24}{5} : \overline{EF} = 14 : 10$, $\overline{EF} = \dfrac{24}{7}$ cm

09 $\overline{BD} = \overline{DC}$이므로 $z = 12$

점 G는 $\triangle ABC$의 무게중심이므로

$\overline{AG} : \overline{GD} = \overline{BG} : \overline{GE} = 2 : 1$에서

$x = 2\overline{GE} = 2 \times 6 = 12$

$y = \dfrac{1}{2}\overline{AG} = \dfrac{1}{2} \times 8 = 4$

따라서 $\dfrac{xy}{z} = \dfrac{12 \times 4}{12} = 4$

10 $\overline{AC}$의 중점을 F라 하면

$\triangle ADG = \triangle AGF = \triangle BGD$

$ = \triangle BEG = \triangle CGE$

$ = \triangle CFG$

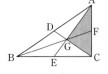

$ = \dfrac{1}{6}\triangle ABC$

이므로

$\triangle AGC = \triangle AGF + \triangle CFG$

$ = \triangle ADG + \triangle CGE$

$ = 15 \ (\text{cm}^2)$

11 두 점 G와 G′가 각각 $\triangle ABC$와 $\triangle ACD$의 무게중심이므로

$\overline{BG} : \overline{GO} = \overline{DG'} : \overline{G'O} = 2 : 1$

$\overline{GG'} = \dfrac{1}{3}\overline{BD}$

따라서

$\triangle AGG' = \dfrac{1}{3} \times \triangle ABD = \dfrac{1}{6} \times \square ABCD$

$ = \dfrac{1}{6} \times 18 = 3 \ (\text{cm}^2)$

12 $\overline{AG} : \overline{GE} = \overline{AH} : \overline{HC} = \overline{DF} : \overline{FC} = 2 : 1$이므로

$\overline{AD} : \overline{HF} = 3 : 1$, $6 : \overline{HF} = 3 : 1$

$\overline{HF} = 2$ cm

$\overline{GH} = \overline{GF} - \overline{HF} = 5 - 2 = 3$ (cm)

$\overline{GH} : \overline{EC} = \overline{AG} : \overline{AE} = 2 : 3$이므로

$3 : \overline{EC} = 2 : 3$, $\overline{EC} = \dfrac{9}{2}$ cm

따라서 $\overline{BC} = 2\overline{EC} = 2 \times \dfrac{9}{2} = 9$ (cm)

13 $\triangle GEF$와 $\triangle GBC$에서

$\angle FGE = \angle CGB$ (맞꼭지각),

$\angle FEG = \angle CBG$ (엇각)

이므로 $\triangle GEF \backsim \triangle GBC$ (AA 닮음)

$\overline{FE} : \overline{CB} = \overline{FG} : \overline{CG} = 4 : 7$ ··· 1단계

또한 $\overline{DF} = \overline{DE} - \overline{FE}$이므로

$\overline{DF} : \overline{BC} = 3 : 7$ ··· 2단계

$\triangle ADF$와 $\triangle ABC$에서

$\angle A$는 공통인 각, $\angle ADF = \angle ABC$ (동위각)

이므로 $\triangle ADF \backsim \triangle ABC$ (AA 닮음)

$\overline{AF} : \overline{AC} = \overline{DF} : \overline{BC} = 3 : 7$이므로

$\overline{AF} : (\overline{AF} + 11) = 3 : 7$, $7\overline{AF} = 3(\overline{AF} + 11)$

따라서 $\overline{AF} = \dfrac{33}{4}$ cm ··· 3단계

채점 기준표

단계	채점 기준	비율
1단계	$\overline{FE} : \overline{BC} = 4 : 7$임을 구한 경우	30 %
2단계	$\overline{DF} : \overline{BC} = 3 : 7$임을 구한 경우	30 %
3단계	$\overline{AF}$의 길이를 구한 경우	40 %

14 점 G는 △ABC의 무게중심이므로

$\overline{AD} : \overline{AB} = \overline{AF} : \overline{AC} = 2 : 3$

$\overline{AG}$는 △ADF의 중선으로 $\overline{DG} = \overline{GF}$

△HDG와 △ADF에서

∠HDG는 공통인 각, ∠DHG = ∠DAF (동위각)

이므로 △HDG∽△ADF (AA 닮음)이고, 닮음비는

$\overline{DG} : \overline{DF} = 1 : 2$

따라서 $\overline{HD} : \overline{AD} = \overline{HG} : \overline{AF} = 1 : 2$, 즉

$\overline{AH} = \overline{HD}$이고 · · · 1단계

$\overline{HG} = \dfrac{1}{2}\overline{AF} = \dfrac{1}{2} \times \dfrac{2}{3}\overline{AC} = \dfrac{1}{3}\overline{AC}$ · · · 2단계

또한 $\overline{BG}$는 △HBE의 중선으로 $\overline{HG} = \overline{GE}$

△HDG와 △HBE에서

∠DHG는 공통인 각, ∠HDG = ∠HBE (동위각)

이므로 △HDG∽△HBE (AA 닮음)이고, 닮음비는

$\overline{HG} : \overline{HE} = 1 : 2$

따라서 $\overline{HD} : \overline{HB} = \overline{DG} : \overline{BE} = 1 : 2$, 즉

$\overline{HD} = \overline{DB}$이고 · · · 3단계

$\overline{DG} = \dfrac{1}{2}\overline{BE} = \dfrac{1}{2} \times \dfrac{2}{3}\overline{BC} = \dfrac{1}{3}\overline{BC}$ · · · 4단계

따라서

(△HDG의 둘레의 길이)

$= \overline{HD} + \overline{DG} + \overline{HG} = \dfrac{1}{3}\overline{AB} + \dfrac{1}{3}\overline{BC} + \dfrac{1}{3}\overline{AC}$

$= \dfrac{1}{3} \times (\triangle ABC의 둘레의 길이)$

$= \dfrac{1}{3} \times 48 = 16 \,(\text{cm})$ · · · 5단계

채점 기준표

단계	채점 기준	비율
1단계	$\overline{AH} = \overline{HD}$임을 구한 경우	15 %
2단계	$\overline{HG} = \dfrac{1}{3}\overline{AC}$임을 구한 경우	30 %
3단계	$\overline{HD} = \overline{DB}$임을 구한 경우	15 %
4단계	$\overline{DG} = \dfrac{1}{3}\overline{BC}$임을 구한 경우	30 %
5단계	△HDG의 둘레의 길이를 구한 경우	10 %

15 △ABC는 직각삼각형이므로

$\overline{AD} = \overline{BD} = \overline{DC} = 12 \,\text{cm}$ · · · 1단계

$\overline{AG} : \overline{GD} = 2 : 1$이므로

$\overline{AG} = \dfrac{2}{3}\overline{AD} = \dfrac{2}{3} \times 12 = 8 \,(\text{cm})$

$x = 8$ · · · 2단계

또한 $\overline{AE}$는 △ADC의 중선이므로

$\overline{DE} = \overline{EC} = \dfrac{1}{2}\overline{DC} = \dfrac{1}{2} \times 12 = 6 \,(\text{cm})$

△AGG′와 △ADE에서

$\overline{AG} : \overline{AD} = \overline{GG'} : \overline{DE} = 2 : 3$

$\overline{GG'} = \dfrac{2}{3}\overline{DE} = \dfrac{2}{3} \times 6 = 4 \,(\text{cm})$

$y = 4$ · · · 3단계

따라서 $x + y = 8 + 4 = 12$ · · · 4단계

채점 기준표

단계	채점 기준	비율
1단계	$\overline{AD} = 12 \,\text{cm}$임을 구한 경우	15 %
2단계	x의 값을 구한 경우	30 %
3단계	y의 값을 구한 경우	40 %
4단계	$x + y$의 값을 구한 경우	15 %

16 $\overline{GG'} : \overline{G'D} = 2 : 1$이므로 $\overline{GG'} : \overline{GD} = 2 : 3$

$\triangle GBD = \dfrac{3}{2}\triangle GBG'$

$\quad\quad\quad = \dfrac{3}{2} \times 6 = 9 \,(\text{cm}^2)$ · · · 1단계

또한 $\overline{AG} : \overline{GD} = 2 : 1$이므로

$\overline{AD} : \overline{GD} = 3 : 1$

$\triangle ABD = 3\triangle GBD$

$\quad\quad\quad = 3 \times 9 = 27 \,(\text{cm}^2)$ · · · 2단계

따라서

$\triangle ABC = 2\triangle ABD$

$\quad\quad\quad = 2 \times 27 = 54 \,(\text{cm}^2)$ · · · 3단계

채점 기준표

단계	채점 기준	비율
1단계	△GBD의 넓이를 구한 경우	40 %
2단계	△ABD의 넓이를 구한 경우	40 %
3단계	△ABC의 넓이를 구한 경우	20 %

수학 마스터

연산, 개념, 유형, 고난도까지!
전국 수학 전문가의 노하우가 담긴
새로운 시리즈

3 | 피타고라스 정리

01 (1) 5 cm (2) 5 cm

02 48 cm²

03 82 cm²

04 169 cm²

05 (1) × (2) ○ (3) ○

06 (1) < (2) = (3) >

07 (1) $\overline{BO}^2$ (2) $\overline{AD}^2$

08 8 cm

01 ②	**02** ③	**03** ③	**04** ④	**05** ⑤
06 ⑤	**07** ③	**08** ①	**09** ②	**10** ④
11 ③	**12** ④	**13** ⑤	**14** ④	**15** ⑤
16 ②	**17** ①	**18** ①	**19** ①	**20** ③
21 ③	**22** ②	**23** ①	**24** ②	

01 직각삼각형에서 직각을 낀 두 변의 길이의 제곱의 합은 빗변의 길이의 제곱과 같으므로
$\overline{AB}^2 + \overline{BC}^2 = \overline{AC}^2$
$\overline{AB}^2 + 16^2 = 20^2$, $\overline{AB}^2 = 20^2 - 16^2 = 144$
따라서 $\overline{AB} = 12$ cm

02 $\triangle ADC = \dfrac{1}{2} \times \overline{DC} \times \overline{AC} = \dfrac{1}{2} \times 9 \times \overline{AC}$
$\qquad\qquad = \dfrac{9}{2} \times \overline{AC} = 54 \ (\text{cm}^2)$
이므로 $\overline{AC} = 12$ cm
$\triangle ADC$에서 $\angle C = 90°$이므로
$\overline{AD}^2 = \overline{DC}^2 + \overline{AC}^2 = 9^2 + 12^2 = 225$
$\overline{AD} = 15$ cm
따라서 $\overline{BD} = \overline{AD} = 15$ cm

03 $\triangle ABD$에서 $\overline{AB}^2 + \overline{AD}^2 = \overline{BD}^2$이므로
$\overline{AB}^2 = \overline{BD}^2 - \overline{AD}^2 = 25^2 - 15^2 = 400$
$\overline{AB} = 20$ cm
또한 $\triangle BCD$에서 $\overline{BC}^2 + \overline{CD}^2 = \overline{BD}^2$이므로

$\overline{BC}^2 = \overline{BD}^2 - \overline{CD}^2 = 25^2 - 7^2 = 576$
$\overline{BC} = 24$ cm
따라서
$(\square ABCD$의 둘레의 길이$) = \overline{AB} + \overline{BC} + \overline{CD} + \overline{DA}$
$\qquad\qquad\qquad\qquad = 20 + 24 + 7 + 15$
$\qquad\qquad\qquad\qquad = 66 \ (\text{cm})$

04 $\triangle ACD$에서 $\overline{AC}^2 + \overline{CD}^2 = \overline{AD}^2$이므로
$\overline{AC}^2 = \overline{AD}^2 - \overline{CD}^2 = 10^2 - 8^2 = 36$
$\overline{AC} = 6$ cm
따라서
$\square ABCD = 2 \times \triangle ACD = 2 \times \dfrac{1}{2} \times 6 \times 8$
$\qquad\qquad = 48 \ (\text{cm}^2)$

05 $\overline{AC} \perp \overline{BD}$이므로 $\triangle AOD$에서 $\overline{AO}^2 + \overline{OD}^2 = \overline{AD}^2$
$\overline{AO}^2 = \overline{AD}^2 - \overline{OD}^2 = 13^2 - 12^2 = 25$
$\overline{AO} = 5$ cm, $\overline{AC} = 10$ cm
따라서
$\square ABCD = \dfrac{1}{2} \times \overline{BD} \times \overline{AC} = \dfrac{1}{2} \times 24 \times 10$
$\qquad\qquad = 120 \ (\text{cm}^2)$

06 점 A에서 $\overline{BC}$에 내린 수선의 발을
E라 하자.

$\square AECD$는 직사각형이므로
$\overline{EC} = \overline{AD} = 11$ cm
$\overline{BE} = \overline{BC} - \overline{EC} = 20 - 11 = 9 \ (\text{cm})$
또한 $\triangle ABE$에서 $\overline{AE}^2 + \overline{BE}^2 = \overline{AB}^2$이므로
$\overline{AE}^2 = \overline{AB}^2 - \overline{BE}^2 = 15^2 - 9^2 = 144$
$\overline{AE} = \overline{DC} = 12$ cm
따라서
$\square ABCD = \dfrac{1}{2} \times (\overline{AD} + \overline{BC}) \times \overline{DC}$
$\qquad\qquad = \dfrac{1}{2} \times (11 + 20) \times 12$
$\qquad\qquad = 186 \ (\text{cm}^2)$

07 $\triangle ACG \equiv \triangle HCB$ (SAS 합동)이므로 두 삼각형의 넓이는 같다.
$\triangle HCB$와 $\triangle ACH$의 밑변의 길이와 높이가 각각 같으므로 두 삼각형은 넓이가 같다.
$\triangle ACG$와 $\triangle CJG$의 밑변의 길이와 높이가 각각 같으므로 두 삼각형은 넓이가 같다.
따라서 넓이가 다른 도형은 $\triangle AKG$이다.

08 □ADEB+□ACHI=□BFGC이므로

□ACHI=□BFGC−□ADEB

$\qquad$ =169−144=25 (cm²)

따라서 $\overline{\text{AC}}$=5 cm

09 ① △ABC=$\frac{1}{2}\times\overline{\text{AB}}\times\overline{\text{AC}}$=$\frac{1}{2}\times6\times8$

$\qquad$ =24 (cm²)

②, ③ △AGC와 △HBC에서

$\overline{\text{CG}}=\overline{\text{BC}}$, $\overline{\text{AC}}=\overline{\text{CH}}$, ∠ACG=∠HCB이므로

△AGC≡△HBC (SAS 합동)

따라서 △AGC=△HBC=△ACH=32 cm²

④ △ABC에서 $\overline{\text{AB}}^2+\overline{\text{AC}}^2=\overline{\text{BC}}^2$=100이므로

□BFGC=100 cm²

⑤ □ADEB=2×△EBA=2×△EBC

$\qquad\qquad$ =2×△ABF=2×△BFJ

$\qquad\qquad$ =□BFKJ

따라서 옳지 않은 것은 ②이다.

10 $\overline{\text{AH}}=\overline{\text{EB}}=\overline{\text{FC}}=\overline{\text{DG}}$=15,

$\overline{\text{AE}}=\overline{\text{BF}}=\overline{\text{CG}}=\overline{\text{DH}}$=8,

∠A=∠B=∠C=∠D=90°이므로

△AEH≡△BFE≡△CGF≡△DHG (SAS 합동)

또한 △AEH에서

$\overline{\text{AE}}^2+\overline{\text{AH}}^2=\overline{\text{EH}}^2$, $8^2+15^2=\overline{\text{EH}}^2$

따라서 □EFGH=$\overline{\text{EH}}^2$=289

11

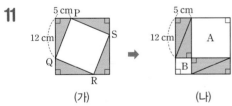

(가) (나)

(가)에서 네 개의 직각삼각형이 합동이므로

□PQRS는 정사각형임을 알 수 있다.

또한 (나)는 (가)의 도형을 재배치한 것이므로 (가)와 (나)의 넓이는 같다.

따라서

(A와 B의 넓이의 합)=□PQRS=$\overline{\text{PQ}}^2$

$\qquad\qquad\qquad\qquad$ =5^2+12^2=169 (cm²)

12 삼각형의 세 변의 길이가

(가장 긴 변의 길이의 제곱)

=(나머지 두 변의 길이의 제곱의 합)

을 만족하면 직각삼각형이 된다.

① $2^2\neq1^2+\left(\frac{4}{3}\right)^2$

② $\left(\frac{14}{5}\right)^2\neq1^2+\left(\frac{12}{5}\right)^2$

③ $\left(\frac{20}{3}\right)^2\neq4^2+5^2$

④ $\left(\frac{17}{2}\right)^2=4^2+\left(\frac{15}{2}\right)^2$이므로 세 변의 길이가 4, $\frac{15}{2}$, $\frac{17}{2}$인 삼각형은 직각삼각형이다.

⑤ $25^2\neq7^2+23^2$

13 5<a<13이므로 세 변의 길이 중 가장 긴 변의 길이는 13이다. 직각삼각형이 되기 위해서는

$13^2=5^2+a^2$, $a^2=13^2-5^2$=144

따라서 a=12

14 두 삼각형 A와 B가 직각삼각형이 되기 위해서는

$10^2=6^2+x^2$, $17^2=x^2+15^2$이어야 한다.

따라서 x^2=64에서 x=8

15 예각삼각형이 되기 위해서는

(가장 긴 변의 길이의 제곱)

<(나머지 두 변의 길이의 제곱의 합)

을 만족해야 한다.

① $3^2>2^2+2^2$이므로 둔각삼각형이다.

② $4^2>3^2+2^2$이므로 둔각삼각형이다.

③ $5^2=4^2+3^2$이므로 직각삼각형이다.

④ $6^2>3^2+4^2$이므로 둔각삼각형이다.

⑤ $6^2<5^2+4^2$이므로 예각삼각형이다.

16 (i) 2<a≤6인 경우

세 변의 길이 중 가장 긴 변의 길이는 6 cm이므로 둔각삼각형이 되려면

$6^2>4^2+a^2$, 20>a^2

따라서 가능한 자연수 a는 3, 4이다.

(ii) 6<a<10인 경우

세 변의 길이 중 가장 긴 변의 길이는 a cm이므로 둔각삼각형이 되려면

$a^2>4^2+6^2$, a^2>52

따라서 가능한 자연수 a는 8, 9이다.

(i), (ii)에서 자연수 a의 개수는 3, 4, 8, 9의 4개이다.

17 $\overline{\text{AB}}^2+\overline{\text{CD}}^2$

$\quad =(\overline{\text{AO}}^2+\overline{\text{BO}}^2)+(\overline{\text{OC}}^2+\overline{\text{OD}}^2)$

$\quad =(\overline{\text{AO}}^2+\overline{\text{OD}}^2)+(\overline{\text{BO}}^2+\overline{\text{OC}}^2)$

$$= \overline{AD}^2 + \overline{BC}^2 = 10^2 + 4^2 = 116$$

18 $\overline{DE}^2 + \overline{BC}^2$
$$= (\overline{AD}^2 + \overline{AE}^2) + (\overline{AB}^2 + \overline{AC}^2)$$
$$= (\overline{AD}^2 + \overline{AC}^2) + (\overline{AB}^2 + \overline{AE}^2)$$
$$= \overline{DC}^2 + \overline{BE}^2 = 200$$
이므로
$$\overline{DE}^2 = 200 - \overline{BC}^2 = 200 - (\overline{AB}^2 + \overline{AC}^2)$$
$$= 200 - (12^2 + 5^2) = 31$$

19 (색칠한 두 반원의 넓이)
$$= \frac{1}{2} \times \pi \times \left(\frac{\overline{AB}}{2}\right)^2 + \frac{1}{2} \times \pi \times \left(\frac{\overline{AC}}{2}\right)^2$$
$$= \frac{1}{2} \times \pi \times \frac{\overline{AB}^2 + \overline{AC}^2}{4} = \frac{1}{2} \times \pi \times \frac{\overline{BC}^2}{4}$$
$$= \frac{1}{2} \times \pi \times \frac{20^2}{4} = 50\pi \ (cm^2)$$

20 △ABC에서 $\overline{AB}^2 + \overline{AC}^2 = \overline{BC}^2$이므로
$$6^2 + 8^2 = \overline{BC}^2, \ \overline{BC} = 10 \ cm$$
또한
$$\triangle ABC = \frac{1}{2} \times \overline{AB} \times \overline{AC} = \frac{1}{2} \times \overline{BC} \times \overline{AH}$$
이므로
$$\overline{AB} \times \overline{AC} = \overline{BC} \times \overline{AH}, \ 6 \times 8 = 10 \times \overline{AH}$$
따라서 $\overline{AH} = \dfrac{24}{5} \ cm$

21 △ADE에서 $\overline{AD}^2 + \overline{DE}^2 = \overline{AE}^2$이므로
$$\overline{DE}^2 = \overline{AE}^2 - \overline{AD}^2 = 15^2 - 12^2 = 81$$
$$\overline{DE} = 9$$
또한 △ADE∽△ABC이고,
닮음비는 $\overline{AD} : \overline{AB} = 1 : 2$이므로
$$\overline{DE} : \overline{BC} = 1 : 2, \ 9 : \overline{BC} = 1 : 2$$
$$\overline{BC} = 18$$
△DBC에서 $\overline{DC}^2 = \overline{DB}^2 + \overline{BC}^2 = 12^2 + 18^2 = 468$

22 주어진 직육면체의 전개도를 그리면 다음과 같다.

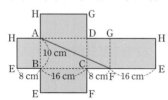

꼭짓점 A에서 모서리 CD를 지나 꼭짓점 F에 이르는
최단 거리는 $\overline{AF}$이다.
△ABF에서

$$\overline{AF}^2 = \overline{AB}^2 + \overline{BF}^2 = 10^2 + 24^2 = 676$$
따라서 $\overline{AF} = 26 \ cm$

23 주어진 원기둥의 전개도를 그리면 다음과 같다.

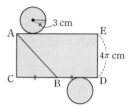

점 A에서 반 바퀴를 돌아 점 B에 이르는 최단 거리는
$\overline{AB}$이다.
△ACB에서
$$\overline{AB}^2 = \overline{AC}^2 + \overline{CB}^2 = \overline{AC}^2 + \left(\frac{1}{2} \times \overline{CD}\right)^2$$
$$= (4\pi)^2 + \left(\frac{1}{2} \times 6\pi\right)^2 = 16\pi^2 + 9\pi^2 = 25\pi^2$$
따라서 $\overline{AB} = 5\pi \ cm$

24 부채꼴 AOB의 중심각의 크기가 216°이므로
(부채꼴 AOB의 호의 길이)
$$= 2 \times \pi \times 20 \times \frac{216°}{360°} = 24\pi$$
또한 $2 \times \pi \times$ (밑면의 반지름의 길이) $= 24\pi$이므로
(밑면의 반지름의 길이) $= 12 \ cm$
오른쪽 원뿔의 △OHB에서
$\overline{OH}^2 + \overline{HB}^2 = \overline{OB}^2$이므로
$$\overline{OH}^2 = \overline{OB}^2 - \overline{HB}^2$$
$$= 20^2 - 12^2 = 256$$

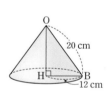

$$\overline{OH} = 16 \ cm$$
따라서 원뿔의 높이는 16 cm이다.

본문 58~59쪽

기출 예상 문제

01 ⑤	02 ①	03 ③	04 ③	05 ⑤
06 ①	07 ④	08 ①	09 ②	10 ⑤
11 ④	12 ②			

01 직사각형을 한 대각선으로 나눌
때 생기는 삼각형은 직각삼각형
으로
(대각선의 길이)²
= (가로의 길이)² + (세로의 길이)²

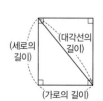

이 성립한다.

① (대각선의 길이)^2=3^2+4^2=25이므로

(대각선의 길이)=5 cm

② (대각선의 길이)^2=6^2+8^2=100이므로

(대각선의 길이)=10 cm

③ (대각선의 길이)^2=9^2+12^2=225이므로

(대각선의 길이)=15 cm

④ (대각선의 길이)^2=12^2+5^2=169이므로

(대각선의 길이)=13 cm

⑤ (대각선의 길이)^2=15^2+8^2=289이므로

(대각선의 길이)=17 cm

따라서 대각선의 길이가 가장 긴 것은 ⑤이다.

02 △ABD에서 $\overline{AD}^2$+$\overline{BD}^2$=$\overline{AB}^2$이므로

$\overline{BD}^2$=$\overline{AB}^2$-$\overline{AD}^2$=10^2-8^2=36

$\overline{BD}$=6 cm

또한 △ADC에서 $\overline{AD}^2$+$\overline{DC}^2$=$\overline{AC}^2$이므로

$\overline{DC}^2$=$\overline{AC}^2$-$\overline{AD}^2$=17^2-8^2=225

$\overline{DC}$=15 cm

따라서 $\overline{BC}$=$\overline{BD}$+$\overline{DC}$=6+15=21 (cm)

03 △BCD에서 $\overline{BC}^2$+$\overline{CD}^2$=$\overline{BD}^2$이므로

$\overline{BD}^2$=3^2+4^2, $\overline{BD}$=5 cm

또한 $\overline{BD}\perp\overline{OC}$이므로

$\overline{BC}\times\overline{CD}$=$\overline{BD}\times\overline{OC}$

3×4=$5\times\overline{OC}$, $\overline{OC}$=$\dfrac{12}{5}$ cm

따라서

$\square ABCD$=$\dfrac{1}{2}\times\overline{BD}\times\overline{AC}$

$=\dfrac{1}{2}\times\overline{BD}\times(\overline{AO}+\overline{OC})$

$=\dfrac{1}{2}\times5\times\left(6+\dfrac{12}{5}\right)$

$=21$ (cm^2)

04 △ABC에서

$\overline{AC}^2$+$\overline{BC}^2$=$\overline{AB}^2$이므로

$\overline{BC}^2$=$\overline{AB}^2$-$\overline{AC}^2$

$=14^2$-6^2=160

△EBC와 △ABF에서

$\overline{EB}$=$\overline{AB}$, $\overline{BC}$=$\overline{BF}$,

$\angle EBC$=$\angle ABF$

이므로 △EBC≡△ABF (SAS 합동)

따라서

△EBC=△ABF=△CBF

$=\dfrac{1}{2}\times\square BFGC$=$\dfrac{1}{2}\times\overline{BC}^2$

$=\dfrac{1}{2}\times160$=80 (cm^2)

05 $\square EFGH$=49 cm^{2}이므로 $\overline{FG}$=7 cm

$\overline{FC}$=$\overline{FG}$+$\overline{GC}$=7+10=17 (cm)

△FBC에서 $\overline{BF}^2$+$\overline{FC}^2$=$\overline{BC}^2$이므로

$\overline{BC}^2$=10^2+17^2=389

따라서 $\square ABCD$의 넓이는 389 cm^{2}이다.

다른 풀이

$\square ABCD$=4×△FBC+$\square EFGH$

$=4\times\left(\dfrac{1}{2}\times\overline{BF}\times\overline{FC}\right)$+$\square EFGH$

$=340+49$=389 (cm^2)

06 삼각형의 세 변의 길이가

(가장 긴 변의 길이의 제곱)

=(나머지 두 변의 길이의 제곱의 합)

을 만족하면 직각삼각형이다.

① 세 변의 길이를 $4k$, $5k$, $3k$라 하면

$(5k)^2$=$(3k)^2$+$(4k)^2$이므로 직각삼각형이다.

② 세 변의 길이를 $4k$, $2k$, $3k$라 하면

$(4k)^2$≠$(2k)^2$+$(3k)^2$이므로 직각삼각형이 아니다.

③ 세 변의 길이를 $5k$, $6k$, $2k$라 하면

$(6k)^2$≠$(2k)^2$+$(5k)^2$이므로 직각삼각형이 아니다.

④ 세 변의 길이를 $12k$, $7k$, $11k$라 하면

$(12k)^2$≠$(7k)^2$+$(11k)^2$이므로 직각삼각형이 아니다.

⑤ 세 변의 길이를 $13k$, $5k$, $9k$라 하면

$(13k)^2$≠$(5k)^2$+$(9k)^2$이므로 직각삼각형이 아니다.

07 △ABD의 세 변 중 가장 긴 변의 길이는 13이고,

13^2=5^2+12^2을 만족하므로 △ABD는 $\angle A$=90°인

직각삼각형이다.

△BCD의 세 변 중 가장 긴 변의 길이는 13이고,

13^2>8^2+9^2을 만족하므로 △BCD는 $\angle C$>90°인 둔

각삼각형이다.

08 ① a^2>b^2+c^2이면 $\angle A$>90°인 둔각삼각형이므로

$\angle B$<90°, $\angle C$<90°이다.

② c^2<a^2+b^2이면 $\angle C$<90°이다.

③ a^2=b^2+c^2이면 $\angle A$=90°인 직각삼각형이다.

④ b^2>a^2+c^2이면 $\angle B$>90°인 둔각삼각형이다.

⑤ $c^2>a^2+b^2$이면 ∠C>90°인 둔각삼각형이므로
∠A<90°이다.

09 △ABC에서 $\overline{AB}^2+\overline{AC}^2=\overline{BC}^2$이므로
$\overline{BC}^2=4^2+3^2=25$, $\overline{BC}=5$ cm
또한 $\overline{AH}\perp\overline{BC}$이므로 $\overline{AB}\times\overline{AC}=\overline{AH}\times\overline{BC}$
$4\times3=\overline{AH}\times5$, $\overline{AH}=\dfrac{12}{5}$ cm

△ABC와 △HBA에서
∠ABH는 공통인 각, ∠BAC=∠BHA=90°
이므로 △ABC∽△HBA (AA 닮음)
$\overline{BH}:\overline{AH}=\overline{BA}:\overline{CA}=4:3$이므로
$\overline{BH}:\dfrac{12}{5}=4:3$, $\overline{BH}=\dfrac{48}{5}\times\dfrac{1}{3}=\dfrac{16}{5}$ (cm)
따라서
$$\begin{aligned}
\triangle ABH&=\frac{1}{2}\times\overline{BH}\times\overline{AH}\\
&=\frac{1}{2}\times\frac{16}{5}\times\frac{12}{5}=\frac{96}{25}\ (\text{cm}^2)
\end{aligned}$$

10 점 F는 두 중선 $\overline{BE}$, $\overline{CD}$의 교점이므로
△ABC의 무게중심이다.
$\overline{DF}:\overline{FC}=\overline{EF}:\overline{FB}=1:2$이므로
$\overline{FC}=2\overline{DF}=2\times4=8$
$\overline{FB}=2\overline{EF}=2\times5=10$
따라서
$$\begin{aligned}
\overline{DE}^2+\overline{BC}^2&=(\overline{AD}^2+\overline{AE}^2)+(\overline{AB}^2+\overline{AC}^2)\\
&=(\overline{AD}^2+\overline{AC}^2)+(\overline{AB}^2+\overline{AE}^2)\\
&=\overline{DC}^2+\overline{BE}^2=12^2+15^2=369
\end{aligned}$$

11 △ADC에서
$\overline{AC}^2=\overline{AD}^2+\overline{CD}^2=6^2+8^2=100$, $\overline{AC}=10$ cm
또한 △BCD에서
$\overline{BC}^2=\overline{DB}^2+\overline{DC}^2=15^2+8^2=289$, $\overline{BC}=17$ cm
따라서
$$\begin{aligned}
(총 이동한 경로의 길이)&=\overline{AD}+\overline{DB}+\overline{BC}+\overline{CA}\\
&=6+15+17+10\\
&=48\ (\text{cm})
\end{aligned}$$

12 원뿔의 옆면의 전개도를 그
리면 오른쪽 그림과 같다.
점 A에서 옆면을 따라 한
바퀴를 돈 후 다시 점 A에
도달하는 최단 거리는 $\overline{AA'}$
이다.

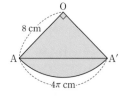

또한 원뿔의 밑면의 반지름의 길이가 2 cm이므로
$\overset{\frown}{AA'}=4\pi$ cm이고, 부채꼴 OAA′에서
$2\times\pi\times8\times\dfrac{\angle AOA'}{360°}=4\pi$, $\angle AOA'=90°$
$\overline{AA'}^2=\overline{OA}^2+\overline{OA'}^2=8^2+8^2=128$
따라서 $a^2=128$

본문 60~61쪽

고난도 집중 연습

1 18 cm²	**1-1** $\dfrac{5}{2}$ cm	**2** $\dfrac{333}{50}$ cm²	**2-1** 98 cm²
3 6	**3-1** 33	**4** 49π cm³	**4-1** 312π cm³

1

풀이 전략 두 점 A와 C를 잇는 보조선을 그려 본다.

점 F는 △ABC의 두 중선 $\overline{AE}$
와 $\overline{DC}$의 교점이므로
△ABC의 무게중심이다.
$\overline{AF}:\overline{FE}=2:1$이므로
$\overline{AF}=2\overline{FE}=2\times5=10$ (cm)
$\overline{AE}=15$ cm
△ABE에서 $\overline{AB}^2+\overline{BE}^2=\overline{AE}^2$이므로
$\overline{BE}^2=\overline{AE}^2-\overline{AB}^2=15^2-12^2=81$, $\overline{BE}=9$ cm
따라서
$$\begin{aligned}
\triangle FEC&=\frac{1}{2}\times\triangle FBC=\frac{1}{6}\times\triangle ABC\\
&=\frac{1}{6}\times\frac{1}{2}\times\overline{AB}\times\overline{BC}\\
&=\frac{1}{6}\times\frac{1}{2}\times12\times18=18\ (\text{cm}^2)
\end{aligned}$$

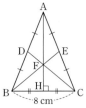

1-1

풀이 전략 $\overline{AF}$의 연장선을 그려 본다.

점 F는 △ABC의 두 중선 $\overline{BE}$와 $\overline{CD}$의
교점이므로 △ABC의 무게중심이다.
따라서 꼭짓점 A에서 중선을 그으면
점 F를 지나고 $\overline{AF}$의 연장선과 $\overline{BC}$의
교점을 H라 하면 $\overline{BH}=\overline{HC}$
또한 △ABC는 이등변삼각형이므로 $\overline{AH}\perp\overline{BC}$
$\triangle ABC=\dfrac{1}{2}\times\overline{BC}\times\overline{AH}=\dfrac{1}{2}\times8\times\overline{AH}=36\ (\text{cm}^2)$
이므로 $\overline{AH}=9$ cm
또한 $\overline{AF}:\overline{FH}=2:1$이므로

$\overline{FH}=\dfrac{1}{3}\overline{AH}=\dfrac{1}{3}\times 9=3\,(\text{cm})$

$\triangle FHC$에서 $\overline{FC}^2=\overline{FH}^2+\overline{HC}^2=3^2+4^2=25$이므로

$\overline{FC}=5\,\text{cm}$

따라서 $\overline{DF}:\overline{FC}=1:2$이므로

$\overline{DF}=\dfrac{1}{2}\overline{FC}=\dfrac{1}{2}\times 5=\dfrac{5}{2}\,(\text{cm})$

2

풀이 전략 □HJBC는 사다리꼴임을 이용한다.

□BFGC$=9\,\text{cm}^2$이므로 $\overline{BC}=3\,\text{cm}$

□ADEB$=16\,\text{cm}^2$이므로 $\overline{AB}=4\,\text{cm}$

또한 $\overline{AC}^2=\overline{AB}^2+\overline{BC}^2=4^2+3^2=25$이므로

□CHIA$=25\,\text{cm}^2$이고, $\overline{AC}=5\,\text{cm}$

$\triangle ABC$에서 $\overline{AC}\times\overline{JB}=\overline{AB}\times\overline{BC}=12$이므로

$5\times\overline{JB}=12$, $\overline{JB}=\dfrac{12}{5}\,\text{cm}$

$\triangle ABC$와 $\triangle BJC$에서

$\angle JCB$는 공통인 각, $\angle ABC=\angle BJC=90^\circ$

이므로 $\triangle ABC\backsim\triangle BJC$ (AA 닮음)

$\overline{BC}:\overline{JC}=\overline{AC}:\overline{BC}=5:3$이므로

$3:\overline{JC}=5:3$, $\overline{JC}=\dfrac{9}{5}\,\text{cm}$

따라서

$\square HJBC=\dfrac{1}{2}\times(\overline{JB}+\overline{HC})\times\overline{JC}$

$=\dfrac{1}{2}\times\left(\dfrac{12}{5}+5\right)\times\dfrac{9}{5}$

$=\dfrac{333}{50}\,(\text{cm}^2)$

2-1

풀이 전략 점 C에서 $\overline{AB}$와 $\overline{DE}$에 수선의 발을 내려 본다.

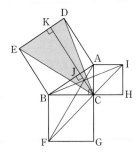

□BFGC$=100\,\text{cm}^2$이므로 $\overline{BC}=10\,\text{cm}$

□ACHI$=36\,\text{cm}^2$이므로 $\overline{AC}=6\,\text{cm}$

또한 $\overline{BA}^2=\overline{BC}^2+\overline{AC}^2=100+36=136$이므로

□ADEB$=136\,\text{cm}^2$

점 C에서 $\overline{BA}$, $\overline{ED}$에 내린 수선의 발을 각각 J, K라 하면

$\triangle EBC=\triangle ABF=\triangle CBF=50\,\text{cm}^2$

$\triangle DCA=\triangle BIA=\triangle ACI=18\,\text{cm}^2$

따라서

$\triangle CDE=\square ADEB+\triangle ABC-(\triangle EBC+\triangle DCA)$

$=136+\dfrac{1}{2}\times 10\times 6-(50+18)=98\,(\text{cm}^2)$

3

풀이 전략 a의 값에 따라 세 변 중 길이가 가장 긴 변이 달라짐을 이용하여 a의 값의 범위를 나눠 생각해본다.

(i) $a\le 10$인 경우

삼각형 A의 가장 긴 변의 길이는 10이므로 직각삼각형이 되려면

$10^2=8^2+a^2$, $a^2=36$, $a=6$

따라서 삼각형 B의 세 변의 길이는 6, $\dfrac{7}{4}$, $\dfrac{25}{4}$이고, 이 중 가장 긴 변의 길이는 $\dfrac{25}{4}$이다.

$\left(\dfrac{25}{4}\right)^2=\left(\dfrac{7}{4}\right)^2+6^2$을 만족하므로 삼각형 B는 직각삼각형이다.

따라서 $a=6$이면 두 삼각형은 모두 직각삼각형이다.

(ii) $a>10$인 경우

삼각형 A의 가장 긴 변의 길이는 a이므로 직각삼각형이 되려면

$a^2=8^2+10^2=164$

이때 삼각형 B의 세 변의 길이 a, $\dfrac{7}{4}$, $\dfrac{25}{4}$에 대해

$a^2=164\ne\left(\dfrac{7}{4}\right)^2+\left(\dfrac{25}{4}\right)^2$이므로 삼각형 B는 직각삼각형이 아니다.

(i), (ii)에서 문제의 조건을 만족하는 a의 값은 6이다.

3-1

풀이 전략 a의 값에 따라 세 변 중 길이가 가장 긴 변이 달라짐을 이용하여 a의 값의 범위를 나눠 생각해본다.

(i) $a\le 10$인 경우

삼각형 A의 가장 긴 변의 길이는 10이므로 예각삼각형이 되려면

$10^2<8^2+a^2$, $36<a^2$

따라서 가능한 자연수 a의 값은 7, 8, 9, 10이다.

이 중 삼각형 B가 예각삼각형이 되는 경우를 찾아보자.

① $a=7$인 경우: $12^2>7^2+7^2$이므로 삼각형 B는 둔각삼각형이다.

② $a=8$인 경우: $12^2>8^2+7^2$이므로 삼각형 B는 둔각삼각형이다.

③ $a=9$인 경우: $12^2>9^2+7^2$이므로 삼각형 B는 둔각삼각형이다.

④ $a=10$인 경우: $12^2<10^2+7^2$이므로 삼각형 B는 예각삼각형이다.

따라서 $a=10$인 경우 두 삼각형은 모두 예각삼각형이다.

(ii) $a>10$인 경우

삼각형 A의 가장 긴 변의 길이는 a이므로 예각삼각형이 되려면

$a^2<8^2+10^2=164$

따라서 가능한 자연수 a의 값은 11, 12이다.

이 중 삼각형 B가 예각삼각형이 되는 경우를 찾아보자.

① $a=11$인 경우: $12^2<11^2+7^2$이므로 삼각형 B는 예각삼각형이다.

② $a=12$인 경우: $12^2<12^2+7^2$이므로 삼각형 B는 예각삼각형이다.

따라서 $a=11$, $a=12$인 경우 두 삼각형은 모두 예각삼각형이다.

(i), (ii)에서 두 삼각형 모두 예각삼각형이 되도록 하는 자연수 a는 10, 11, 12이고, 그 합은 $10+11+12=33$

4

[풀이 전략] 원뿔대를 연장하여 자르기 전의 원뿔을 그려 본다.

자르기 전의 원뿔은 다음 그림과 같다.

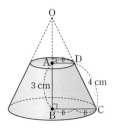

$\triangle OAD$와 $\triangle OBC$에서

$\angle AOD$는 공통인 각, $\angle OAD=\angle OBC=90°$

이므로 $\triangle OAD\backsim\triangle OBC$ (AA 닮음)이고, 닮음비는

$\overline{AD}:\overline{BC}=1:2$

따라서 $\overline{OA}=3$ cm, $\overline{OD}=4$ cm

$\triangle OAD$에서 $\overline{OA}^2+\overline{AD}^2=\overline{OD}^2$이므로

$\overline{AD}^2=\overline{OD}^2-\overline{OA}^2=4^2-3^2=7$

$\triangle OBC$에서 $\overline{OB}^2+\overline{BC}^2=\overline{OC}^2$이므로

$\overline{BC}^2=\overline{OC}^2-\overline{OB}^2=8^2-6^2=28$

따라서

(원뿔대의 부피)

=(큰 원뿔의 부피)-(작은 원뿔의 부피)

$=\dfrac{1}{3}\times\pi\times\overline{BC}^2\times\overline{OB}-\dfrac{1}{3}\times\pi\times\overline{AD}^2\times\overline{OA}$

$=\dfrac{1}{3}\times\pi\times28\times6-\dfrac{1}{3}\times\pi\times7\times3=49\pi$ (cm³)

4-1

[풀이 전략] 원뿔대를 연장하여 자르기 전의 원뿔을 그려 본다.

자르기 전의 원뿔은 다음 그림과 같다.

$\triangle OED$와 $\triangle OFC$에서

$\angle EOD$는 공통인 각,

$\angle OED=\angle OFC=90°$

이므로 $\triangle OED\backsim\triangle OFC$ (AA 닮음)

이고, 닮음비는

$\overline{ED}:\overline{FC}=\overline{AD}:\overline{BC}=1:3$

$\overline{OD}:\overline{DC}=1:2$에서

$\overline{OD}:10=1:2$, $\overline{OD}=5$ cm

$\overline{OE}:\overline{EF}=1:2$에서

$\overline{OE}:8=1:2$, $\overline{OE}=4$ cm

$\triangle OED$에서 $\overline{OE}^2+\overline{ED}^2=\overline{OD}^2$이므로

$\overline{ED}^2=\overline{OD}^2-\overline{OE}^2=5^2-4^2=9$

$\triangle OFC$에서 $\overline{OF}^2+\overline{FC}^2=\overline{OC}^2$이므로

$\overline{FC}^2=\overline{OC}^2-\overline{OF}^2=15^2-12^2=81$

따라서

(원뿔대의 부피)

=(큰 원뿔의 부피)-(작은 원뿔의 부피)

$=\dfrac{1}{3}\times\pi\times\overline{FC}^2\times\overline{OF}-\dfrac{1}{3}\times\pi\times\overline{ED}^2\times\overline{OE}$

$=\dfrac{1}{3}\times\pi\times81\times12-\dfrac{1}{3}\times\pi\times9\times4=312\pi$ (cm³)

[서술형 집중 연습]   본문 62~63쪽

예제 1 풀이 참조   유제 1 512 cm²
예제 2 풀이 참조   유제 2 5, 6, 7, 11, 12, 13
예제 3 풀이 참조   유제 3 98π cm²
예제 4 풀이 참조   유제 4 21

예제 1

두 점 A와 D에서 $\overline{BC}$에 내린 수선의 발을 각각 E, F라 하자.

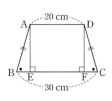

$\square ABCD$

$=\dfrac{1}{2}\times(\overline{AD}+\overline{BC})\times\overline{AE}$

$=\dfrac{1}{2}\times\boxed{50}\times\overline{AE}=300$

$\overline{AE}=\boxed{12}$ cm   • • • 1단계

$\triangle ABE$와 $\triangle DCF$에서

$\overline{AB}=\overline{DC}$, $\angle AEB=\angle DFC=90°$, $\angle ABE=\angle DCF$

이므로 △ABE≡△DCF (RHA 합동)이고,

$\overline{BE}=\overline{FC}=\boxed{5}$ cm

△ABE에서 $\overline{AB}^2=\overline{BE}^2+\overline{AE}^2=5^2+12^2=169$

$\overline{AB}=\boxed{13}$ cm ··· 2단계

따라서

(□ABCD의 둘레의 길이)$=\overline{AB}+\overline{BC}+\overline{CD}+\overline{DA}$

$=13+30+13+20$

$=\boxed{76}$ (cm) ··· 3단계

채점 기준표

단계	채점 기준	비율
1단계	사다리꼴의 높이를 구한 경우	40 %
2단계	$\overline{AB}$ 또는 $\overline{DC}$의 길이를 구한 경우	40 %
3단계	□ABCD의 둘레의 길이를 구한 경우	20 %

유제 1

두 점 A와 D에서 $\overline{BC}$에 내린 수
선의 발을 각각 E, F라 하자.

$\overline{BC}=104-20×3=44$ (cm)

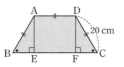

또한 △ABE와 △DCF에서

$\overline{AB}=\overline{DC}$, $\angle AEB=\angle DFC=90°$, $\angle ABE=\angle DCF$

이므로 △ABE≡△DCF (RHA 합동)이고,

$\overline{BE}=\overline{FC}=\dfrac{1}{2}×(44-20)=12$ (cm) ··· 1단계

△ABE에서 $\overline{BE}^2+\overline{AE}^2=\overline{AB}^2$이므로

$\overline{AE}^2=\overline{AB}^2-\overline{BE}^2=20^2-12^2=256$

$\overline{AE}=16$ cm ··· 2단계

따라서

$\square ABCD=\dfrac{1}{2}×(\overline{AD}+\overline{BC})×\overline{AE}$

$=\dfrac{1}{2}×64×16=512$ (cm²) ··· 3단계

채점 기준표

단계	채점 기준	비율
1단계	$\overline{BE}$ 또는 $\overline{FC}$의 길이를 구한 경우	40 %
2단계	사다리꼴의 높이를 구한 경우	40 %
3단계	□ABCD의 넓이를 구한 경우	20 %

예제 2

$7<a<12$이므로 삼각형의 세 변의 길이 중 가장 긴 변의 길
이는 $\boxed{12}$ cm이다. ··· 1단계

삼각형이 둔각삼각형이 되기 위해서는

(가장 긴 변의 길이의 제곱)

>(나머지 두 변의 길이의 제곱의 합)

을 만족해야 하므로

$\boxed{12}^2>\boxed{7}^2+a^2$, $\boxed{95}>a^2$ ··· 2단계

따라서 가능한 자연수 a의 값은 $\boxed{8}$, $\boxed{9}$이다. ··· 3단계

채점 기준표

단계	채점 기준	비율
1단계	가장 긴 변의 길이를 구한 경우	30 %
2단계	둔각삼각형이 되기 위한 식을 세운 경우	40 %
3단계	가능한 a의 값을 구한 경우	30 %

유제 2

(i) $4<a≤9$인 경우

삼각형의 가장 긴 변의 길이는 9 cm이다.

삼각형이 둔각삼각형이 되기 위해서는

(가장 긴 변의 길이의 제곱)

>(나머지 두 변의 길이의 제곱의 합)

을 만족해야 하므로

$9^2>5^2+a^2$, $56>a^2$ ··· 1단계

따라서 가능한 자연수 a의 값은 5, 6, 7이다. ··· 2단계

(ii) $9<a<14$인 경우

삼각형의 가장 긴 변의 길이는 a cm이다.

$a^2>5^2+9^2=106$

따라서 가능한 자연수 a의 값은 11, 12, 13이다.

··· 3단계

(i), (ii)에서 가능한 자연수 a의 값은

5, 6, 7, 11, 12, 13 ··· 4단계

채점 기준표

단계	채점 기준	비율
1단계	$4<a≤9$인 경우에 둔각삼각형이 되기 위한 식을 세운 경우	25 %
2단계	조건을 만족하는 a의 값을 구한 경우	25 %
3단계	$9<a<14$인 경우에 둔각삼각형이 되기 위한 식을 세운 경우	25 %
4단계	조건을 만족하는 a의 값을 구한 경우	25 %

예제 3

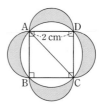

(작은 반원의 넓이)

$=\dfrac{1}{2}×\pi×\left(\dfrac{1}{2}\overline{AD}\right)^2$

$=\dfrac{1}{2}×\pi×1^2=\boxed{\dfrac{\pi}{2}}$ (cm²) ··· 1단계

$\triangle ABC$에서 $\overline{AC}^2 = \overline{AB}^2 + \overline{BC}^2 = 2^2 + 2^2 = \boxed{8}$이므로

($\overline{AC}$를 지름으로 하는 큰 원의 넓이)

$= \pi \times \left(\dfrac{1}{2}\overline{AC}\right)^2 = \pi \times \dfrac{1}{4} \times \overline{AC}^2$

$= \pi \times \dfrac{1}{4} \times 8 = \boxed{2\pi}$ (cm^2) $\cdots$ 2단계

따라서

(색칠한 부분의 넓이)

= (작은 네 반원의 넓이) + ($\square ABCD$의 넓이)
    − ($\overline{AC}$를 지름으로 하는 큰 원의 넓이)

$= 4 \times \dfrac{\pi}{2} + 2^2 - 2\pi = \boxed{4}$ (cm^2) $\cdots$ 3단계

채점 기준표

단계	채점 기준	비율
1단계	작은 반원의 넓이를 구한 경우	30 %
2단계	$\overline{AC}$를 지름으로 하는 큰 원의 넓이를 구한 경우	30 %
3단계	색칠한 부분의 넓이를 구한 경우	40 %

유제 3

$\triangle ABC$는 직각삼각형이고 점 O는 빗변의 중점이므로

$\overline{OA} = \overline{OB} = \overline{OC} = 14$ cm

따라서

(색칠한 두 반원의 넓이의 합)

$= \dfrac{1}{2} \times \pi \times \left(\dfrac{1}{2}\overline{AB}\right)^2 + \dfrac{1}{2} \times \pi \times \left(\dfrac{1}{2}\overline{BC}\right)^2$ $\cdots$ 1단계

$= \dfrac{\pi}{2} \times \dfrac{1}{4} \times (\overline{AB}^2 + \overline{BC}^2) = \dfrac{\pi}{2} \times \dfrac{1}{4} \times \overline{AC}^2$ $\cdots$ 2단계

$= \dfrac{\pi}{2} \times \dfrac{1}{4} \times 28^2 = 98\pi$ (cm^2) $\cdots$ 3단계

채점 기준표

단계	채점 기준	비율
1단계	두 반원의 넓이의 합을 식으로 적은 경우	30 %
2단계	$\overline{AB}^2 + \overline{BC}^2 = \overline{AC}^2$임을 이용하여 식을 정리한 경우	40 %
3단계	답을 구한 경우	30 %

예제 4

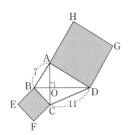

$\overline{AB}^2 = \overline{AO}^2 + \boxed{\overline{BO}}^2$, $\overline{BC}^2 = \boxed{\overline{BO}}^2 + \overline{CO}^2$,

$\overline{CD}^2 = \overline{CO}^2 + \boxed{\overline{DO}}^2$, $\overline{AD}^2 = \overline{AO}^2 + \boxed{\overline{DO}}^2$이므로

$\cdots$ 1단계

$\square ADGH + \square BEFC$

$= \overline{AD}^2 + \overline{BC}^2 = (\overline{AO}^2 + \boxed{\overline{DO}}^2) + (\boxed{\overline{BO}}^2 + \overline{CO}^2)$

$= (\overline{AO}^2 + \overline{BO}^2) + (\overline{CO}^2 + \overline{DO}^2)$

$= \overline{AB}^2 + \boxed{\overline{CD}}^2$ $\cdots$ 2단계

$= 7^2 + 11^2 = \boxed{170}$ (cm^2) $\cdots$ 3단계

채점 기준표

단계	채점 기준	비율
1단계	피타고라스 정리를 이용하여 네 개의 식을 구한 경우	40 %
2단계	두 사각형의 넓이의 합을 $\overline{AB}^2 + \overline{CD}^2$으로 나타낸 경우	40 %
3단계	대입하여 답을 구한 경우	20 %

유제 4

$\overline{AO}^2 = \overline{AE}^2 + \overline{EO}^2$, $\overline{BO}^2 = \overline{EB}^2 + \overline{EO}^2$,

$\overline{CO}^2 = \overline{OF}^2 + \overline{FC}^2$, $\overline{DO}^2 = \overline{OF}^2 + \overline{DF}^2$이므로 $\cdots$ 1단계

$\overline{AO}^2 + \overline{CO}^2 = (\overline{AE}^2 + \overline{EO}^2) + (\overline{OF}^2 + \overline{FC}^2)$

$= (\overline{FC}^2 + \overline{EO}^2) + (\overline{AE}^2 + \overline{OF}^2)$

$= (\overline{EB}^2 + \overline{EO}^2) + (\overline{DF}^2 + \overline{OF}^2)$

$= \overline{BO}^2 + \overline{DO}^2$ $\cdots$ 2단계

따라서

$\overline{BO}^2 = (\overline{AO}^2 + \overline{CO}^2) - \overline{DO}^2$

$= 4^2 + 3^2 - 2^2 = 21$ $\cdots$ 3단계

채점 기준표

단계	채점 기준	비율
1단계	피타고라스 정리를 이용하여 네 개의 식을 구한 경우	40 %
2단계	$\overline{AO}^2 + \overline{CO}^2 = \overline{BO}^2 + \overline{DO}^2$임을 구한 경우	40 %
3단계	$\overline{BO}^2$의 값을 구한 경우	20 %

중단원 실전 테스트 1회

본문 64~66쪽

01 ⑤	02 ②	03 ③	04 ②	05 ④
06 ⑤	07 ③	08 ⑤	09 ①	10 ①
11 ②	12 ①	13 20 cm^2	14 $\dfrac{41}{2}$ cm^2	
15 24 cm	16 15 cm			

01 $\triangle ABC$에서

$\overline{AC}^2 = \overline{AB}^2 + \overline{BC}^2 = 12^2 + 5^2 = 169$

$\overline{AC}=13\ cm$, $\overline{DC}=13-5=8\ (cm)$

$\triangle CED$에서

$\overline{EC}^2=\overline{ED}^2+\overline{DC}^2=6^2+8^2=100$

$\overline{EC}=10\ cm$, $\overline{EG}=10+2=12\ (cm)$

$\triangle EGF$에서

$\overline{FG}^2=\overline{FE}^2+\overline{EG}^2=9^2+12^2=225$

$\overline{FG}=15\ cm$, $\overline{IG}=10+15=25\ (cm)$

$\triangle GHI$에서

$\overline{IH}^2=\overline{IG}^2-\overline{GH}^2=25^2-7^2=576$

따라서 $\overline{IH}=24\ cm$

02 $\triangle ABC=\dfrac{1}{2}\times\overline{AB}\times\overline{AC}=\dfrac{1}{2}\times\overline{AB}\times24$

$\qquad\qquad=12\overline{AB}=120\ (cm^2)$

이므로 $\overline{AB}=10\ cm$

$\overline{BC}^2=\overline{AB}^2+\overline{AC}^2=10^2+24^2=676$

$\overline{BC}=26\ cm$

$\overline{AB}\times\overline{AC}=\overline{AH}\times\overline{BC}$이므로 $10\times24=\overline{AH}\times26$

따라서 $\overline{AH}=\dfrac{120}{13}\ cm$

03 $\triangle ABE$에서

$\overline{BE}^2=\overline{AB}^2+\overline{AE}^2=12^2+5^2=169$, $\overline{BE}=13\ cm$

또한 점 G는 $\triangle ABC$의 두 중선 $\overline{BE}$, $\overline{DC}$의 교점이므로 $\triangle ABC$의 무게중심이다.

$\overline{BG}:\overline{GE}=2:1$이므로

$\overline{GE}=\dfrac{1}{3}\overline{BE}=\dfrac{13}{3}\ (cm)$

04 $\triangle ABC$에서 $\overline{AB}^2+\overline{AC}^2=\overline{BC}^2=64$이므로

$\overline{AB}^2=\overline{AC}^2=32$

따라서

$\triangle BCH=\triangle ACH=\dfrac{1}{2}\times\square ACHI$

$\qquad\qquad=\dfrac{1}{2}\times\overline{AC}^2=16\ (cm^2)$

05 $\overline{AB}=\overline{BC}=\overline{CD}=\overline{DA}$이고,

$\angle A=\angle B=\angle C=\angle D=90°$이므로

$\square ABCD$는 정사각형이다.

$\triangle BCF$에서

$\overline{BC}^2=\overline{BF}^2+\overline{FC}^2=4^2+8^2=80$이므로

$\square ABCD=80\ cm^2$

06 ㄱ. $6^2\neq3^2+4^2$이므로 직각삼각형이 아니다.

ㄴ. $14^2\neq5^2+12^2$이므로 직각삼각형이 아니다.

ㄷ. $9^2\neq6^2+8^2$이므로 직각삼각형이 아니다.

ㄹ. $17^2=8^2+15^2=289$를 만족하므로 직각삼각형이다.

ㅁ. $15^2=9^2+12^2=225$를 만족하므로 직각삼각형이다.

따라서 직각삼각형인 것은 ㄹ, ㅁ이다.

07 ① $4^2<3^2+4^2$이므로 예각삼각형이다.

② $13^2=5^2+12^2$이므로 직각삼각형이다.

③ $10^2>6^2+7^2$이므로 둔각삼각형이다.

④ $23^2<7^2+22^2$이므로 예각삼각형이다.

⑤ $17^2<8^2+16^2$이므로 예각삼각형이다.

08 $a^2>b^2+c^2$이면 $\triangle ABC$는 $\angle A>90°$인 둔각삼각형이다. 따라서 $\angle A>90°$, $\angle B<90°$, $\angle C<90°$

09 $\overline{AB}^2=\overline{AG}^2+\overline{BG}^2$, $\overline{AC}^2=\overline{AG}^2+\overline{GC}^2$,

$\overline{DE}^2=\overline{DH}^2+\overline{EH}^2$, $\overline{DF}^2=\overline{DH}^2+\overline{HF}^2$이므로

$\overline{AB}^2+\overline{DF}^2=(\overline{AG}^2+\overline{BG}^2)+(\overline{DH}^2+\overline{HF}^2)$

$\qquad\qquad=(\overline{AG}^2+\overline{HF}^2)+(\overline{BG}^2+\overline{DH}^2)$

$\qquad\qquad=(\overline{AG}^2+\overline{GC}^2)+(\overline{EH}^2+\overline{DH}^2)$

$\qquad\qquad=\overline{AC}^2+\overline{DE}^2$

따라서

$\overline{DE}^2=(\overline{AB}^2+\overline{DF}^2)-\overline{AC}^2$

$\qquad\quad=16^2+11^2-18^2=53$

참고 오른쪽 그림과 같이 두 삼각형 ABC, DEF를 붙여 생각할 수 있다.

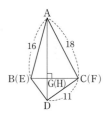

10 $\overline{AE}=\overline{ED}=\overline{DF}=\overline{FC}=a\ cm$라 하자.

$\overline{BE}^2=\overline{AB}^2+\overline{AE}^2=(2a)^2+a^2=5a^2$

$\overline{BF}^2=\overline{BC}^2+\overline{FC}^2=(2a)^2+a^2=5a^2$

또한 $\triangle EFD$에서

$\overline{EF}^2=\overline{ED}^2+\overline{DF}^2=a^2+a^2=2a^2=64$이므로

$a^2=32$

따라서

$\overline{BE}^2+\overline{BF}^2=5a^2+5a^2=10a^2$

$\qquad\qquad\qquad=10\times32=320$

11 $\overline{OA}=\overline{OB}=\overline{OC}=5\ cm$이고,

$\overline{BA}^2=\overline{BC}^2+\overline{AC}^2$이므로

$\overline{BC}^2=\overline{BA}^2-\overline{AC}^2=10^2-6^2=64$

$\overline{BC}=8\ cm$

따라서
(색칠한 부분의 넓이의 합)
$=(\overline{AC}$를 지름으로 하는 반원의 넓이$)$
$\quad+(\overline{BC}$를 지름으로 하는 반원의 넓이$)$
$\quad+(\triangle ABC$의 넓이$)$
$\quad-(\overline{AB}$를 지름으로 하는 반원의 넓이$)$
$=\dfrac{1}{2}\times\pi\times3^2+\dfrac{1}{2}\times\pi\times4^2+\dfrac{1}{2}\times8\times6-\dfrac{1}{2}\times\pi\times5^2$
$=\dfrac{9}{2}\pi+\dfrac{16}{2}\pi+24-\dfrac{25}{2}\pi=24\ (\text{cm}^2)$

12 주어진 원기둥의 옆면의 전개도는 다음 그림과 같으므로 테이프의 최단 길이는 $\overline{AB}$의 길이와 같다.

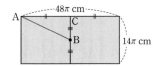

$\overline{AB}^2=\overline{AC}^2+\overline{CB}^2=(24\pi)^2+(7\pi)^2=625\pi^2$
따라서 $\overline{AB}=25\pi$ cm

13 $\triangle ABC$에서
$\overline{AB}^2=\overline{AC}^2+\overline{BC}^2=2^2+6^2=40$이므로 $\cdots$ 1단계
$\triangle BDE=\dfrac{1}{2}\times\square ADEB$
$\qquad\quad=\dfrac{1}{2}\times\overline{AB}^2=20\ (\text{cm}^2)$ $\cdots$ 2단계

채점 기준표

단계	채점 기준	비율
1단계	피타고라스 정리를 이용하여 $\overline{AB}^2$의 값을 구한 경우	50 %
2단계	$\triangle BDE$의 넓이를 구한 경우	50 %

14 $\triangle ABE$에서
$\overline{AE}^2=\overline{AB}^2+\overline{BE}^2=5^2+4^2=41$ $\cdots$ 1단계
$\triangle ABE\equiv\triangle ECD$이므로
$\angle BAE+\angle AEB=\angle CED+\angle AEB=90°$
따라서 $\angle AED=90°$이므로
$\triangle AED=\dfrac{1}{2}\times\overline{AE}\times\overline{ED}=\dfrac{1}{2}\times\overline{AE}^2$ $\cdots$ 2단계
$\qquad\quad=\dfrac{1}{2}\times41=\dfrac{41}{2}\ (\text{cm}^2)$ $\cdots$ 3단계

채점 기준표

단계	채점 기준	비율
1단계	피타고라스 정리를 이용하여 $\overline{AE}^2$의 값을 구한 경우	40 %
2단계	넓이를 구하는 식을 세운 경우	30 %
3단계	$\triangle AED$의 넓이를 구한 경우	30 %

15 $\square ADEB=36\ \text{cm}^2$이므로 $\overline{AB}=6$ cm $\cdots$ 1단계
$\square BFGC=64\ \text{cm}^2$이므로 $\overline{BC}=8$ cm $\cdots$ 2단계
또한 $\triangle ABC$에서
$\overline{AC}^2=\overline{AB}^2+\overline{BC}^2=6^2+8^2=100$
$\overline{AC}=10$ cm $\cdots$ 3단계
따라서
$(\triangle ABC$의 둘레의 길이$)=\overline{AB}+\overline{BC}+\overline{CA}$
$\qquad\qquad\qquad\qquad\quad=6+8+10$
$\qquad\qquad\qquad\qquad\quad=24\ (\text{cm})$ $\cdots$ 4단계

채점 기준표

단계	채점 기준	비율
1단계	$\overline{AB}$의 길이를 구한 경우	20 %
2단계	$\overline{BC}$의 길이를 구한 경우	20 %
3단계	$\overline{AC}$의 길이를 구한 경우	40 %
4단계	$\triangle ABC$의 둘레의 길이를 구한 경우	20 %

16 원뿔의 밑면의 반지름의 길이를 r cm라 하면
$2\times\pi\times r=16\pi$, $r=8$ cm
주어진 전개도를 접어 만든 원뿔을 그리면 오른쪽 그림과 같다. $\cdots$ 1단계

$\triangle OHA$에서
$\overline{OH}^2+\overline{HA}^2=\overline{OA}^2$이므로
$\overline{OH}^2=\overline{OA}^2-\overline{HA}^2$
$\qquad\quad=17^2-8^2=225$ $\cdots$ 2단계
따라서 $\overline{OH}=15$ cm $\cdots$ 3단계

채점 기준표

단계	채점 기준	비율
1단계	원뿔의 밑면의 반지름의 길이를 구한 경우	30 %
2단계	피타고라스 정리를 이용하여 식을 세운 경우	40 %
3단계	원뿔의 높이를 구한 경우	30 %

본문 67~69쪽

중단원 실전 테스트 2회

01 ① 　 02 ② 　 03 ① 　 04 ⑤ 　 05 ③
06 ④ 　 07 ⑤ 　 08 ② 　 09 ③ 　 10 ④
11 ③ 　 12 ④ 　 13 244 　 14 40
15 a^2+b^2 　 16 $\dfrac{9216}{49}$

01 △ADE에서 $\overline{AD}^2=\overline{AE}^2+\overline{ED}^2=4^2+1^2=17$

또한 △ACD에서 $\overline{AC}^2=\overline{AD}^2+\overline{DC}^2=17+8^2=81$

따라서 $\overline{AC}=9$

02 $\overline{AG}:\overline{GE}=2:1$이므로

$\overline{GE}=\dfrac{1}{2}\overline{AG}=\dfrac{1}{2}\times\dfrac{10}{3}=\dfrac{5}{3}$ (cm)

△ABE에서 $\overline{AB}^2+\overline{BE}^2=\overline{AE}^2$이므로

$\overline{BE}^2=\overline{AE}^2-\overline{AB}^2=5^2-4^2=9$

따라서 $\overline{BE}=\overline{EC}=3$ cm

03 △ABC에서 $\overline{AC}^2=\overline{AB}^2+\overline{BC}^2=5^2+7^2=74$

따라서

($\overline{AC}$를 지름으로 하는 반원의 넓이)

$=\dfrac{1}{2}\times\pi\times\left(\dfrac{\overline{AC}}{2}\right)^2=\dfrac{\pi}{8}\times\overline{AC}^2$

$=\dfrac{\pi}{8}\times74=\dfrac{37\pi}{4}$ (cm^2)

04 $\overline{AC}^2=\overline{AB}^2+\overline{BC}^2$이므로

□ACHI

$=$□ADEB$+$□BFGC

$=2\times$□BFGC

또한

$\angle EAB=\angle BAC=45°$

이므로

$\angle EAI=180°$이고 $\overline{EI}\,/\!/\,\overline{CH}$

□BFGC$=\dfrac{1}{2}\times$□ACHI

$\qquad\quad =\triangle ACH=\triangle ECH=100$ (cm^2)

따라서 $\overline{BC}=10$ cm

05 $\overline{AC}:\overline{BC}=3:4$이므로 $\overline{AC}=3k$, $\overline{BC}=4k$라 하면

$\overline{AB}^2=\overline{AC}^2+\overline{BC}^2=(3k)^2+(4k)^2=(5k)^2$

$\overline{AB}=5k$

□BADE와 □ACHI의 닮음비는 $5k:3k=5:3$이

므로

$\overline{BE}:\overline{AI}=5:3$, $12:\overline{AI}=5:3$, $\overline{AI}=\dfrac{36}{5}$ cm

□ACHI$=\overline{AI}\times\overline{AC}=108$ (cm^2)이므로

$\dfrac{36}{5}\times\overline{AC}=108$

따라서 $\overline{AC}=108\times\dfrac{5}{36}=15$ (cm)

06 □ABCD$=169$ cm^{2}이므로

$\overline{AB}=\overline{BC}=\overline{CD}=\overline{DA}=13$ cm

△DGC에서 $\overline{DG}^2+\overline{GC}^2=\overline{DC}^2$이므로

$\overline{DG}^2=\overline{DC}^2-\overline{GC}^2=13^2-5^2=144$

$\overline{DG}=12$ cm

$\overline{HG}=\overline{DG}-\overline{DH}=12-5=7$ (cm)

따라서 □EFGH$=49$ cm^2

07 삼각형의 세 변의 길이가

(가장 긴 변의 길이의 제곱)

$<$(나머지 두 변의 길이의 제곱의 합)

을 만족하면 예각삼각형이 된다.

(ⅰ) $a\leq7$인 경우

세 변 중 가장 긴 변은 7이므로

$7^2<a^2+5^2$, $a^2>24$

가능한 자연수 a의 값은 5, 6, 7이다.

(ⅱ) $a>7$인 경우

세 변 중 가장 긴 변은 a이므로

$a^2<5^2+7^2$, $a^2<74$

가능한 자연수 a의 값은 8이다.

(ⅰ), (ⅱ)에서 a의 값이 될 수 없는 수는 ⑤이다.

08 $7^2>4^2+5^2$이므로 $\overline{BC}^2>\overline{AB}^2+\overline{CA}^2$

따라서 △ABC는 $\angle A>90°$인 둔각삼각형이다.

09 △ABO에서 $\overline{AB}^2=\overline{AO}^2+\overline{BO}^2=6^2+8^2=100$

$\overline{AB}=10$

또한

$\overline{AB}^2+\overline{DC}^2=(\overline{AO}^2+\overline{BO}^2)+(\overline{DO}^2+\overline{CO}^2)$

$\qquad\qquad\qquad =(\overline{AO}^2+\overline{DO}^2)+(\overline{BO}^2+\overline{CO}^2)$

$\qquad\qquad\qquad =\overline{AD}^2+\overline{BC}^2$

이므로

$\overline{BC}^2=\overline{AB}^2+\overline{DC}^2-\overline{AD}^2=10^2+10^2-7^2=151$

10 △ABC에서 $\overline{AC}^2=\overline{BC}^2-\overline{AB}^2=10^2-8^2=36$

$\overline{AC}=6$ cm

따라서

(색칠한 부분의 넓이의 합)

$=$($\overline{AB}$를 지름으로 하는 반원의 넓이)

$\quad +$($\overline{AC}$를 지름으로 하는 반원의 넓이)

$\quad +$(△ABC의 넓이)

$\quad -$($\overline{BC}$를 지름으로 하는 반원의 넓이)

$=\dfrac{1}{2}\times\pi\times4^2+\dfrac{1}{2}\times\pi\times3^2+\dfrac{1}{2}\times8\times6-\dfrac{1}{2}\times\pi\times5^2$

$=8\pi+\dfrac{9}{2}\pi+24-\dfrac{25}{2}\pi=24$ (cm^2)

11 삼각기둥의 옆면의 전개도를 그리면 다음 그림과 같다.

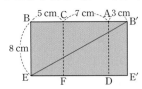

점 E에서 점 B에 이르는 최단 거리는 전개도에서 $\overline{EB'}$
의 길이이다.

$\triangle BEB'$에서 $\overline{EB'}^2 = 8^2 + 15^2 = 289$이므로

$\overline{EB'} = 17$ cm

12 $\triangle OHA$에서 $\overline{OH}^2 + \overline{HA}^2 = \overline{OA}^2$이므로

$\overline{HA}^2 = \overline{OA}^2 - \overline{OH}^2 = 14^2 - 10^2 = 96$

따라서

$$(\text{원뿔의 부피}) = \frac{1}{3} \times \pi \times \overline{HA}^2 \times \overline{OH}$$

$$= \frac{1}{3} \times \pi \times 96 \times 10$$

$$= 320\pi \ (\text{cm}^3)$$

13 점 A에서 $\overline{BC}$에 내린 수선의 발을
E라 하면

$\overline{BE} = 19 - 10 = 9$

$\triangle ABE$에서

$\overline{AE}^2 = \overline{AB}^2 - \overline{BE}^2$

$\quad = 15^2 - 9^2 = 144$ $\cdots$ **1단계**

$\overline{AE} = \overline{DC} = 12$ $\cdots$ **2단계**

따라서 $\triangle ACD$에서

$\overline{AC}^2 = \overline{AD}^2 + \overline{DC}^2 = 10^2 + 12^2 = 244$ $\cdots$ **3단계**

채점 기준표

단계	채점 기준	비율
1단계	직각삼각형을 만들어 피타고라스 정리를 이용하는 경우	30 %
2단계	$\overline{AE}$ 또는 $\overline{DC}$의 길이를 구한 경우	40 %
3단계	$\overline{AC}^2$의 값을 구한 경우	30 %

14 9, a, 41 중 가장 긴 변의 길이는 41이므로 $\cdots$ **1단계**
직각삼각형이 되려면

$41^2 = 9^2 + a^2$ $\cdots$ **2단계**

$a^2 = 1600$

따라서 $a = 40$ $\cdots$ **3단계**

채점 기준표

단계	채점 기준	비율
1단계	세 변 중 가장 긴 변의 길이를 언급한 경우	20 %
2단계	피타고라스 정리를 이용하여 식을 세운 경우	40 %
3단계	a의 값을 구한 경우	40 %

15 $\triangle AGF \equiv \triangle GBE$에서

$\angle AGF + \angle GAF = \angle AGF + \angle BGE = 90°$이므로

$\angle AGB = 90°$

$\triangle AGF$에서

$\overline{AG}^2 = \overline{AF}^2 + \overline{FG}^2 = a^2 + b^2$이므로 $\cdots$ **1단계**

$\triangle ABG = \frac{1}{2} \times \overline{BG} \times \overline{AG}$

$\quad = \frac{1}{2} \times \overline{AG}^2 = \frac{a^2 + b^2}{2}$ $\cdots$ **2단계**

또한 $\triangle ABG \equiv \triangle DCG$이므로

$\triangle ABG + \triangle DGC = 2 \times \triangle ABG = 2 \times \dfrac{a^2+b^2}{2}$

$\quad = a^2 + b^2$ $\cdots$ **3단계**

채점 기준표

단계	채점 기준	비율
1단계	피타고라스 정리를 이용하여 $\overline{AG}^2$의 값을 구한 경우	40 %
2단계	$\triangle ABG$의 넓이를 구한 경우	40 %
3단계	답을 구한 경우	20 %

16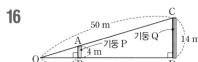

$\triangle OAB \backsim \triangle OCD$ (AA 닮음)이므로

$\overline{OA} : \overline{OC} = \overline{AB} : \overline{CD} = 4 : 14 = 2 : 7$

$\overline{OA} = \frac{2}{7}\overline{OC} = \frac{2}{7} \times 50 = \frac{100}{7}$ (m) $\cdots$ **1단계**

$\triangle OAB$에서

$\overline{OB}^2 + \overline{AB}^2 = \overline{OA}^2$이므로 $\cdots$ **2단계**

$\overline{OB}^2 = \overline{OA}^2 - \overline{AB}^2 = \left(\dfrac{100}{7}\right)^2 - 4^2$

$\quad = \dfrac{9216}{49}$

따라서 $x^2 = \dfrac{9216}{49}$ $\cdots$ **3단계**

채점 기준표

단계	채점 기준	비율
1단계	닮음비를 이용하여 $\overline{OA}$의 길이를 구한 경우	30 %
2단계	피타고라스 정리를 이용하여 식을 세운 경우	40 %
3단계	x^2의 값을 구한 경우	30 %

VI 확률

1 | 경우의 수

개념 체크   본문 72~73쪽

01 (1) 9 (2) 4

02 (1) 3 (2) 2

03 (1) 3 (2) 3

04 4

05 (1) 6 (2) 3

06 6

07 20

08 9

09 12

10 6

대표유형

본문 74~77쪽

01 ③	**02** ③	**03** ③	**04** ②	**05** ③
06 ②	**07** ④	**08** ④	**09** ①	**10** ④
11 ③	**12** ③	**13** ⑤	**14** ③	**15** ②
16 ④	**17** ⑤	**18** ⑤	**19** ④	**20** ③
21 ④	**22** ④	**23** ④	**24** ④	

01 십의 자리 숫자와 일의 자리 숫자가 같을 수 없으므로 가능한 경우는 32, 34, 40, 41, 42, 43의 6개이다.

02 $3+2=5$

03 1부터 10까지의 자연수 중 2의 배수 또는 3의 배수는 2, 3, 4, 6, 8, 9, 10의 7개이므로 구하는 경우의 수는 7이다.

04 가능한 경우의 십의 자리, 일의 자리 수를 수형도로 나타내면 다음과 같다.

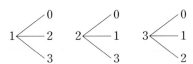

따라서 가능한 두 자리 자연수의 개수는 9개이다.

05 1에서 20까지 수 중 12의 약수는 1, 2, 3, 4, 6, 12의 6개이므로 구하는 경우의 수는 6이다.

06 두 눈의 수의 합이 3이 되는 경우는
(1, 2), (2, 1)의 2가지
두 눈의 수의 합이 4가 되는 경우는
(1, 3), (2, 2), (3, 1)의 3가지
따라서 구하는 경우의 수는 $2+3=5$

07 (ⅰ) 두 눈의 수의 합이 3인 경우
(1, 2), (2, 1)의 2가지
(ⅱ) 두 눈의 수의 합이 5인 경우
(1, 4), (2, 3), (3, 2), (4, 1)의 4가지
(ⅲ) 두 눈의 수의 합이 7인 경우
(1, 6), (2, 5), (3, 4), (4, 3), (5, 2), (6, 1)의 6가지
(ⅳ) 두 눈의 수의 합이 9인 경우
(3, 6), (4, 5), (5, 4), (6, 3)의 4가지
(ⅴ) 두 눈의 수의 합이 11인 경우
(5, 6), (6, 5)의 2가지
(ⅰ)~(ⅴ)에서 구하는 경우의 수는
$2+4+6+4+2=18$

08 ① 2, 3, 5, 7 → 4가지
② 2, 4, 6, 8 → 4가지
③ 1, 2, 3, 4, 5, 6, 7, 8 → 8가지
④ 3, 6 → 2가지
⑤ 1, 2, 4, 8 → 4가지
따라서 경우의 수가 2인 것은 ④이다.

09 가능한 경우를 50원짜리, 100원짜리, 500원짜리 동전의 개수에 대한 순서쌍으로 나타내면
(0, 0, 3), (0, 5, 2), (2, 4, 2), (4, 3, 2)의 4가지이다.

10 3명의 선수를 A, B, C라고 하자.
3명이 달리는 순서를 순서쌍으로 나타내면
(A, B, C), (A, C, B), (B, A, C), (B, C, A), (C, A, B), (C, B, A)
의 6가지이다.

11 하영이와 보혜는 이웃하게 서게 되므로 2명을 한 팀으로 생각하자.

이 팀과 민정, 다현을 한 줄로 세우는 경우는
$3 \times 2 \times 1 = 6$(가지)이고, 이때 하영이와 보혜가 자리를
바꾸는 경우가 2가지이므로 구하는 경우의 수는
$6 \times 2 = 12$

12 A가 맨 앞, B가 맨 뒤에 서면 중간에 C, D, E 3명을
세우는 방법만 고려하면 된다.
따라서 구하는 경우의 수는 $3 \times 2 \times 1 = 6$

13 어른 2명을 A, B라 하고, 아이 2명을 a, b라 하자.
아이와 어른을 번갈아 서도록 4명을 세우는 방법은
$AaBb$, $AbBa$, $BaAb$, $BbAa$,
$aBbA$, $bBaA$, $aAbB$, $bAaB$
이므로 구하는 경우의 수는 8이다.

14 B 지점을 거치지 않는 경우의 수는 2이고,
B 지점을 거치는 경우의 수는 $2 \times 1 = 2$이다.
따라서 A 지점에서 C 지점으로 가는 모든 경우의 수는
$2 + 2 = 4$

15 P 지점에서 출발하여 각 지점까지
최단 거리로 이동하는 경우의 수는
오른쪽 그림과 같다.
따라서 구하는 경우의 수는
$3 + 3 = 6$

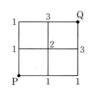

16 산을 올라갈 때 선택할 수 있는 등산로의 개수는 4개가
있고, 내려올 때는 올라간 길을 제외한 3개의 길 중 하
나를 선택할 수 있으므로 구하는 경우의 수는
$4 \times 3 = 12$

17 학교에서 도서관까지 갈 때 길을 선택하는 경우의 수가
5이고, 도서관에서 집까지 갈 때 길을 선택하는 경우의
수가 3이므로 구하는 경우의 수는 $5 \times 3 = 15$

18 대표 한 명을 선택하는 경우의 수는 4이고, 각 경우에
대하여 부대표를 선택하는 경우의 수는 $4 - 1 = 3$이다.
따라서 구하는 경우의 수는 $4 \times 3 = 12$

19 전체 8명의 학생 중 1명의 대표를 뽑는 것이므로 구하
는 경우의 수는 8이다.

20 4명의 선수를 A, B, C, D라 하자.
이 중 2명의 선수를 뽑는 방법은

(A, B), (A, C), (A, D), (B, C), (B, D),
(C, D)의 6가지이므로 구하는 경우의 수는 6이다.

21 남학생 2명을 대표로 뽑는 경우의 수는 1이고,
남학생 1명과 여학생 1명을 대표로 뽑는 경우의 수는
$2 \times 3 = 6$이다.
따라서 구하는 경우의 수는 $1 + 6 = 7$

22 가운데 칸에 칠할 수 있는 색은 3가지이다. 가운데 칸
에 먼저 칠을 하면, 윗칸과 아랫칸에는 가운데 사용한
색을 제외한 2가지 색을 각각 칠할 수 있다.
따라서 구하는 경우의 수는 $3 \times 2 \times 2 = 12$

23 A에 칠할 수 있는 색은 4가지, B에 칠할 수 있는 색은
A에 칠한 색을 제외한 3가지, C에 칠할 수 있는 색은
A, B에 칠한 색을 제외한 2가지이다.
따라서 구하는 경우의 수는 $4 \times 3 \times 2 = 24$

24 A에 칠할 수 있는 색은 3가지, B에 칠할 수 있는 색은
A에 칠한 색을 제외한 2가지, C에 칠할 수 있는 색은
A, B에 칠한 색을 제외한 1가지이다.
따라서 구하는 경우의 수는 $3 \times 2 \times 1 = 6$

기출 예상 문제 본문 78~81쪽

01 ③	**02** ②	**03** ①	**04** ②	**05** ③
06 ④	**07** ③	**08** ③	**09** ⑤	**10** ⑤
11 ④	**12** ④	**13** ②	**14** ④	**15** ④
16 ③	**17** ④	**18** ②	**19** ⑤	**20** ③
21 ⑤	**22** ④	**23** 48	**24** ④	

01 3보다 작은 수는 1, 2의 2개이므로 경우의 수는 2이고,
8보다 큰 수는 9, 10의 2개이므로 경우의 수는 2이다.
따라서 구하는 경우의 수는 $2 + 2 = 4$

02 두 자리 자연수가 짝수가 되려면 일의 자리 숫자가 0
또는 2 또는 4이어야 한다.
(i) 일의 자리 숫자가 0인 경우
10, 20, 30, 40, 50의 5가지
(ii) 일의 자리 숫자가 2인 경우
12, 32, 42, 52의 4가지

(iii) 일의 자리 숫자가 4인 경우
　　14, 24, 34, 54의 4가지
따라서 구하는 경우의 수는 5+4+4=13

03 (i) 합이 4인 경우: (1, 3)
　　(ii) 합이 8인 경우: (1, 7), (2, 6), (3, 5)
　　따라서 구하는 경우의 수는 1+3=4

04 짝수는 2, 4, 6, 8, 10의 5개이므로 $a=5$
　　소수는 2, 3, 5, 7의 4개이므로 $b=4$
　　따라서 $a+b=5+4=9$

05 주사위에 짝수인 눈은 2, 4, 6의 3개이므로 구하는 경우의 수는 3이다.

06 동전을 던질 때 나오는 경우는 2가지이고, 주사위를 던질 때 나오는 경우는 6가지이다. 따라서 구하는 경우의 수는 $2^2 \times 6 = 24$

> **다른 풀이** 가능한 경우는
(앞, 앞, 1), (앞, 앞, 2), …, (앞, 앞, 6),
(앞, 뒤, 1), (앞, 뒤, 2), …, (앞, 뒤, 6),
(뒤, 앞, 1), (뒤, 앞, 2), …, (뒤, 앞, 6),
(뒤, 뒤, 1), (뒤, 뒤, 2), …, (뒤, 뒤, 6)
의 24가지이다.

07 동전 중 한 개만 앞면이 나오는 경우는 (앞, 뒤), (뒤, 앞)의 2가지이고, 주사위의 눈이 3의 배수가 나오는 경우는 3, 6의 2가지이다.
　　따라서 구하는 경우의 수는 $2 \times 2 = 4$

> **다른 풀이** 가능한 경우는 (앞, 뒤, 3), (앞, 뒤, 6), (뒤, 앞, 3), (뒤, 앞, 6)의 4가지이다.

08 서로 다른 주사위 두 개를 던져 눈의 수의 합이 4의 배수가 되는 경우는 합이 4 또는 8 또는 12일 때이다.
　　(i) 합이 4인 경우
　　　(1, 3), (2, 2), (3, 1)의 3가지
　　(ii) 합이 8인 경우
　　　(2, 6), (3, 5), (4, 4), (5, 3), (6, 2)의 5가지
　　(iii) 합이 12인 경우
　　　(6, 6)의 1가지
　　(i)~(iii)에서 구하는 경우의 수는 3+5+1=9

09 부모를 제외한 가족 3명을 세우는 경우의 수는

$3 \times 2 \times 1 = 6$
각각의 경우에 아빠가 왼쪽, 엄마가 오른쪽에 서는 경우와 아빠가 오른쪽, 엄마가 왼쪽에 서는 경우가 가능하므로 구하는 경우의 수는 $6 \times 2 = 12$

10 가능한 경우는
ABCD, ABDC, ACBD, BACD, BADC, BDAC
의 6가지이다.
따라서 구하는 경우의 수는 6이다.

11 지영이를 제외한 3명을 한 줄로 세우는 경우의 수는
$3 \times 2 \times 1 = 6$
각각의 경우에 지영이를 맨 앞 또는 맨 뒤에 세울 수 있으므로 구하는 경우의 수는 $6 \times 2 = 12$

12 A, B를 한 팀으로 생각하자.
C는 맨 뒤에 자리하므로 제외하고 생각하면 (A, B), D, E를 한 줄로 세우는 경우의 수는
$3 \times 2 \times 1 = 6$
각 경우에 대하여 A와 B가 자리를 바꾸는 경우가 2가지이므로 구하는 경우의 수는 $6 \times 2 = 12$

13 A 지점에서 각 점까지 최단 거리로 이동할 수 있는 방법의 수를 그림으로 나타내면 오른쪽 그림과 같다.
따라서 A 지점에서 B 지점까지 이동하는 방법의 수는 10이다.

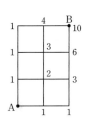

14 $3 \times 2 = 6$

15 교통편을 고르는 방법의 수는 5+2=7

16 A 지점에서 D 지점으로 이동하는 사이에 지나는 점을 기준으로 경로를 나누어 경우를 세면 다음과 같다.
(i) A → D

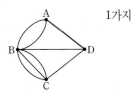

　1가지

(ii) A → B → D

　$2 \times 1 = 2$ (가지)

(iii) A → B → C → D

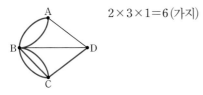

$2 \times 3 \times 1 = 6$ (가지)

(i)~(iii)에서 구하는 경우의 수는 $1+2+6=9$(가지)

17 (i) 대표가 남자인 경우

대표를 뽑는 경우의 수는 4

남자 부대표를 뽑는 경우의 수는 $4-1=3$

여자 부대표를 뽑는 경우의 수는 3

따라서 대표가 남자인 경우의 수는 $4 \times 3 \times 3 = 36$

(ii) 대표가 여자인 경우

대표를 뽑는 경우의 수는 3

남자 부대표를 뽑는 경우의 수는 4

여자 부대표를 뽑는 경우의 수는 $3-1=2$

따라서 대표가 여자인 경우의 수는 $3 \times 4 \times 2 = 24$

(i), (ii)에서 구하는 경우의 수는 $36+24=60$

18 A는 뽑히고, C는 뽑히지 않는다면 B, D, E 중 한 명만 추가로 뽑으면 된다.

따라서 구하는 경우의 수는 3이다.

19 남자 대표를 뽑는 경우의 수는 4, 여자 대표를 뽑는 경우의 수는 5이므로 구하는 경우의 수는 $4 \times 5 = 20$

20 2명의 대표를 뽑는 것은 (A, B), (A, C), (B, C)를 뽑는 경우의 3가지이다.

다른 풀이 3명 중 2명의 대표를 뽑는 경우는 3명 중 대표가 되지 않을 1명을 뽑는 경우와 같다.

따라서 A가 대표가 되지 않는 경우, B가 대표가 되지 않는 경우, C가 대표가 되지 않는 경우의 3가지이다.

21 A에 칠할 수 있는 색은 4가지, C는 A에 인접하므로 C에 칠할 수 있는 색은 A에 칠한 색을 제외한 3가지, B와 D는 A와 C에 모두 인접하므로 B와 D에 각각 칠할 수 있는 색은 A와 C에 칠한 색을 제외한 2가지이다.

따라서 구하는 경우의 수는 $4 \times 3 \times 2 \times 2 = 48$

22 각각의 색을 한 번씩 사용해야 하므로 A에 칠할 수 있는 색은 4가지, B에 칠할 수 있는 색은 3가지, C에 칠할 수 있는 색은 2가지, D에 칠할 수 있는 색은 1가지이다. 따라서 구하는 경우의 수는

$4 \times 3 \times 2 \times 1 = 24$

23 주어진 도형의 네 부분을 오른쪽 그림과 같이 A, B, C, D라 하자.

A에 칠할 수 있는 색은 4가지, B에 칠할 수 있는 색은 A에 칠한 색을 제외한 3가지, C와 D에 각각 칠할 수 있는 색은 A, B에 칠한 색을 제외한 2가지이다.

따라서 구하는 경우의 수는 $4 \times 3 \times 2 \times 2 = 48$

24 각각의 색을 한 번씩 사용해야 하므로 A에 칠할 수 있는 색은 4가지, B에 칠할 수 있는 색은 3가지, C에 칠할 수 있는 색은 2가지이다.

따라서 구하는 경우의 수는 $4 \times 3 \times 2 = 24$(가지)

고난도 집중 연습

본문 82~83쪽

| **1** 3 | **1-1** 9 | **2** 6 | **2-1** 9 |
| **3** 54 | **3-1** 72 | **4** 10개 | **4-1** 9개 |

1

풀이 전략 주어진 식을 만족시키는 x, y의 값을 모두 찾는다.

$2x+y=9$를 만족시키는 x, y를 순서쌍 (x, y)로 나타내면

$(2, 5)$, $(3, 3)$, $(4, 1)$의 3가지이다.

따라서 구하는 경우의 수는 3이다.

1-1

풀이 전략 해가 1, 2인 경우를 나누어 가능한 a, b의 순서쌍을 모두 찾는다.

(i) 해가 1인 경우

$a-b=0$에서 $a=b$이므로 가능한 경우를 a, b의 순서쌍으로 나타내면

$(1, 1)$, $(2, 2)$, $(3, 3)$, $(4, 4)$, $(5, 5)$, $(6, 6)$

의 6가지이다.

(ii) 해가 2인 경우

$2a-b=0$에서 $2a=b$이므로 가능한 경우를 a, b의 순서쌍으로 나타내면 $(1, 2)$, $(2, 4)$, $(3, 6)$의 3가지이다.

(i), (ii)에서 구하는 경우의 수는 $6+3=9$

2

풀이 전략 정확히 2명만 자기 번호가 적힌 의자에 앉게 되는 경우를 생각한다.

자기 번호가 적힌 의자에 앉을 2명을 결정하면 나머지 2명은 서로 의자를 바꿔 앉아야 한다.

즉, 자기 자리에 앉을 2명을 결정하는 경우의 수를 구하면 된다. 이렇게 두 명을 결정하는 방법은

$(1, 2), (1, 3), (1, 4), (2, 3), (2, 4), (3, 4)$

의 6가지이므로 구하는 경우의 수는 6이다.

2-1

풀이 전략 자기가 준비한 선물을 받지 않는 경우를 순서쌍으로 나타낸다.

네 학생을 A, B, C, D 라 하고, 각 학생이 준비한 선물을 a, b, c, d 라 하자.

A, B, C, D가 받는 선물을 순서쌍으로 나타내면

$(b, a, d, c), (b, c, d, a), (b, d, a, c),$

$(c, a, d, b), (c, d, a, b), (c, d, b, a),$

$(d, a, b, c), (d, c, a, b), (d, c, b, a)$

의 9가지이므로 구하는 경우의 수는 9이다.

3

풀이 전략 십의 자리와 일의 자리 수로 4의 배수를 판별한다.

각 자리 수가 1에서 6까지의 자연수이면서 4의 배수인 두 자리 수는 12, 16, 24, 32, 36, 44, 52, 56, 64의 9가지이다.

또한 100이 4의 배수이므로 백의 자리 수는 4의 배수 판별에 영향을 주지 않는다. 즉, 백의 자리에는 1부터 6까지의 자연수가 모두 올 수 있으므로 구하는 경우의 수는

$9 \times 6 = 54$

3-1

풀이 전략 세 눈의 수의 합으로 3의 배수를 판별한다.

세 자리 자연수가 3의 배수이려면 각 자리 수의 합이 3의 배수이어야 하므로 세 수의 합으로 가능한 것은 3, 6, 9, 12, 15, 18이다.

(ⅰ) 합이 3인 경우

 $(1, 1, 1)$이므로 경우의 수는 1

(ⅱ) 합이 6인 경우

 $(1, 1, 4), (1, 2, 3), (2, 2, 2)$이므로 경우의 수는

 $3 + 6 + 1 = 10$

(ⅲ) 합이 9인 경우

 $(1, 2, 6), (1, 3, 5), (1, 4, 4), (2, 2, 5), (2, 3, 4),$

 $(3, 3, 3)$이므로 경우의 수는

 $6 + 6 + 3 + 3 + 6 + 1 = 25$

(ⅳ) 합이 12인 경우

 $(1, 5, 6), (2, 4, 6), (2, 5, 5), (3, 3, 6), (3, 4, 5),$

$(4, 4, 4)$이므로 경우의 수는

 $6 + 6 + 3 + 3 + 6 + 1 = 25$

(ⅴ) 합이 15인 경우

 $(3, 6, 6), (4, 5, 6), (5, 5, 5)$이므로 경우의 수는

 $3 + 6 + 1 = 10$

(ⅵ) 합이 18인 경우

 $(6, 6, 6)$이므로 경우의 수는 1

(ⅰ)~(ⅵ)에서 구하는 경우의 수는

$1 + 10 + 25 + 25 + 10 + 1 = 72$

4

풀이 전략 다섯 개의 점 중에서 어떤 세 점도 한 직선 위에 있지 않으므로 세 점을 선택하는 경우의 수를 생각한다.

다섯 개의 점 중에서 그 어떤 세 점도 한 직선 위에 있지 않으므로 세 점을 선택하는 경우의 수를 구하면 된다.

(ⅰ) A를 선택하는 경우

 B, C, D, E 중에서 두 개의 점을 선택하는 방법은

 $(B, C), (B, D), (B, E), (C, D), (C, E), (D, E)$

 의 6가지

(ⅱ) A를 선택하지 않는 경우

 B, C, D, E 중에서 세 개의 점을 선택하는 방법은

 $(B, C, D), (B, C, E), (B, D, E), (C, D, E)$

 의 4가지

(ⅰ), (ⅱ)에서 구하는 삼각형의 개수는 $6 + 4 = 10$(개)

4-1

풀이 전략 세 점 A, B, C는 한 직선 위에 있음을 고려하여 경우의 수를 생각한다.

삼각형을 만들기 위해서는 세 점 A, B, C를 동시에 선택할 수 없으므로 D, E 중 적어도 한 점을 선택해야 한다.

(ⅰ) D, E 중에서 한 점을 선택하는 경우

 D, E 중에서 한 점을 선택하는 방법은 2가지이고, A, B, C 중에서 두 점을 선택하는 방법은

 $(A, B), (A, C), (B, C)$

 의 3가지이므로 이때 경우의 수는 $2 \times 3 = 6$

(ⅱ) 두 점 D, E를 모두 선택하는 경우

 A, B, C 중 한 점을 선택하는 경우의 수는 3이다.

(ⅰ), (ⅱ)에서 만들 수 있는 삼각형의 개수는

$6 + 3 = 9$(개)

다른 풀이 5개의 점 중 3개의 점을 선택하는 경우의 수는 10이다. 이 중 세 점 A, B, C를 선택하는 경우에는 삼각형이 만들어지지 않으므로 만들 수 있는 삼각형의 개수는

$10 - 1 = 9$(개)

서술형 집중 연습

예제 **1** 풀이 참조	유제 **1** 10개
예제 **2** 풀이 참조	유제 **2** 14
예제 **3** 풀이 참조	유제 **3** 9
예제 **4** 풀이 참조	유제 **4** 18

예제 1

만들 수 있는 두 자리 자연수 중 십의 자리 수가 5인 수의 개수는 $\boxed{5}$ 개이고, $\cdots$ **1단계**

십의 자리 수가 4인 수의 개수도 $\boxed{5}$ 개이다. $\cdots$ **2단계**

따라서 12번째로 큰 수의 십의 자리 수는 $\boxed{3}$ 이고, 12번째로 큰 수는 $\boxed{34}$ 이다. $\cdots$ **3단계**

채점 기준표

단계	채점 기준	비율
1단계	십의 자리 수가 5인 자연수의 개수를 구한 경우	30 %
2단계	십의 자리 수가 4인 자연수의 개수를 구한 경우	30 %
3단계	12번째로 큰 수를 구한 경우	40 %

유제 1

0부터 4까지의 숫자가 적힌 5장의 카드를 이용하여 두 자리 짝수를 만들 때, 일의 자리에 가능한 숫자는 0, 2, 4의 3가지이다. $\cdots$ **1단계**

(i) 일의 자리 수가 0인 경우 가능한 십의 자리 수는
1, 2, 3, 4의 4개

(ii) 일의 자리 수가 2인 경우 가능한 십의 자리 수는
1, 3, 4의 3개

(iii) 일의 자리 수가 4인 경우 가능한 십의 자리 수는
1, 2, 3의 3개 $\cdots$ **2단계**

따라서 구하는 짝수의 개수는 $4+3+3=10$(개) $\cdots$ **3단계**

채점 기준표

단계	채점 기준	비율
1단계	가능한 일의 자리 숫자를 고른 경우	20 %
2단계	경우의 수를 각각 구한 경우	60 %
3단계	짝수의 개수를 구한 경우	20 %

예제 2

서로 다른 두 개의 주사위의 눈의 수를 순서쌍으로 나타내면
(i) 나오는 눈의 수의 합이 4인 경우
$(\boxed{1}, \boxed{3})$, $(\boxed{2}, \boxed{2})$, $(\boxed{3}, \boxed{1})$의 3가지 $\cdots$ **1단계**

(ii) 나오는 눈의 수의 합이 6인 경우
$(\boxed{1}, \boxed{5})$, $(\boxed{2}, \boxed{4})$, $(\boxed{3}, \boxed{3})$, $(\boxed{4}, \boxed{2})$,
$(\boxed{5}, \boxed{1})$의 5가지 $\cdots$ **2단계**

두 눈의 수의 합이 4인 사건과 6인 사건은 동시에 일어나지 않으므로 구하는 경우의 수는 $\boxed{3}+\boxed{5}=\boxed{8}$ $\cdots$ **3단계**

채점 기준표

단계	채점 기준	비율
1단계	눈의 수의 합이 4인 경우의 수를 구한 경우	30 %
2단계	눈의 수의 합이 6인 경우의 수를 구한 경우	30 %
3단계	경우의 수를 구한 경우	40 %

유제 2

서로 다른 두 개의 주사위의 눈의 수를 순서쌍으로 나타내면
(i) 나오는 눈의 수의 차가 2인 경우
$(1, 3)$, $(2, 4)$, $(3, 5)$, $(4, 6)$,
$(3, 1)$, $(4, 2)$, $(5, 3)$, $(6, 4)$
의 8가지 $\cdots$ **1단계**

(ii) 나오는 눈의 수의 차가 3인 경우
$(1, 4)$, $(2, 5)$, $(3, 6)$, $(4, 1)$, $(5, 2)$, $(6, 3)$
의 6가지 $\cdots$ **2단계**

두 눈의 수의 차가 2인 사건과 3인 사건은 동시에 일어나지 않으므로 구하는 경우의 수는 $8+6=14$ $\cdots$ **3단계**

채점 기준표

단계	채점 기준	비율
1단계	눈의 수의 차가 2인 경우의 수를 구한 경우	30 %
2단계	눈의 수의 차가 3인 경우의 수를 구한 경우	30 %
3단계	경우의 수를 구한 경우	40 %

예제 3

$a+b$의 값이 홀수가 되려면 a가 짝수일 때 b가 $\boxed{홀수}$ 이어야 하고, a가 홀수일 때 b가 $\boxed{짝수}$ 이어야 한다.

(i) a가 짝수, b가 $\boxed{홀수}$ 인 경우의 수는
$3 \times \boxed{3} = \boxed{9}$ $\cdots$ **1단계**

(ii) a가 홀수, b가 $\boxed{짝수}$ 인 경우의 수는
$3 \times \boxed{3} = \boxed{9}$ $\cdots$ **2단계**

두 사건은 동시에 일어나지 않으므로 구하는 경우의 수는
$\boxed{9}+\boxed{9}=\boxed{18}$ $\cdots$ **3단계**

채점 기준표

단계	채점 기준	비율
1단계	a가 짝수, b가 홀수인 경우의 수를 구한 경우	30 %
2단계	a가 홀수, b가 짝수인 경우의 수를 구한 경우	30 %
3단계	경우의 수를 구한 경우	40 %

유제 3

b는 1부터 6까지의 자연수이므로 x가 될 수 있는 수는 1, 3, 5의 3가지이다. $\cdots$ **1단계**

(i) $x=1$인 경우

$a=b$를 만족시키는 경우를 순서쌍 (a, b)로 나타내면

$(1, 1), (2, 2), (3, 3), (4, 4), (5, 5), (6, 6)$

의 6가지

(ii) $x=3$인 경우

$3a=b$를 만족시키는 경우를 순서쌍 (a, b)로 나타내면

$(1, 3), (2, 6)$의 2가지

(iii) $x=5$인 경우

$5a=b$를 만족시키는 경우를 순서쌍 (a, b)로 나타내면

$(1, 5)$의 1가지 ··· 2단계

각 사건은 동시에 일어나지 않으므로 구하는 경우의 수는

$6+2+1=9$ ··· 3단계

채점 기준표

단계	채점 기준	비율
1단계	가능한 x의 값을 구한 경우	20 %
2단계	각 경우의 수를 구한 경우	50 %
3단계	경우의 수를 구한 경우	30 %

예제 4

회장은 남학생, 부회장은 여학생을 뽑는 경우의 수는

$\boxed{2} \times \boxed{2} = \boxed{4}$ ··· 1단계

회장은 여학생, 부회장은 남학생을 뽑는 경우의 수는

$\boxed{2} \times \boxed{2} = \boxed{4}$ ··· 2단계

두 사건은 동시에 일어나지 않으므로 구하는 경우의 수는

$\boxed{4} + \boxed{4} = \boxed{8}$ ··· 3단계

채점 기준표

단계	채점 기준	비율
1단계	회장은 남학생, 부회장은 여학생을 뽑는 경우의 수를 구한 경우	40 %
2단계	회장은 여학생, 부회장은 남학생을 뽑는 경우의 수를 구한 경우	40 %
3단계	경우의 수를 구한 경우	20 %

유제 4

4명 중에서 대표 2명을 뽑는 방법은

(가희, 나인), (가희, 다현), (가희, 라영),

(나인, 다현), (나인, 라영), (다현, 라영)

의 6가지이므로 $a=6$ ··· 1단계

4명 중에서 대표 1명을 뽑는 방법이 4가지이고, 그때마다 총

무를 뽑는 방법이 3가지이므로 경우의 수는

$4 \times 3 = 12$이고 $b=12$ ··· 2단계

따라서 $a+b=18$ ··· 3단계

채점 기준표

단계	채점 기준	비율
1단계	a의 값을 구한 경우	40 %
2단계	b의 값을 구한 경우	40 %
3단계	$a+b$의 값을 구한 경우	20 %

중단원 실전 테스트 1회

본문 86~88쪽

01 ⑤	02 ②	03 ②	04 ⑤	05 ①
06 ④	07 ②	08 ③	09 ④	10 ②
11 ③	12 ⑤	13 12	14 4	15 21
16 3				

01 수학 수업 또는 음악 수업 또는 체육 수업을 신청하는

경우의 수는 $2+3+5=10$

02 3의 배수가 나오는 사건은 3, 6, 9의 3가지이고, 5의

배수가 나오는 사건은 5의 1가지이다.

따라서 구하는 경우의 수는 $3+1=4$

03 1부터 12까지의 수 중 소수는 2, 3, 5, 7, 11의 5개이

므로 구하는 경우의 수는 5이다.

04 ① $3 \times 2 \times 1 = 6$

② $(1, 3), (2, 4), (3, 5), (4, 6), (3, 1), (4, 2),$

$(5, 3), (6, 4)$로 경우의 수는 8이다.

③ (앞, 앞, 뒤), (앞, 뒤, 앞), (뒤, 앞, 앞)으로 경우의

수는 3이다.

④ 2, 3, 5, 7, 11, 13, 17, 19로 경우의 수는 8이다.

⑤ $3 \times 3 = 9$

따라서 경우의 수가 가장 큰 것은 ⑤이다.

05 주어진 카드로 만든 세 자리 자연수가 5의 배수이려면

일의 자리 수가 0이어야 한다.

1, 2, 3, 4가 적힌 네 장의 카드 중에서 백의 자리 수,

십의 자리 수를 뽑는 경우의 수는 $4 \times 3 = 12$

따라서 5의 배수의 개수는 12개이다.

06 빵, 토핑, 드레싱을 하나씩 동시에 고르는 경우의 수는

$2 \times 3 \times 2 = 12$

07 하의 2벌과 코트 3벌 중 옷을 하나씩 골라 입는 경우의 수는 $2 \times 3 = 6$

08 동전을 세 번 던져서 앞면이 x번, 뒷면이 $(3-x)$번 나왔을 때, 점 P의 위치는 $2x - 3(3-x) = 5x - 9$
점 P의 위치가 1이려면 $5x - 9 = 1$에서 $x = 2$
즉, 앞면이 2번, 뒷면이 1번 나와야 한다.
따라서 (앞, 앞, 뒤), (앞, 뒤, 앞), (뒤, 앞, 앞)이 가능하므로 구하는 경우의 수는 3이다.

09 구두 5종류와 운동화 3종류 중에서 하나를 고르는 경우의 수는 $5 + 3 = 8$

10 2000원을 지불하는 방법을 표로 나타내면 다음과 같다.

1000원(장)	500원(개)	100원(개)
2	0	0
1	2	0
1	1	5
0	4	0
0	3	5

따라서 구하는 경우의 수는 5이다.

11 짝수가 되려면 일의 자리 수는 0 또는 2 또는 4이어야 한다.
(i) □0인 경우
십의 자리 수는 1, 2, 3, 4, 5의 5가지
(ii) □2인 경우
십의 자리 수는 1, 3, 4, 5의 4가지
(iii) □4인 경우
십의 자리 수는 1, 2, 3, 5의 4가지
(i)~(iii)에서 만들 수 있는 짝수의 개수는
$5 + 4 + 4 = 13$(개)

12 경로가 지나는 점을 기준으로 경우를 나누어 세어 보면 다음과 같다.
(i) A → B → D인 경우: $2 \times 1 = 2$(가지)
(ii) A → C → D인 경우: $1 \times 3 = 3$(가지)
(iii) A → B → C → D인 경우: $2 \times 1 \times 3 = 6$(가지)
(iv) A → C → B → D인 경우: $1 \times 1 \times 1 = 1$(가지)
따라서 구하는 경우의 수는
$2 + 3 + 6 + 1 = 12$

13 23보다 작은 경우는 12, 13, 14, 15, 21의 5가지이고, ··· 1단계
41보다 큰 경우는 42, 43, 45, 51, 52, 53, 54의 7가지이다. ··· 2단계
두 사건은 동시에 일어나지 않으므로 23보다 작거나 41보다 큰 경우의 수는 $5 + 7 = 12$ ··· 3단계

채점 기준표

단계	채점 기준	비율
1단계	23보다 작은 경우의 수를 구한 경우	40 %
2단계	41보다 큰 경우의 수를 구한 경우	40 %
3단계	경우의 수를 구한 경우	20 %

14 (i) 꺼낸 공에 적힌 두 수의 합이 2인 경우
(1, 1)의 1가지 ··· 1단계
(ii) 꺼낸 공에 적힌 두 수의 합이 4인 경우
(1, 3), (2, 2), (3, 1)의 3가지 ··· 2단계
두 사건은 동시에 일어나지 않으므로 구하는 경우의 수는 $1 + 3 = 4$ ··· 3단계

채점 기준표

단계	채점 기준	비율
1단계	합이 2인 경우의 수를 구한 경우	40 %
2단계	합이 4인 경우의 수를 구한 경우	40 %
3단계	경우의 수를 구한 경우	20 %

15 (i) $x = 1$인 경우: $2 > y$에서 y의 값은 없다.
(ii) $x = 2$인 경우: $4 > y$에서 y의 값은 1, 3 ··· 1단계
(iii) $x = 3$인 경우: $6 > y$에서 y의 값은 1, 2, 4, 5
(iv) $4 \le x \le 6$인 경우
$8 \le 2x \le 12$이므로 y의 값은 1, 2, 3, 4, 5, 6 중에서 x와 같은 값을 제외한 것 ··· 2단계
각 사건은 동시에 일어나지 않으므로 구하는 경우의 수는
$0 + 2 + 4 + 5 + 5 + 5 = 21$ ··· 3단계

채점 기준표

단계	채점 기준	비율
1단계	$x = 1$, $x = 2$일 때 가능한 경우(경우의 수)를 구한 경우	40 %
2단계	x가 3 이상일 때 가능한 경우(경우의 수)를 구한 경우	40 %
3단계	경우의 수를 구한 경우	20 %

다른 풀이
(i) $y = 1$인 경우: $2x > 1$에서 x의 값은 2, 3, 4, 5, 6
(ii) $y = 2$인 경우: $2x > 2$에서 x의 값은 3, 4, 5, 6
(iii) $y = 3$인 경우: $2x > 3$에서 x의 값은 2, 4, 5, 6
(iv) $y = 4$인 경우: $2x > 4$에서 x의 값은 3, 5, 6

(v) $y=5$인 경우: $2x>5$에서 x의 값은 3, 4, 6
(vi) $y=6$인 경우: $2x>6$에서 x의 값은 4, 5 ··· **1단계**
각 사건은 동시에 일어나지 않으므로 구하는 경우의 수는 $5+4+4+3+3+2=21$ ··· **2단계**

채점 기준표

단계	채점 기준	비율
1단계	가능한 경우를 모두 구한 경우	80 %
2단계	경우의 수를 구한 경우	20 %

16 주사위의 짝수인 눈이 나오는 사건은 2, 4, 6의 3가지이므로 경우의 수는 3이다. ··· **1단계**
동전을 던져서 뒷면이 나오는 사건은 1가지이므로 경우의 수는 1이다. ··· **2단계**
두 사건은 동시에 일어나므로 구하는 경우의 수는 $3\times1=3$ ··· **3단계**

채점 기준표

단계	채점 기준	비율
1단계	주사위의 눈이 짝수인 경우의 수를 구한 경우	40 %
2단계	동전을 던져서 뒷면이 나오는 경우의 수를 구한 경우	40 %
3단계	경우의 수를 구한 경우	20 %

본문 89~91쪽

중단원 실전 테스트 2회

01 ②	**02** ⑤	**03** ①	**04** ③	**05** ②
06 ③	**07** ④	**08** ④	**09** ④	**10** ①
11 ④	**12** ①	**13** 16개	**14** 14	**15** 30개
16 6				

01 학교에서 학원까지 가는 길과 학원에서 집까지 가는 길을 동시에 고르는 경우의 수는 $3\times2=6$

02 앞면이 한 개도 나오지 않는 경우는 (뒷면, 뒷면, 뒷면)의 한 가지뿐이다.
동전 세 개를 던질 때 일어나는 모든 경우의 수는 8이므로 구하는 경우의 수는 $8-1=7$

03 (i) 3의 배수인 경우: 12, 21, 24, 42
(ii) 7의 배수인 경우: 14, 21, 42
따라서 3의 배수 또는 7의 배수는 12, 14, 21, 24, 42이므로 구하는 경우의 수는 5이다.

04 ① 3 ② 3 ③ 2 ④ 3 ⑤ 3
따라서 경우의 수가 가장 작은 것은 ③이다.

05 P 지점에서 Q 지점까지 최단 경로로 이동하는 경우의 수는 2이고, Q 지점에서 R 지점까지 최단 경로로 이동하는 경우의 수는 2이다.
두 사건은 동시에 일어나므로 구하는 경우의 수는 $2\times2=4$

06 홀수 또는 6의 약수가 적힌 카드가 나오는 경우는 1, 2, 3, 5, 6, 7, 9의 7가지이므로 구하는 경우의 수는 7이다.

07 (i) 두 눈의 수의 차가 2인 경우
$(1, 3), (2, 4), (3, 5), (4, 6), (3, 1), (4, 2),$
$(5, 3), (6, 4)$의 8가지
(ii) 두 눈의 수의 차가 4인 경우
$(1, 5), (2, 6), (5, 1), (6, 2)$의 4가지
두 사건은 동시에 일어나지 않으므로 구하는 경우의 수는 $8+4=12$

08 자음을 선택하는 경우의 수는 4이고, 모음을 선택하는 경우의 수는 3이다. 두 사건은 동시에 일어나므로 만들 수 있는 글자의 개수는 $4\times3=12$(개)

09 ① $2\times2=4$ ② $2\times6=12$
③ $3\times2=6$ ④ $3\times3+3\times3=18$
⑤ 6
따라서 경우의 수가 가장 큰 것은 ④이다.

10 $y=ax-1$에 $x=1$을 대입하면 $y=a-1$
$y=-bx+2$에 $x=1$을 대입하면 $y=-b+2$
교점의 x좌표가 1이라면 $a-1=-b+2$
즉, $a+b=3$
따라서 a, b의 값을 순서쌍으로 나타내면 $(1, 2), (2, 1)$의 2가지이므로 구하는 경우의 수는 2이다.

11 소설책 또는 시집 또는 과학책을 고르는 경우의 수는 $15+5+3=23$

12 한 번에 올라가는 계단의 수를 순서쌍으로 나타내면 $(2, 2), (2, 1, 1), (1, 2, 1), (1, 1, 2), (1, 1, 1, 1)$
따라서 구하는 경우의 수는 5이다.

13 0은 십의 자리에 올 수 없으므로 십의 자리에 올 수 있는 수는 1, 2, 3, 4의 4개이다. ··· 1단계

일의 자리에 올 수 있는 수는 십의 자리에 온 수를 제외한 나머지 4개이다. ··· 2단계

따라서 구하는 두 자리 자연수의 개수는

$4 \times 4 = 16$(개) ··· 3단계

채점 기준표

단계	채점 기준	비율
1단계	십의 자리에 올 수 있는 수를 찾은 경우	30 %
2단계	일의 자리에 올 수 있는 수를 찾은 경우	30 %
3단계	두 자리 자연수의 개수를 구한 경우	40 %

14 구슬에 적힌 수 x를 140으로 나누어 유한소수로 나타낼 수 있으려면 $\dfrac{x}{140}$를 기약분수로 나타내었을 때, 분모의 소인수가 2와 5뿐이어야 한다. ··· 1단계

$140 = 2^2 \times 5 \times 7$이므로 x는 7의 배수이어야 한다. ··· 2단계

1부터 100까지의 자연수 중 7의 배수는 14개이므로 유한소수가 되는 경우의 수는 14이다. ··· 3단계

채점 기준표

단계	채점 기준	비율
1단계	분모의 소인수가 2와 5뿐임을 찾은 경우	20 %
2단계	구슬에 적힌 수가 7의 배수여야 함을 찾은 경우	40 %
3단계	경우의 수를 구한 경우	40 %

15 오른쪽 그림과 같이 한 직선 위의 세 점을 A, B, C라 하자. 세 점 A, B, C를 모두 고르거나 하나도 고르지 않으면 삼각형이 그려지지 않는다.

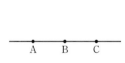

(ⅰ) 세 점 A, B, C 중 하나만 고르는 경우

A, B, C 중에서 한 점을 고르는 경우의 수는 3이고, 나머지 두 점을 고르는 경우의 수는 6이므로

$3 \times 6 = 18$ ··· 1단계

(ⅱ) 세 점 A, B, C 중 두 점을 고르는 경우

A, B, C 중에서 두 점을 고르는 경우의 수는 3이고, 나머지 한 점을 고르는 경우의 수는 4이므로

$3 \times 4 = 12$ ··· 2단계

따라서 구하는 삼각형의 개수는

$18 + 12 = 30$(개) ··· 3단계

채점 기준표

단계	채점 기준	비율
1단계	세 점 A, B, C 중 한 점을 고르는 경우의 수를 구한 경우	40 %
2단계	세 점 A, B, C 중 두 점을 고르는 경우의 수를 구한 경우	40 %
3단계	삼각형의 개수를 구한 경우	20 %

다른 풀이 7개의 점 중 3개의 점을 선택하는 모든 경우의 수는 35이다. ··· 1단계

위의 직선 위의 4개의 점 중 3개의 점을 선택하는 경우의 수는 4, 아래 직선 위의 3개의 점 중 3개의 점을 선택하는 경우의 수는 1이다. ··· 2단계

세 점이 한 직선 위에 놓여 있는 경우에는 삼각형이 만들어지지 않으므로 구하는 삼각형의 개수는

$35 - (4 + 1) = 30$(개) ··· 3단계

채점 기준표

단계	채점 기준	비율
1단계	7개의 점으로 만들 수 있는 경우의 수를 구한 경우	40 %
2단계	삼각형이 만들어지지 않는 경우의 수를 구한 경우	40 %
3단계	삼각형의 개수를 구한 경우	20 %

16 (ⅰ) 합이 5인 경우

$(1, 4), (2, 3), (3, 2)$의 3가지 ··· 1단계

(ⅱ) 합이 6인 경우

$(2, 4), (3, 3), (4, 2)$의 3가지 ··· 2단계

두 사건은 동시에 일어나지 않으므로 구하는 경우의 수는 $3 + 3 = 6$ ··· 3단계

채점 기준표

단계	채점 기준	비율
1단계	두 수의 합이 5인 경우의 수를 구한 경우	40 %
2단계	두 수의 합이 6인 경우의 수를 구한 경우	40 %
3단계	경우의 수를 구한 경우	20 %

뉴런

세상에 없던 새로운 공부법!
기본 개념과 내신을
완벽하게 잡아주는 맞춤형 학습!

2 | 확률

개념 체크   본문 94~95쪽

01 $\dfrac{4}{9}$

02 $\dfrac{1}{5}$

03 (1) $\dfrac{1}{3}$ (2) $\dfrac{1}{3}$

04 $\dfrac{1}{6}$

05 $\dfrac{3}{4}$

06 (1) $\dfrac{4}{9}$ (2) 1 (3) 1 (4) $\dfrac{5}{9}$

07 (1) $\dfrac{1}{8}$ (2) $\dfrac{3}{8}$ (3) $\dfrac{7}{8}$

08 $\dfrac{11}{36}$

대표유형   본문 96~99쪽

01 ②	**02** ②	**03** ②	**04** ②	**05** ⑤
06 ⑤	**07** ⑤	**08** ④	**09** ⑤	**10** ③
11 ④	**12** ②	**13** ④	**14** ⑤	**15** ③
16 ⑤	**17** ⑤	**18** ④	**19** ③	**20** ③
21 ①	**22** $\dfrac{3}{8}$	**23** ④	**24** ④	

01 15개 중 4개가 당첨 제비이므로 구하는 확률은 $\dfrac{4}{15}$이다.

02 전체 학생 300명 중에서 제주를 희망하는 학생은 105명이므로 임의로 선택한 한 명의 학생이 제주를 희망할 확률은

$$\dfrac{105}{300} = \dfrac{7}{20}$$

03 1부터 20까지의 자연수 중 15의 약수는 1, 3, 5, 15의 4개이므로 15의 약수가 적힌 공이 나올 확률은

$$\dfrac{4}{20} = \dfrac{1}{5}$$

04 서로 다른 두 개의 주사위를 동시에 던질 때 나오는 모든 경우의 수는 $6 \times 6 = 36$

이 중 나오는 두 눈의 수의 합이 9인 경우는

$(3, 6), (4, 5), (5, 4), (6, 3)$의 4가지

따라서 구하는 확률은

$$\dfrac{4}{36} = \dfrac{1}{9}$$

05 주머니 속에 들어 있는 공의 전체 개수는

$3 + 5 + x = 8 + x$(개)

흰 공이 나올 확률이 $\dfrac{1}{5}$이므로

$\dfrac{3}{8+x} = \dfrac{1}{5}$에서 $8 + x = 15$

따라서 $x = 7$

06 3의 배수는 3, 6, 9의 3개이므로 3의 배수가 적힌 공이 나올 확률은 $\dfrac{3}{10}$이다.

5의 배수는 5, 10의 2개이므로 5의 배수가 적힌 공이 나올 확률은 $\dfrac{2}{10}$이다.

두 사건은 동시에 일어나지 않으므로 구하는 확률은

$$\dfrac{3}{10} + \dfrac{2}{10} = \dfrac{1}{2}$$

07 포도 맛 사탕을 꺼내는 사건과 누룽지 맛 사탕을 꺼내는 사건은 동시에 일어나지 않으므로 구하는 확률은

$$\dfrac{3}{20} + \dfrac{1}{10} = \dfrac{5}{20} = \dfrac{1}{4}$$

08 서로 다른 두 개의 주사위를 동시에 던질 때, 모든 경우의 수는 $6 \times 6 = 36$

(ⅰ) 두 눈의 수의 합이 4인 경우

$(1, 3), (2, 2), (3, 1)$의 3가지이므로 이때의 확률은 $\dfrac{3}{36}$

(ⅱ) 두 눈의 수의 합이 5인 경우

$(1, 4), (2, 3), (3, 2), (4, 1)$의 4가지이므로 이때의 확률은 $\dfrac{4}{36}$

두 사건은 동시에 일어나지 않으므로 구하는 확률은

$$\dfrac{3}{36} + \dfrac{4}{36} = \dfrac{7}{36}$$

09 1부터 20까지의 자연수 중 3의 배수는 6개이므로 3의 배수가 적힌 카드가 나올 확률은 $\dfrac{6}{20} = \dfrac{3}{10}$

20의 약수는 6개이므로 20의 약수가 적힌 카드가 나올

확률은 $\dfrac{6}{20}=\dfrac{3}{10}$

두 사건은 동시에 일어나지 않으므로 구하는 확률은

$\dfrac{3}{10}+\dfrac{3}{10}=\dfrac{3}{5}$

10 A 상자에서 흰 공을 꺼낼 확률은 $\dfrac{2}{2+3}=\dfrac{2}{5}$

B 상자에서 흰 공을 꺼낼 확률은 $\dfrac{3}{3+5}=\dfrac{3}{8}$

두 사건은 서로 영향을 미치지 않으므로 구하는 확률은

$\dfrac{2}{5}\times\dfrac{3}{8}=\dfrac{3}{20}$

11 첫 번째 자유투를 성공할 확률은 $\dfrac{2}{3}$이고, 두 번째 자유투를 성공할 확률도 $\dfrac{2}{3}$이다.

두 사건은 동시에 일어나야 하므로 구하는 확률은

$\dfrac{2}{3}\times\dfrac{2}{3}=\dfrac{4}{9}$

12 한 개의 동전을 던질 때, 앞면이 나올 확률은 $\dfrac{1}{2}$이다.

주사위 한 개를 던질 때, 짝수는 3개이므로 짝수인 눈이 나올 확률은 $\dfrac{3}{6}=\dfrac{1}{2}$이다.

따라서 구하는 확률은

$\dfrac{1}{2}\times\dfrac{1}{2}=\dfrac{1}{4}$

13 주사위 한 개를 던질 때, 3 이상인 수는 3, 4, 5, 6의 4가지이므로 그 확률은 $\dfrac{4}{6}=\dfrac{2}{3}$

소수는 2, 3, 5의 3가지이므로 그 확률은 $\dfrac{3}{6}=\dfrac{1}{2}$

따라서 구하는 확률은 $\dfrac{2}{3}\times\dfrac{1}{2}=\dfrac{1}{3}$

14 서로 다른 동전 세 개를 던질 때, 모든 경우의 수는

$2\times2\times2=8$

뒷면이 한 개도 나오지 않는 경우는 (앞면, 앞면, 앞면)의 1가지이므로 뒷면이 한 개도 나오지 않을 확률은 $\dfrac{1}{8}$

따라서 구하는 확률은

$1-\dfrac{1}{8}=\dfrac{7}{8}$

15 나희가 1번 문제를 틀릴 확률은 $1-\dfrac{1}{4}=\dfrac{3}{4}$

2번 문제를 틀릴 확률은 $1-\dfrac{2}{3}=\dfrac{1}{3}$

나희가 두 문제를 모두 틀릴 확률은

$\dfrac{3}{4}\times\dfrac{1}{3}=\dfrac{1}{4}$

따라서 나희가 적어도 한 문제는 정답을 맞힐 확률은

$1-\dfrac{1}{4}=\dfrac{3}{4}$

16 남학생 두 명을 A, B, 여학생 두 명을 C, D라고 하자.

4명의 학생 중 2명을 뽑는 모든 경우의 수는 6이다.

이 중 남학생이 한 명도 뽑히지 않는 경우는 C와 D를 뽑는 1가지뿐이다.

즉, 남학생이 한 명도 뽑히지 않는 확률이 $\dfrac{1}{6}$이므로 적어도 한 명은 남학생이 뽑힐 확률은 $1-\dfrac{1}{6}=\dfrac{5}{6}$

17 다솜, 서이, 해림이가 합격하지 못할 확률은 각각 $\dfrac{1}{2}$, $\dfrac{3}{8}$, $\dfrac{1}{3}$이므로 세 사람이 모두 합격하지 못할 확률은

$\dfrac{1}{2}\times\dfrac{3}{8}\times\dfrac{1}{3}=\dfrac{1}{16}$

따라서 적어도 한 사람은 합격할 확률은

$1-\dfrac{1}{16}=\dfrac{15}{16}$

18 6장의 카드로 만들 수 있는 두 자리 자연수의 개수는

$5\times5=25$(개)

두 자리 자연수가 짝수이려면 일의 자리 수가 0 또는 2 또는 4이어야 한다.

(ⅰ) 일의 자리 수가 0인 경우

10, 20, 30, 40, 50이므로 경우의 수는 5

(ⅱ) 일의 자리 수가 2인 경우

12, 32, 42, 52이므로 경우의 수는 4

(ⅲ) 일의 자리 수가 4인 경우

14, 24, 34, 54이므로 경우의 수는 4

(ⅰ)~(ⅲ)에서 만들 수 있는 짝수의 개수는

$5+4+4=13$(개)

따라서 구하는 확률은 $\dfrac{13}{25}$

19 5장의 카드로 만들 수 있는 두 자리 자연수의 개수는

$5\times4=20$(개)

32 이상인 수는

(ⅰ) 3□인 경우: 32, 34, 35의 3개

(ⅱ) 4□인 경우: 41, 42, 43, 45의 4개

(ⅲ) 5□인 경우: 51, 52, 53, 54의 4개

(ⅰ)~(ⅲ)에서 $3+4+4=11$(개)

따라서 구하는 확률은 $\dfrac{11}{20}$

20 6장의 카드로 만들 수 있는 두 자리 자연수의 개수는

$6 \times 5 = 30$(개)

이 중 3의 배수의 개수는

$12, 15 \to 2$개

$21, 24 \to 2$개

$36 \to 1$개

$42, 45 \to 2$개

$51, 54 \to 2$개

$63 \to 1$개

이므로 $2+2+1+2+2+1=10$(개)

따라서 구하는 확률은

$\dfrac{10}{30} = \dfrac{1}{3}$

21 첫 번째 뽑은 제비가 당첨 제비일 확률은 $\dfrac{4}{10} = \dfrac{2}{5}$

두 번째 제비를 뽑을 때 남은 제비는 9개이고, 그 중 당첨 제비는 3개이므로 두 번째에 당첨 제비를 뽑을 확률은 $\dfrac{3}{9} = \dfrac{1}{3}$

따라서 구하는 확률은

$\dfrac{2}{5} \times \dfrac{1}{3} = \dfrac{2}{15}$

22 원판이 8등분 되어 있고, 8개 중 1이 적힌 칸이 3개이므로 구하는 확률은 $\dfrac{3}{8}$이다.

23 네 영역을 칠하는 모든 경우의 수는

$3 \times 2 \times 2 \times 2 = 24$

B 영역에 노란색을 칠하면 A, C, D 각 영역에 초록색 또는 파란색을 칠해야 하므로 경우의 수는

$2 \times 2 \times 2 = 8$

따라서 구하는 확률은 $\dfrac{8}{24} = \dfrac{1}{3}$

24 점 P가 꼭짓점 C에 위치하는 것은 두 눈의 수의 합이 2 또는 7 또는 12인 경우이다.

(i) 두 눈의 수의 합이 2인 경우

$(1, 1)$의 1가지이므로 이때의 확률은 $\dfrac{1}{36}$

(ii) 두 눈의 수의 합이 7인 경우

$(1, 6), (2, 5), (3, 4), (4, 3), (5, 2), (6, 1)$

의 6가지이므로 이때의 확률은 $\dfrac{6}{36}$

(iii) 두 눈의 수의 합이 12인 경우

$(6, 6)$의 1가지이므로 이때의 확률은 $\dfrac{1}{36}$

각 사건은 동시에 일어나지 않으므로 구하는 확률은

$\dfrac{1}{36} + \dfrac{6}{36} + \dfrac{1}{36} = \dfrac{2}{9}$

기출 예상 문제

본문 100~103쪽

01 ②	**02** ⑤	**03** ④	**04** ③	**05** ④
06 ④	**07** ④	**08** ④	**09** ①	**10** $\dfrac{1}{4}$
11 ⑤	**12** ③	**13** ⑤	**14** ④	**15** ⑤
16 ③	**17** ①	**18** ②	**19** ④	**20** ③
21 ②	**22** ③	**23** ③	**24** $\dfrac{5}{24}$	

---

01 ② p의 값의 범위는 $0 \leq p \leq 1$이다.

02 한 개의 주사위를 던지면 반드시 6 이하의 눈이 나오므로 확률은 1이다.

03 ① $\dfrac{2}{6} = \dfrac{1}{3}$ ② $\dfrac{3}{4}$ ③ $\dfrac{15}{36} = \dfrac{5}{12}$

④ 1   ⑤ $\dfrac{6}{9} = \dfrac{2}{3}$

따라서 확률이 1인 것은 ④이다.

04 모든 경우의 수는 $6 \times 6 = 36$

두 눈의 수의 차가 4인 경우는

$(1, 5), (2, 6), (5, 1), (6, 2)$의 4가지이다.

따라서 구하는 확률은

$\dfrac{4}{36} = \dfrac{1}{9}$

05 홀수가 적힌 카드를 뽑을 확률은 $\dfrac{25}{50}$

4의 배수가 적힌 카드를 뽑을 확률은 $\dfrac{12}{50}$

두 사건은 동시에 일어날 수 없으므로 구하는 확률은

$\dfrac{25}{50} + \dfrac{12}{50} = \dfrac{37}{50}$

06 전체 볼펜의 개수는 $2+3+3=8$(개)

빨간색 볼펜을 꺼낼 확률은 $\dfrac{2}{8}$

검정색 볼펜을 꺼낼 확률은 $\dfrac{3}{8}$

두 사건은 동시에 일어날 수 없으므로 구하는 확률은

$\dfrac{2}{8}+\dfrac{3}{8}=\dfrac{5}{8}$

07 초코 우유를 좋아하는 학생일 확률은 $\dfrac{37}{100}$

커피 우유를 좋아하는 학생일 확률은 $\dfrac{28}{100}$

두 사건은 동시에 일어나지 않으므로 구하는 확률은

$\dfrac{37}{100}+\dfrac{28}{100}=\dfrac{65}{100}=\dfrac{13}{20}$

08 소수는 2, 3, 5의 3개이므로 소수의 눈이 나올 확률은

$\dfrac{3}{6}$

합성수는 4, 6의 2개이므로 합성수의 눈이 나올 확률은

$\dfrac{2}{6}$

두 사건은 동시에 일어나지 않으므로 구하는 확률은

$\dfrac{3}{6}+\dfrac{2}{6}=\dfrac{5}{6}$

다른 풀이 소수 또는 합성수가 아닌 수는 1뿐이므로
그 확률은 $\dfrac{1}{6}$이다. 따라서 소수 또는 합성수의 눈이 나
올 확률은 $1-\dfrac{1}{6}=\dfrac{5}{6}$

09 두 선수 A, B가 모두 10점을 맞힐 확률은

$\dfrac{5}{6}\times\dfrac{4}{5}=\dfrac{2}{3}$

10 동전의 뒷면이 나올 확률은 $\dfrac{1}{2}$이고, 두 개의 동전이 각
각 뒷면이 나오는 사건은 서로 영향을 미치지 않으므로
구하는 확률은

$\dfrac{1}{2}\times\dfrac{1}{2}=\dfrac{1}{4}$

11 처음 던진 주사위의 눈이 4 이상일 확률은 $\dfrac{3}{6}=\dfrac{1}{2}$

두 번째 던진 주사위의 눈이 4 이하일 확률은 $\dfrac{4}{6}=\dfrac{2}{3}$

따라서 구하는 확률은

$\dfrac{1}{2}\times\dfrac{2}{3}=\dfrac{1}{3}$

12 두 주머니에서 같은 색의 공을 꺼내려면 둘 다 흰 공이
어야 한다.
A 주머니에서 꺼낸 공이 흰 공일 확률은

$\dfrac{5}{3+5}=\dfrac{5}{8}$

B 주머니에서 꺼낸 공이 흰 공일 확률은

$\dfrac{2}{4+2}=\dfrac{2}{6}=\dfrac{1}{3}$

두 사건은 서로 영향을 미치지 않으므로 구하는 확률은

$\dfrac{5}{8}\times\dfrac{1}{3}=\dfrac{5}{24}$

13 민우가 2발을 모두 명중시키지 못할 확률은

$\left(1-\dfrac{4}{5}\right)\times\left(1-\dfrac{4}{5}\right)=\dfrac{1}{25}$

따라서 적어도 한 발을 명중시킬 확률은 $1-\dfrac{1}{25}=\dfrac{24}{25}$

다른 풀이 2발 중 적어도 한 발을 명중시킬 확률은 다
음과 같다.

(i) 첫 번째만 명중시킬 확률: $\dfrac{4}{5}\times\dfrac{1}{5}=\dfrac{4}{25}$

(ii) 두 번째만 명중시킬 확률: $\dfrac{1}{5}\times\dfrac{4}{5}=\dfrac{4}{25}$

(iii) 두 번 모두 명중시킬 확률: $\dfrac{4}{5}\times\dfrac{4}{5}=\dfrac{16}{25}$

각 사건은 동시에 일어나지 않으므로 구하는 확률은

$\dfrac{4}{25}+\dfrac{4}{25}+\dfrac{16}{25}=\dfrac{24}{25}$

14 5명 중에서 2명의 대표를 뽑는 경우의 수는 10이다.
2학년 학생이 한 명도 뽑히지 않는 경우는 3학년 학생
3명 중에서 대표 2명을 뽑는 경우이므로 그 경우의 수
는 3이다.
즉, 2학년 학생이 한 명도 뽑히지 않을 확률이 $\dfrac{3}{10}$이므
로 2학년 학생이 적어도 한 명 뽑힐 확률은

$1-\dfrac{3}{10}=\dfrac{7}{10}$

15 주사위 한 개를 던질 때, 홀수의 눈이 나오지 않을 확률
은 $\dfrac{1}{2}$이므로 2개의 주사위 모두 홀수의 눈이 나오지 않
을 확률은

$\dfrac{1}{2}\times\dfrac{1}{2}=\dfrac{1}{4}$

따라서 구하는 확률은

$1-\dfrac{1}{4}=\dfrac{3}{4}$

16 (i) A와 같이 한 면만 색칠된 정
육면체일 경우의 수는
$4\times6=24$
이때의 확률은

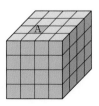

$$\frac{24}{64}=\frac{3}{8}$$

(ii) B와 같이 두 면만 색칠된 정
육면체일 경우의 수는
$2\times12=24$
이때의 확률은

$$\frac{24}{64}=\frac{3}{8}$$

(iii) C와 같이 세 면만 색칠된 정
육면체일 경우의 수는 8
이때의 확률은 $\dfrac{8}{64}=\dfrac{1}{8}$

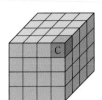

따라서 적어도 한 면이 색칠되어
있는 정육면체일 확률은

$$\frac{3}{8}+\frac{3}{8}+\frac{1}{8}=\frac{7}{8}$$

[다른 풀이] 한 면도 색칠되지 않은 정육면체는 8개이므
로 한 면도 색칠되지 않은 정육면체를 선택할 확률은

$$\frac{8}{64}=\frac{1}{8}$$

따라서 적어도 한 면이 색칠된 정육면체를 선택할 확률
은 $1-\dfrac{1}{8}=\dfrac{7}{8}$

17 A가 경품권이 들어 있는 제품을 살 확률은 $\dfrac{3}{10}$이고,

B가 경품권이 들어 있는 제품을 살 확률은 $\dfrac{2}{9}$이다.

따라서 두 사람이 모두 경품권이 들어 있는 제품을 살
확률은

$$\frac{3}{10}\times\frac{2}{9}=\frac{1}{15}$$

18 10장의 카드로 만들 수 있는 두 자리 자연수의 개수는
$9\times9=81$(개)

만들 수 있는 두 자리 자연수 중 4의 배수는

1□ → 12, 16

2□ → 20, 24, 28

3□ → 32, 36

4□ → 40, 48

5□ → 52, 56

6□ → 60, 64, 68

7□ → 72, 76

8□ → 80, 84

9□ → 92, 96

이므로 20개이다.

따라서 4의 배수일 확률은 $\dfrac{20}{81}$

[다른 풀이] 10장의 카드로 만들 수 있는 두 자리 자연수
의 개수는

$9\times9=81$(개)

두 자리 자연수 중 4의 배수는

4×3, 4×4, $\cdots$, 4×24

의 22개이다. 이 중 십의 자리 수와 일의 자리 수가 같
은 것은 44, 88의 2개이므로 카드로 만들 수 있는 4의
배수의 개수는

$22-2=20$(개)

따라서 구하는 확률은 $\dfrac{20}{81}$

19 (i) 두 번 모두 흰 공을 꺼낼 확률

$$\frac{3}{10}\times\frac{2}{9}=\frac{1}{15}$$

(ii) 두 번 모두 검은 공을 꺼낼 확률

$$\frac{7}{10}\times\frac{6}{9}=\frac{7}{15}$$

두 사건은 동시에 일어나지 않으므로 구하는 확률은

$$\frac{1}{15}+\frac{7}{15}=\frac{8}{15}$$

20 흰 공을 꺼낼 확률은 $\dfrac{3}{3+2}=\dfrac{3}{5}$

따라서 2개 모두 흰 공일 확률은

$$\frac{3}{5}\times\frac{3}{5}=\frac{9}{25}$$

21 (i) 처음 던진 후 점 P가 꼭짓점 B에 놓일 확률
주사위의 눈이 1 또는 4가 나와야 하므로 확률은

$$\frac{2}{6}=\frac{1}{3}$$

(ii) 두 번째 던진 후 점 P가 꼭짓점 A에 놓일 확률
주사위의 눈이 2 또는 5가 나와야 하므로 확률은

$$\frac{2}{6}=\frac{1}{3}$$

두 사건은 동시에 일어나므로 구하는 확률은

$$\frac{1}{3}\times\frac{1}{3}=\frac{1}{9}$$

22 두 눈의 수의 곱이 홀수가 되려면 2개의 눈이 모두 홀
수여야 하므로 그 확률은 $\dfrac{1}{2}\times\dfrac{1}{2}=\dfrac{1}{4}$

두 눈의 수의 곱이 짝수일 확률은 $1-\dfrac{1}{4}=\dfrac{3}{4}$

두 번 모두 두 눈의 수의 곱이 홀수이거나 두 눈의 수의
곱이 짝수이면 A, B 중 한 부분만 색칠된다.

두 번 모두 홀수일 확률은 $\dfrac{1}{4}\times\dfrac{1}{4}=\dfrac{1}{16}$

두 번 모두 짝수일 확률은 $\dfrac{3}{4} \times \dfrac{3}{4} = \dfrac{9}{16}$

즉, A, B 중 한 부분만 색칠될 확률은

$\dfrac{1}{16} + \dfrac{9}{16} = \dfrac{5}{8}$

따라서 구하는 확률은

$1 - \dfrac{5}{8} = \dfrac{3}{8}$

23 공이 B로 나올 수 있는 경로는 다음과 같다.

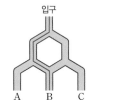

각 경로마다 갈림길을 두 번씩 지나므로 각각의 경로로

이동할 확률은 $\dfrac{1}{2} \times \dfrac{1}{2} = \dfrac{1}{4}$

따라서 구하는 확률은

$\dfrac{1}{4} + \dfrac{1}{4} = \dfrac{1}{2}$

24 두 원판을 돌릴 때, 모든 경우의 수는

$4 \times 6 = 24$

(ⅰ) 눈의 수의 합이 5인 경우

　　두 원판 A, B에서 나온 수를 순서쌍으로 나타내면

　　$(1, 4), (2, 3), (3, 2), (4, 1)$

　　의 4가지이므로 그 확률은 $\dfrac{4}{24}$

(ⅱ) 눈의 수의 합이 10인 경우

　　두 원판 A, B에서 나온 수를 순서쌍으로 나타내면

　　$(4, 6)$의 1가지이므로 그 확률은 $\dfrac{1}{24}$

(ⅰ), (ⅱ)에서 구하는 확률은

$\dfrac{4}{24} + \dfrac{1}{24} = \dfrac{5}{24}$

고난도 집중 연습

본문 104~105쪽

1 $x=3$, $y=7$　　　　**1-1** $a=5$, $b=6$

2 $\dfrac{7}{27}$　　　　　　**2-1** $\dfrac{44}{125}$

3 $\dfrac{5}{36}$　　　　　　**3-1** $\dfrac{2}{27}$

4 $\dfrac{7}{15}$　　　　　　**4-1** $\dfrac{4}{5}$

1

풀이 전략　x, y에 대한 식을 세운 후 전체 공의 개수를 구하여
방정식을 푼다.

빨간 공이 나올 확률은

$\dfrac{2}{2+x+y} = \dfrac{1}{6}$에서 $2+x+y = 12$

노란 공이 나올 확률은

$\dfrac{x}{2+x+y} = \dfrac{x}{12} = \dfrac{1}{4}$에서 $x = 3$

$2+x+y = 12$에 $x=3$을 대입하면 $y=7$

1-1

풀이 전략　전체 공의 개수를 이용하여 a, b의 값을 구한다.

흰 공 또는 노란 공이 나올 확률이 $\dfrac{1}{3} + \dfrac{2}{5} = \dfrac{11}{15}$이므로 검
은 공이 나올 확률은 $1 - \dfrac{11}{15} = \dfrac{4}{15}$

그런데 주머니 속에 들어 있는 검은 공의 개수가 4개이므로
전체 공의 개수는 15개이다.

흰 공이 나올 확률은 $\dfrac{a}{15} = \dfrac{1}{3}$에서 $a = 5$

노란 공이 나올 확률은 $\dfrac{b}{15} = \dfrac{2}{5}$에서 $b = 6$

다른 풀이　흰 공이 나올 확률은

$\dfrac{a}{a+b+4} = \dfrac{1}{3}$에서 $a+b+4 = 3a$

노란 공이 나올 확률은

$\dfrac{b}{a+b+4} = \dfrac{2}{5}$에서 $2a+2b+8 = 5b$

a, b에 대한 연립방정식 $\begin{cases} a+b+4 = 3a \\ 2a+2b+8 = 5b \end{cases}$ 를 풀면

$a = 5$, $b = 6$

2

풀이 전략　현승이가 승리할 수 있는 경우를 나누어 구한다.

연우가 현승이를 이길 확률이 $\dfrac{2}{3}$이고, 비기는 경우는 없으

므로 현승이가 연우를 이길 확률은 $\dfrac{1}{3}$이다.

현승이가 승리하는 경우에 두 사람의 승점은 4 : 0이거나
4 : 2이다.

(ⅰ) 현승이와 연우가 4 : 0으로 게임이 끝난 경우

　　현승이가 연속하여 두 게임을 이겨야 하므로 그 확률은

　　$\dfrac{1}{3} \times \dfrac{1}{3} = \dfrac{1}{9}$

(ⅱ) 현승이와 연우가 4 : 2로 게임이 끝난 경우

　　현승이가 두 게임은 이기고 한 게임은 지는 경우로 첫 번
　　째 게임을 지는 경우 또는 두 번째 게임을 지는 경우이다.

이 경우의 확률은 $\dfrac{2}{3} \times \dfrac{1}{3} \times \dfrac{1}{3} + \dfrac{1}{3} \times \dfrac{2}{3} \times \dfrac{1}{3} = \dfrac{4}{27}$

각 사건은 동시에 일어나지 않으므로 구하는 확률은

$\dfrac{1}{9} + \dfrac{4}{27} = \dfrac{7}{27}$

2-1

풀이 전략 진하가 승리할 수 있는 경우를 나누어 구한다.

진하가 승리하는 경우에 두 사람의 승점은 6 : 2이거나
7 : 5이다.

(i) 진하와 현영이가 6 : 2로 게임이 끝난 경우

진하가 연속하여 두 게임을 이겨야 하므로 그 확률은

$\dfrac{2}{5} \times \dfrac{2}{5} = \dfrac{4}{25}$

(ii) 진하와 현영이가 7 : 5로 게임이 끝난 경우

진하가 두 게임은 이기고, 한 게임은 지는 경우로 첫 번째
게임을 지는 경우 또는 두 번째 게임을 지는 경우이다.

이 경우의 확률은 $\dfrac{3}{5} \times \dfrac{2}{5} \times \dfrac{2}{5} + \dfrac{2}{5} \times \dfrac{3}{5} \times \dfrac{2}{5} = \dfrac{24}{125}$

각 사건은 동시에 일어나지 않으므로 구하는 확률은

$\dfrac{4}{25} + \dfrac{24}{125} = \dfrac{44}{125}$

3

풀이 전략 첫 번째에는 승부가 나지 않아야 하고, 두 번째에는
승부가 결정되어야 한다.

첫 번째 게임에서 승부가 결정되지 않는 경우는 두 사람의
눈의 수가 같을 때이므로 그 확률은 $\dfrac{6}{36} = \dfrac{1}{6}$

두 번째에 승부가 결정되는 확률은 $1 - \dfrac{1}{6} = \dfrac{5}{6}$

따라서 구하는 확률은

$\dfrac{1}{6} \times \dfrac{5}{6} = \dfrac{5}{36}$

3-1

풀이 전략 첫 번째, 두 번째에는 승부가 나지 않아야 하고, 세 번
째에는 승부가 결정되어야 한다.

가위바위보를 해서 승부가 날 확률은 $\dfrac{2}{3}$, 승부가 나지 않을
확률은 $\dfrac{1}{3}$이다.

따라서 첫 번째, 두 번째에서는 승부가 나지 않고, 세 번째에
서 승부가 날 확률은 $\dfrac{1}{3} \times \dfrac{1}{3} \times \dfrac{2}{3} = \dfrac{2}{27}$

4

풀이 전략 $a+b$가 홀수이려면 하나는 짝수, 하나는 홀수이어야
한다.

a가 홀수일 확률은 $1 - \dfrac{1}{3} = \dfrac{2}{3}$

b가 홀수일 확률은 $1 - \dfrac{2}{5} = \dfrac{3}{5}$

$a+b$가 홀수가 되려면 a, b 중 한 개는 짝수, 한 개는 홀수
이어야 한다.

(i) a는 짝수, b는 홀수일 확률: $\dfrac{1}{3} \times \dfrac{3}{5} = \dfrac{1}{5}$

(ii) a는 홀수, b는 짝수일 확률: $\dfrac{2}{3} \times \dfrac{2}{5} = \dfrac{4}{15}$

두 사건은 동시에 일어나지 않으므로 구하는 확률은

$\dfrac{1}{5} + \dfrac{4}{15} = \dfrac{7}{15}$

4-1

풀이 전략 ab가 짝수이려면 둘 중에 적어도 하나는 짝수이어야
한다.

a가 홀수일 확률은 $1 - \dfrac{3}{4} = \dfrac{1}{4}$

b가 홀수일 확률은 $1 - \dfrac{1}{5} = \dfrac{4}{5}$

a, b가 둘 다 홀수일 확률은 $\dfrac{1}{4} \times \dfrac{4}{5} = \dfrac{1}{5}$

ab가 짝수이려면 a, b 중 적어도 한 개가 짝수이어야 한다.

따라서 ab가 짝수일 확률은 $1 - \dfrac{1}{5} = \dfrac{4}{5}$

서술형 집중 연습

본문 106~107쪽

예제 1 풀이 참조	유제 1	$\dfrac{49}{64}$
예제 2 풀이 참조	유제 2	$\dfrac{1}{2}$
예제 3 풀이 참조	유제 3	$\dfrac{1}{2}$
예제 4 풀이 참조	유제 4	$\dfrac{5}{9}$

예제 1

서로 다른 주사위 두 개를 동시에 던질 때, 모든 경우의 수는

$\boxed{6} \times \boxed{6} = \boxed{36}$ ··· 1단계

(i) 합이 10인 경우: ($\boxed{4}$, $\boxed{6}$), ($\boxed{5}$, $\boxed{5}$), ($\boxed{6}$, $\boxed{4}$)

(ii) 합이 11인 경우: ($\boxed{5}$, $\boxed{6}$), ($\boxed{6}$, $\boxed{5}$)

(iii) 합이 12인 경우: ($\boxed{6}$, $\boxed{6}$)

(i)~(iii)에서 두 눈의 수의 합이 10 이상인 경우는 $\boxed{6}$가지이
므로 이때의 확률은

$$\frac{6}{36}=\boxed{\dfrac{1}{6}}$$ ··· 2단계

따라서 두 눈의 수의 합이 10보다 작을 확률은

$$\boxed{1}-\frac{1}{6}=\frac{5}{6}$$ ··· 3단계

채점 기준표

단계	채점 기준	비율
1단계	모든 경우의 수를 구한 경우	20 %
2단계	합이 10 이상일 확률을 구한 경우	50 %
3단계	합이 10보다 작을 확률을 구한 경우	30 %

유제 **1**

정팔면체 모양의 주사위 두 개를 동시에 던질 때, 모든 경우의 수는 $8 \times 8 = 64$ ··· 1단계

합이 6 이하인 경우를 순서쌍으로 나타내면

$(1, 1)$

$(1, 2), (2, 1)$

$(1, 3), (2, 2), (3, 1)$

$(1, 4), (2, 3), (3, 2), (4, 1)$

$(1, 5), (2, 4), (3, 3), (4, 2), (5, 1)$

의 15가지이므로 확률은 $\dfrac{15}{64}$ 이다. ··· 2단계

따라서 두 눈의 수의 합이 6보다 클 확률은

$$1-\frac{15}{64}=\frac{49}{64}$$ ··· 3단계

채점 기준표

단계	채점 기준	비율
1단계	모든 경우의 수를 구한 경우	20 %
2단계	합이 6 이하일 확률을 구한 경우	50 %
3단계	합이 6보다 클 확률을 구한 경우	30 %

예제 **2**

서로 다른 주사위 두 개를 동시에 던질 때, 모든 경우의 수는 $\boxed{6} \times \boxed{6} = \boxed{36}$ ··· 1단계

방정식 $2x+y=12$의 해를 구하면

(i) $x=3$인 경우 $y=\boxed{6}$

(ii) $x=4$인 경우 $y=\boxed{4}$

(iii) $x=5$인 경우 $y=\boxed{2}$ ··· 2단계

따라서 구하는 확률은 $\dfrac{3}{\boxed{36}}=\dfrac{1}{\boxed{12}}$ ··· 3단계

채점 기준표

단계	채점 기준	비율
1단계	모든 경우의 수를 구한 경우	20 %
2단계	가능한 x, y의 값을 옳게 구한 경우	40 %
3단계	확률을 구한 경우	40 %

유제 **2**

서로 다른 주사위 두 개를 동시에 던질 때, 모든 경우의 수는 $6 \times 6 = 36$ ··· 1단계

$3a<2b+4$를 만족하는 a, b를 순서쌍으로 나타내면

$(1, 1), (1, 2), (1, 3), (1, 4), (1, 5), (1, 6)$

$(2, 2), (2, 3), (2, 4), (2, 5), (2, 6)$

$(3, 3), (3, 4), (3, 5), (3, 6)$

$(4, 5), (4, 6)$

$(5, 6)$

의 18가지이다. ··· 2단계

따라서 주어진 부등식을 만족시킬 확률은

$$\frac{18}{36}=\frac{1}{2}$$ ··· 3단계

채점 기준표

단계	채점 기준	비율
1단계	모든 경우의 수를 구한 경우	20 %
2단계	$3a<2b+4$를 만족하는 a, b를 옳게 구한 경우	50 %
3단계	확률을 구한 경우	30 %

예제 **3**

(i) A에서 흰 구슬, B에서 검은 구슬을 꺼낼 확률

$$\frac{4}{\boxed{10}} \times \frac{4}{\boxed{12}} = \boxed{\dfrac{2}{15}}$$ ··· 1단계

(ii) A에서 검은 구슬, B에서 흰 구슬을 꺼낼 확률

$$\frac{6}{\boxed{10}} \times \frac{8}{\boxed{12}} = \boxed{\dfrac{2}{5}}$$ ··· 2단계

두 사건은 동시에 일어나지 않으므로 구하는 확률은

$$\boxed{\dfrac{2}{15}} + \frac{2}{5} = \boxed{\dfrac{8}{15}}$$ ··· 3단계

채점 기준표

단계	채점 기준	비율
1단계	A에서 흰 구슬, B에서 검은 구슬을 꺼낼 확률을 구한 경우	40 %
2단계	A에서 검은 구슬, B에서 흰 구슬을 꺼낼 확률을 구한 경우	40 %
3단계	서로 다른 색의 구슬이 나올 확률을 구한 경우	20 %

유제 **3**

(i) A에서 흰 구슬, B에서 흰 구슬을 꺼낼 확률

$$\frac{2}{6} \times \frac{3}{6} = \frac{1}{6}$$ ··· 1단계

(ii) A에서 검은 구슬, B에서 검은 구슬을 꺼낼 확률

$$\frac{4}{6} \times \frac{3}{6} = \frac{1}{3}$$ ··· 2단계

두 사건은 동시에 일어나지 않으므로 구하는 확률은

$$\frac{1}{6} + \frac{1}{3} = \frac{1}{2}$$ ··· 3단계

채점 기준표

단계	채점 기준	비율
1단계	A에서 흰 구슬, B에서 흰 구슬을 꺼낼 확률을 구한 경우	40 %
2단계	A에서 검은 구슬, B에서 검은 구슬을 꺼낼 확률을 구한 경우	40 %
3단계	같은 색의 구슬이 나올 확률을 구한 경우	20 %

예제 4

2장을 뽑아 만들 수 있는 두 자리 자연수의 개수는

$\boxed{4} \times \boxed{3} = \boxed{12}$ (개) ··· 1단계

(i) 만든 자연수가 13 이하일 확률

만들 수 있는 13 이하의 자연수가 12, 13의 $\boxed{2}$개이므로

그 확률은 $\frac{2}{12} = \boxed{\frac{1}{6}}$

(ii) 만든 자연수가 32 이상일 확률

만들 수 있는 32 이상의 자연수가 32, 34, 41, 42, 43의

$\boxed{5}$개이므로 그 확률은 $\frac{5}{\boxed{12}}$ ··· 2단계

두 사건은 동시에 일어나지 않으므로 구하는 확률은

$\boxed{\frac{1}{6}} + \frac{5}{\boxed{12}} = \frac{7}{\boxed{12}}$ ··· 3단계

채점 기준표

단계	채점 기준	비율
1단계	두 자리 자연수의 개수를 구한 경우	20 %
2단계	만든 자연수가 13 이하, 32 이상일 확률을 각각 구한 경우	각 30 %
3단계	13 이하이거나 32 이상일 확률을 구한 경우	20 %

유제 4

두 장을 뽑아 만들 수 있는 두 자리 자연수의 개수는

$3 \times 3 = 9$ (개) ··· 1단계

(i) 만든 자연수가 12 이하일 확률

만들 수 있는 12 이하의 자연수가 10, 12의 2개이므로

그 확률은 $\frac{2}{9}$

(ii) 만든 자연수가 30 이상일 확률

만들 수 있는 30 이상의 자연수가 30, 31, 32의 3개이므

로 그 확률은 $\frac{3}{9} = \frac{1}{3}$ ··· 2단계

두 사건은 동시에 일어나지 않으므로 구하는 확률은

$\frac{2}{9} + \frac{1}{3} = \frac{5}{9}$ ··· 3단계

채점 기준표

단계	채점 기준	비율
1단계	두 자리 자연수의 개수를 구한 경우	20 %
2단계	만든 자연수가 12 이하, 30 이상일 확률을 각각 구한 경우	각 30 %
3단계	12 이하이거나 30 이상일 확률을 구한 경우	20 %

중단원 실전 테스트 1회

01 ④　　02 ⑤　　03 ④　　04 ④　　05 ⑤
06 ④　　07 ⑤　　08 ③　　09 ①　　10 ②
11 ②　　12 ⑤　　13 $\frac{5}{9}$　　14 7개　　15 $\frac{2}{9}$
16 $\frac{2}{9}$

01 ① 1　② 0　③ 0　④ $\frac{5}{6}$　⑤ 0

따라서 확률이 0 또는 1이 아닌 것은 ④이다.

02 1등 제비가 뽑히는 사건과 2등 제비가 뽑히는 사건은 동시에 일어나지 않으므로 구하는 확률은

$$\frac{1}{60} + \frac{1}{40} = \frac{1}{24}$$

03 전체 학생 수는 25명이고, 봉사활동 시간이 12시간 이상 16시간 미만인 학생 수는 6명이므로 구하는 확률은 $\frac{6}{25}$이다.

04 두 사람이 낼 수 있는 모든 경우의 수는 $3 \times 3 = 9$이고, 그 중 비기는 경우가 3가지이므로 구하는 확률은

$$\frac{3}{9} = \frac{1}{3}$$

05 주사위 한 개를 던졌을 때 3 이상의 눈이 나오지 않는 경우는 1, 2가 나오는 경우이므로 그 확률은 $\frac{1}{3}$이다.

두 주사위 모두 3 이상의 눈이 나오지 않을 확률은

$$\frac{1}{3} \times \frac{1}{3} = \frac{1}{9}$$

따라서 적어도 하나는 3 이상의 눈이 나올 확률은

$$1 - \frac{1}{9} = \frac{8}{9}$$

06 두 사람 모두 풍선을 맞히지 못할 확률은

$$\left(1 - \frac{1}{2}\right) \times \left(1 - \frac{2}{5}\right) = \frac{1}{2} \times \frac{3}{5} = \frac{3}{10}$$

둘 중 적어도 한 사람이 다트를 맞히면 풍선이 터지므로 구하는 확률은

$$1-\frac{3}{10}=\frac{7}{10}$$

07 5장의 카드 중 2장을 뽑아 두 자리 자연수를 만드는 경우의 수는 $5\times4=20$

이 중 3의 배수는 12, 15, 21, 24, 42, 45, 51, 54의 8개이므로 두 자리 자연수가 3의 배수일 확률은

$$\frac{8}{20}=\frac{2}{5}$$

08 카드를 한 장씩 뽑을 때, 모든 경우의 수는

$5\times5=25$

이 중 서로 같은 수가 적힌 카드를 뽑는 경우는

$(1, 1), (2, 2), (3, 3), (4, 4), (5, 5)$의 5가지이므로 이때의 확률은 $\frac{5}{25}=\frac{1}{5}$

따라서 카드에 적힌 두 수가 서로 다를 확률은

$$1-\frac{1}{5}=\frac{4}{5}$$

09 (i) 두 상자 A, B에서 각각 흰 공을 꺼낼 확률

$$\frac{5}{9}\times\frac{4}{12}=\frac{5}{27}$$

(ii) 두 상자 A, B에서 각각 검은 공을 꺼낼 확률

$$\frac{4}{9}\times\frac{8}{12}=\frac{8}{27}$$

두 사건은 동시에 일어나지 않으므로 구하는 확률은

$$\frac{5}{27}+\frac{8}{27}=\frac{13}{27}$$

10 두 눈의 수의 합이 0이 되는 것은

$(-2, 2)$ 또는 $(-1, 1)$ 또는 $(1, -1)$ 또는 $(2, -2)$가 나올 때이다.

$(-2, 2)$가 나올 확률은 $\frac{2}{6}\times\frac{2}{6}=\frac{1}{9}$

$(-1, 1)$이 나올 확률은 $\frac{1}{6}\times\frac{1}{6}=\frac{1}{36}$

$(1, -1)$이 나올 확률은 $\frac{1}{6}\times\frac{1}{6}=\frac{1}{36}$

$(2, -2)$가 나올 확률은 $\frac{2}{6}\times\frac{2}{6}=\frac{1}{9}$

각 사건은 동시에 일어나지 않으므로 구하는 확률은

$$\frac{1}{9}+\frac{1}{36}+\frac{1}{36}+\frac{1}{9}=\frac{10}{36}=\frac{5}{18}$$

11 동전 두 개를 동시에 던져서 앞면이 두 개 나올 확률은 $\frac{1}{4}$, 앞면이 한 개 나올 확률은 $\frac{2}{4}=\frac{1}{2}$, 앞면이 한 개도

나오지 않을 확률은 $\frac{1}{4}$이다.

동전 두 개를 던지는 것을 네 번 반복한 후 6칸 위에 있는 경우는 다음과 같다.

(i) 세 번은 앞면이 두 개, 한 번은 앞면이 나오지 않는 경우는

$(2, 2, 2, 0), (2, 2, 0, 2),$

$(2, 0, 2, 2), (0, 2, 2, 2)$

의 4가지이므로 이때의 확률은

$$\frac{1}{4}\times\frac{1}{4}\times\frac{1}{4}\times\frac{1}{4}\times4=\frac{1}{64}$$

(ii) 두 번은 앞면이 두 개, 두 번은 앞면이 한 개 나오는 경우는

$(2, 2, 1, 1), (2, 1, 2, 1), (2, 1, 1, 2),$

$(1, 2, 2, 1), (1, 2, 1, 2), (1, 1, 2, 2)$

의 6가지이므로 이때의 확률은

$$\frac{1}{4}\times\frac{1}{4}\times\frac{1}{2}\times\frac{1}{2}\times6=\frac{3}{32}$$

두 사건은 동시에 일어나지 않으므로 구하는 확률은

$$\frac{1}{64}+\frac{3}{32}=\frac{7}{64}$$

12 카드를 두 번 뽑아 나올 수 있는 모든 경우의 수는

$3\times3=9$

두 번 모두 같은 색의 카드를 뽑는 경우의 수는 3이므로 두 번 모두 같은 색의 카드를 뽑을 확률은 $\frac{3}{9}=\frac{1}{3}$

따라서 구하는 확률은

$$1-\frac{1}{3}=\frac{2}{3}$$

13 주머니에서 임의로 제비 한 개를 뽑을 때, 당첨 제비를 뽑을 확률은 $\frac{2}{6}=\frac{1}{3}$이므로 당첨 제비를 뽑지 못할 확률은 $1-\frac{1}{3}=\frac{2}{3}$ ··· **1단계**

두 번 반복한 후 당첨 제비가 한 번도 나오지 않을 확률은 $\frac{2}{3}\times\frac{2}{3}=\frac{4}{9}$ ··· **2단계**

따라서 적어도 한 번은 당첨 제비가 나올 확률은

$$1-\frac{4}{9}=\frac{5}{9}$$ ··· **3단계**

채점 기준표

단계	채점 기준	비율
1단계	한 번의 시도에서 당첨 제비를 뽑지 못할 확률을 구한 경우	20 %
2단계	두 번 반복했을 때 당첨 제비를 뽑지 못할 확률을 구한 경우	40 %
3단계	적어도 한 번 당첨 제비를 뽑을 확률을 구한 경우	40 %

14 빨간 구슬을 꺼낼 확률은

$$\frac{3}{2+3+x}=\frac{3}{5+x}$$ ··· 1단계

$$\frac{3}{5+x}=\frac{1}{4}$$에서 $12=5+x$ ··· 2단계

따라서 $x=7$이고, 노란 구슬은 7개이다. ··· 3단계

채점 기준표

단계	채점 기준	비율
1단계	빨간 구슬을 꺼낼 확률을 x에 대한 식으로 나타낸 경우	30 %
2단계	$\frac{3}{5+x}=\frac{1}{4}$을 구한 경우	40 %
3단계	노란 구슬의 개수를 구한 경우	30 %

15 주사위 한 개를 던질 때, 6의 약수인 눈이 나올 확률은

$\frac{4}{6}=\frac{2}{3}$이고, 6의 약수인 눈이 나오지 않을 확률은

$1-\frac{2}{3}=\frac{1}{3}$이다. ··· 1단계

주사위를 3회 던진 후 점 P가 다시 원점에 놓이는 것은 6의 약수인 눈이 한 번, 그렇지 않은 경우가 두 번 나와야 한다. ··· 2단계

각각의 확률은 $\frac{2}{3}\times\frac{1}{3}\times\frac{1}{3}$이고, 그 경우는 3가지이므로 구하는 확률은

$$\frac{2}{3}\times\frac{1}{3}\times\frac{1}{3}\times3=\frac{2}{9}$$ ··· 3단계

채점 기준표

단계	채점 기준	비율
1단계	6의 약수인 눈이 나올 확률과 그렇지 않을 확률을 각각 구한 경우	20 %
2단계	6의 약수인 눈이 한 번 나와야 함을 찾은 경우	30 %
3단계	확률을 구한 경우	50 %

16 $ax+b=5$에서 $x=\dfrac{5-b}{a}$ ··· 1단계

x가 자연수가 되는 경우는 다음과 같다.

(i) $a=1$인 경우 $b=1,\ 2,\ 3,\ 4$

(ii) $a=2$인 경우 $b=1,\ 3$

(iii) $a=3$인 경우 $b=2$

(iv) $a=4$인 경우 $b=1$

(i)~(iv)에서 가능한 경우는 8가지이다. ··· 2단계

주사위 한 개를 두 번 던질 때, 모든 경우의 수는

$6\times6=36$

따라서 구하는 확률은

$$\frac{8}{36}=\frac{2}{9}$$ ··· 3단계

채점 기준표

단계	채점 기준	비율
1단계	x를 a, b에 대한 식으로 나타낸 경우	30 %
2단계	가능한 a, b의 값을 구한 경우	50 %
3단계	확률을 구한 경우	20 %

본문 111~113쪽

중단원 실전 테스트 2회

01 ② 02 ③ 03 ① 04 ④ 05 ④
06 ③ 07 ③ 08 ③ 09 ② 10 ③
11 ⑤ 12 ② 13 $\frac{5}{8}$ 14 $\frac{1}{9}$ 15 $\frac{5}{6}$
16 $\frac{31}{48}$

01 전체 공의 개수는 $15+5=20$ (개)이고, 그 중 홀수가 적힌 공은 8개이다.

따라서 홀수가 적힌 공이 나올 확률은 $\dfrac{8}{20}=\dfrac{2}{5}$

02 오지선다형 문항의 답을 임의로 적어 정답을 맞힐 확률은 $\dfrac{1}{5}$이고, 틀릴 확률은 $1-\dfrac{1}{5}=\dfrac{4}{5}$이다.

두 문제를 모두 틀릴 확률은 $\dfrac{4}{5}\times\dfrac{4}{5}=\dfrac{16}{25}$

따라서 적어도 한 문항의 정답을 맞힐 확률은

$$1-\frac{16}{25}=\frac{9}{25}$$

03 재민이가 과녁을 맞히지 못할 확률은 $1-\dfrac{5}{6}=\dfrac{1}{6}$

따라서 재민이는 과녁을 맞히지 못하고, 준혁이는 과녁을 맞힐 확률은

$$\frac{1}{6}\times\frac{7}{9}=\frac{7}{54}$$

04 ㄱ. p의 값의 범위는 $0\le p\le1$이다.

ㄷ. 사건 A가 일어나지 않을 확률은 $1-p$이다.

05 민욱이가 합격하지 못할 확률은 $1-\dfrac{4}{5}=\dfrac{1}{5}$

현우가 합격하지 못할 확률은 $1-\dfrac{2}{7}=\dfrac{5}{7}$

두 사람이 모두 합격하지 못할 확률은 $\dfrac{1}{5}\times\dfrac{5}{7}=\dfrac{1}{7}$

따라서 적어도 한 사람이 합격할 확률은

$$1-\frac{1}{7}=\frac{6}{7}$$

06 카드를 차례로 뽑아 만들 수 있는 두 자리 자연수의 개수는 $4 \times 4 = 16$(개)

$\square$1인 경우는 21, 31, 41의 3개,

$\square$3인 경우는 13, 23, 43의 3개

이므로 만들 수 있는 홀수는 $3 + 3 = 6$(개)

따라서 구하는 확률은

$$\frac{6}{16} = \frac{3}{8}$$

07 카드에 적힌 수를 x로 놓자.

$\dfrac{x}{90} = \dfrac{x}{2 \times 3^2 \times 5}$를 유한소수로 나타낼 수 있어야 하므로 x는 9의 배수이어야 한다.

카드에 적힌 수 중 9의 배수는

$9 \times 1, \ 9 \times 2, \ \cdots, \ 9 \times 11$

로 11개이므로 구하는 확률은 $\dfrac{11}{100}$이다.

08 안타를 칠 확률이 $\dfrac{1}{5}$이므로 안타를 치지 못할 확률은

$$1 - \frac{1}{5} = \frac{4}{5}$$

세 번 모두 안타를 치지 못할 확률은

$$\frac{4}{5} \times \frac{4}{5} \times \frac{4}{5} = \frac{64}{125}$$

따라서 적어도 한 번 안타를 칠 확률은

$$1 - \frac{64}{125} = \frac{61}{125}$$

09 눈의 수의 합이 5의 배수인 경우는 5인 경우와 10인 경우이다.

(i) 두 눈의 수의 합이 5인 경우

$(1, 4), \ (2, 3), \ (3, 2), \ (4, 1)$

이므로 확률은 $\dfrac{4}{36} = \dfrac{1}{9}$

(ii) 두 눈의 수의 합이 10인 경우

$(4, 6), \ (5, 5), \ (6, 4)$

이므로 확률은 $\dfrac{3}{36} = \dfrac{1}{12}$

두 사건은 동시에 일어나지 않으므로 구하는 확률은

$$\frac{1}{9} + \frac{1}{12} = \frac{7}{36}$$

10 네 개의 막대 중 세 개를 고르는 경우의 수는 4이다.

짧은 두 변의 길이의 합이 가장 긴 변의 길이보다 길면 삼각형이 만들어진다.

3개의 막대를 뽑았을 때, 삼각형이 만들어지지 않는 경우는 7 cm, 13 cm, 21 cm를 뽑는 경우뿐이다.

따라서 삼각형이 만들어지지 않을 확률은 $\dfrac{1}{4}$이므로 삼각형이 만들어질 확률은 $1 - \dfrac{1}{4} = \dfrac{3}{4}$

11 카드 중 두 장을 차례로 뽑아 만들 수 있는 두 자리 자연수의 개수는 $5 \times 4 = 20$(개)

이 중 24 이상인 자연수는 14개이므로 구하는 확률은

$$\frac{14}{20} = \frac{7}{10}$$

12 x개의 검은 구슬을 추가한 후 주머니에서 임의로 구슬 한 개를 꺼낼 때 검은 구슬을 꺼낼 확률은

$$\frac{3+x}{3+6+x} = \frac{3+x}{9+x} = \frac{3}{5}$$

$15 + 5x = 27 + 3x$에서 $x = 6$

따라서 추가로 넣은 검은 구슬의 개수는 6개이다.

13 두 사람이 임의로 카드를 내는 모든 경우의 수는

$4 \times 4 = 16$ ··· 1단계

이 중 유진이가 낸 카드에 적힌 수가 더 큰 경우는 다음과 같다.

(i) 유진이가 2가 적힌 카드를 낸 경우

지아가 낸 카드에 적힌 수는 1

(ii) 유진이가 5가 적힌 카드를 낸 경우

지아가 낸 카드에 적힌 수는 1 또는 3 또는 4

(iii) 유진이가 6이 적힌 카드를 낸 경우

지아가 낸 카드에 적힌 수는 1 또는 3 또는 4

(iv) 유진이가 7이 적힌 카드를 낸 경우

지아가 낸 카드에 적힌 수는 1 또는 3 또는 4

(i)~(iv)에서 경우의 수는

$1 + 3 + 3 + 3 = 10$ ··· 2단계

따라서 구하는 확률은 $\dfrac{10}{16} = \dfrac{5}{8}$ ··· 3단계

채점 기준표

단계	채점 기준	비율
1단계	전체 경우의 수를 구한 경우	20 %
2단계	유진이가 낸 카드의 수가 더 큰 경우의 수를 구한 경우	50 %
3단계	확률을 구한 경우	30 %

14 두 사람의 말의 위치가 바뀌려면 승환이, 현석이가 던진 주사위의 눈이 2 또는 6이어야 한다. ··· 1단계

주사위를 한 번 던져서 나오는 눈이 2 또는 6일 확률은

$$\frac{2}{6} = \frac{1}{3}$$ ··· 2단계

따라서 두 사람이 던진 주사위의 눈이 모두 2 또는 6일

확률은 $\dfrac{1}{3} \times \dfrac{1}{3} = \dfrac{1}{9}$ ··· **3단계**

채점 기준표

단계	채점 기준	비율
1단계	두 사람이 던진 주사위의 눈이 각각 2 또는 6이어야 함을 찾은 경우	30 %
2단계	주사위의 눈이 2 또는 6이 나올 확률을 구한 경우	30 %
3단계	두 사람의 말이 자리가 바뀌어 있을 확률을 구한 경우	40 %

15 주사위 두 개를 동시에 던질 때, 모든 경우의 수는

$6 \times 6 = 36$ ··· **1단계**

두 주사위의 눈의 수가 같은 경우는 6가지이므로 이때

의 확률은 $\dfrac{6}{36} = \dfrac{1}{6}$ ··· **2단계**

따라서 구하는 확률은 $1 - \dfrac{1}{6} = \dfrac{5}{6}$ ··· **3단계**

채점 기준표

단계	채점 기준	비율
1단계	주사위 두 개를 동시에 던질 때의 경우의 수를 구한 경우	30 %
2단계	눈의 수 같을 확률을 구한 경우	40 %
3단계	눈의 수 서로 다를 확률을 구한 경우	30 %

16 (i) 둘째 날에 이기고 마지막 날에 이기는 경우

첫째 날 이겼을 때 둘째 날 이길 확률은 $\dfrac{3}{4}$이고, 둘

째 날 이겼을 때 마지막 날 이길 확률도 $\dfrac{3}{4}$이므로

이 경우의 확률은 $\dfrac{3}{4} \times \dfrac{3}{4} = \dfrac{9}{16}$ ··· **1단계**

(ii) 둘째 날에는 지고 마지막 날에 이기는 경우

첫째 날 이겼을 때 둘째 날 질 확률은 $1 - \dfrac{3}{4} = \dfrac{1}{4}$

이고, 둘째 날 졌을 때 마지막 날 이길 확률은 $\dfrac{1}{3}$이

므로 이 경우의 확률은 $\dfrac{1}{4} \times \dfrac{1}{3} = \dfrac{1}{12}$ ··· **2단계**

두 사건은 동시에 일어나지 않으므로 구하는 확률은

$\dfrac{9}{16} + \dfrac{1}{12} = \dfrac{31}{48}$ ··· **3단계**

채점 기준표

단계	채점 기준	비율
1단계	둘째 날 이기고 마지막 날 이길 확률을 구한 경우	40 %
2단계	둘째 날 지고 마지막 날 이길 확률을 구한 경우	40 %
3단계	마지막 날 이길 확률을 구한 경우	20 %

실전 모의고사 1회

01 ②	02 ⑤	03 ②	04 ⑤	05 ③
06 ④	07 ①	08 ③	09 ③	10 ①
11 ④	12 ①	13 ①	14 ②	15 ②
16 ④	17 ⑤	18 ⑤	19 ④	20 ③

21 $\dfrac{76}{5}$ cm **22** 6 cm² **23** $\dfrac{45}{2}$ cm **24** 8

25 1개

01 ①, ③ $\angle ABC = \angle DEF = 70°$,

$\angle ACB = \angle DFE = 60°$이므로

$\angle BAC = 180° - (70° + 60°) = 50°$

② $\overline{AB} : \overline{DE} = \overline{AC} : \overline{DF} = 3 : 2$이므로

$\overline{AB} = \dfrac{3}{2}\overline{DE}$

④ $\overline{AC} = 9$ cm, $\overline{DF} = 6$ cm이므로

$\overline{BC} : \overline{EF} = \overline{AC} : \overline{DF} = 3 : 2$

⑤ $\overline{AB} : \overline{DE} = \overline{AC} : \overline{DF}$이므로

$\overline{AB} : \overline{AC} = \overline{DE} : \overline{DF}$이다.

02 $\triangle ABC \backsim \triangle DAC$이므로

$\overline{BC} : \overline{AC} = \overline{AC} : \overline{DC} = 1 : 2$

$\overline{DC} = 2\overline{AC} = 20$ (cm)

또한 $\triangle ABC$와 $\triangle DAC$의 닮음비는

$\overline{BC} : \overline{AC} = 1 : 2$이므로 두 삼각형의 넓이의 비는

$1^2 : 2^2 = 1 : 4$

따라서 $\triangle DAC = 4 \times 21 = 84$ (cm²)

03 오른쪽 그림과 같이 점 C에서

$\overline{AB}$에 평행하게 그은 직선과

$\overline{AD}$의 연장선의 교점을 E라 하

자.

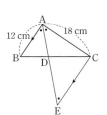

$\angle ADB = \angle EDC$ (맞꼭지각),

$\angle BAD = \angle CED$ (엇각)이므로

$\triangle ABD \backsim \triangle ECD$ (AA 닮음)

또한 $\overline{AC} = \overline{CE} = 18$ cm

$\overline{AB} : \overline{AC} = \overline{AB} : \overline{CE} = \overline{BD} : \overline{DC}$

$\qquad = 12 : 18 = 2 : 3$

따라서 $\overline{BD} = \dfrac{2}{5}\overline{BC} = \dfrac{2}{5} \times 22 = \dfrac{44}{5}$ (cm)

04 두 공의 닮음비가 $r : 4r = 1 : 4$이므로 부피의 비는

$1^3 : 4^3 = 1 : 64$이고, 공 B의 부피는 공 A의 부피의 64

배이다.

05 △ABC와 △EBF에서

∠B는 공통인 각, $\overline{AB} : \overline{EB} = \overline{BC} : \overline{BF} = 2 : 1$

이므로 △ABC와 △EBF는 닮음비가 $2 : 1$인 닮은

도형이다.

$\overline{AC} : \overline{EF} = 2 : 1$, $\overline{EF} = \dfrac{1}{2}\overline{AC} = 6$ (cm)

같은 방법으로

$\overline{FG} = \dfrac{1}{2}\overline{BD} = 9$ (cm), $\overline{HG} = \dfrac{1}{2}\overline{AC} = 6$ (cm)

$\overline{EH} = \dfrac{1}{2}\overline{BD} = 9$ (cm)

따라서

(□EFGH의 둘레의 길이) $= \overline{EF} + \overline{FG} + \overline{GH} + \overline{HE}$
$= 6 + 9 + 6 + 9 = 30$ (cm)

06 $\overline{AB} : \overline{BD} = \overline{AC} : \overline{CE} = \overline{AD} : \overline{DF} = 5 : 2$이므로

$\overline{DF} = \dfrac{2}{5}\overline{AD} = \dfrac{2}{5} \times 18 = \dfrac{36}{5}$ (cm)

07 △ABD∽△CAD

(AA 닮음)이므로

$\overline{AD} : \overline{CD} = \overline{BD} : \overline{AD}$
$= 5 : 12$

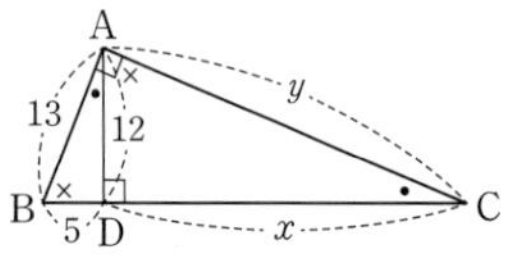

$\overline{CD} = \dfrac{12}{5}\overline{AD} = \dfrac{144}{5}$

또한 $\overline{AD} : \overline{CA} = \overline{BD} : \overline{AB} = 5 : 13$

$\overline{CA} = \dfrac{13}{5}\overline{AD} = \dfrac{156}{5}$

따라서 $x + y = \dfrac{144}{5} + \dfrac{156}{5} = \dfrac{300}{5} = 60$

08 $8 : 10 = 10 : x = 12 : (y-12)$이므로

$x = \dfrac{100}{8} = \dfrac{25}{2}$

$8(y-12) = 120$, $y = 27$

따라서 $x + y = \dfrac{25}{2} + 27 = \dfrac{79}{2}$

09 점 F는 △ACD의 두 중선 $\overline{OD}$,

$\overline{EC}$의 교점이므로

△ACD의 무게중심이다.

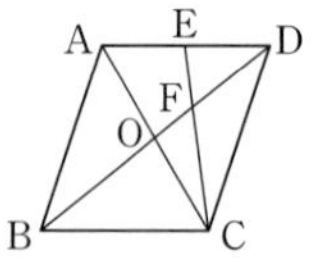

ㄱ. $\overline{EF} : \overline{FC} = 1 : 2$이므로

$\overline{EF} = \dfrac{1}{3}\overline{EC}$

ㄴ. $\overline{BO} = \overline{OD}$, $\overline{OF} : \overline{FD} = 1 : 2$이므로

$\overline{BF} : \overline{FD} = 2 : 1$

ㄷ. △EFD∽△CFB이고, 닮음비는

$\overline{EF} : \overline{FC} = 1 : 2$이므로 넓이의 비는

$1^2 : 2^2 = 1 : 4$

따라서

$\triangle EFD = \dfrac{1}{4}\triangle CFB = \dfrac{1}{4} \times 48 = 12$ (cm²)

ㄹ. $\overline{BF} : \overline{FD} = 2 : 1$이므로

△FBC : △FCD $= 2 : 1$

따라서 $\triangle FCD = \dfrac{1}{2}\triangle FBC = 24$ (cm²)

10 △AGG′와 △ADE에서

$\overline{AG} : \overline{GD} = \overline{AG'} : \overline{G'E} = 2 : 1$,

∠GAG′는 공통인 각

이므로 △AGG′∽△ADE (SAS 닮음)

따라서 $\overline{GG'} : \overline{DE} = \overline{AG} : \overline{AD} = 2 : 3$이므로

$\overline{GG'} = \dfrac{2}{3}\overline{DE} = \dfrac{2}{3} \times \dfrac{15}{2} = 5$ (cm)

11 정사각형 EFGC의 넓이가 36 cm²이므로

$\overline{FG} = \overline{CG} = 6$ cm

또한 정사각형 ABCD의 넓이가 4 cm²이므로

$\overline{DC} = 2$ cm

△DFG에서 $\overline{DF}^2 = \overline{FG}^2 + \overline{DG}^2 = 6^2 + 8^2 = 100$

따라서 $\overline{DF} = 10$ cm

12 직각삼각형 ABC를 직선 AC를 축으

로 하여 1회전시켰을 때의 모양은 오른

쪽 그림과 같다.

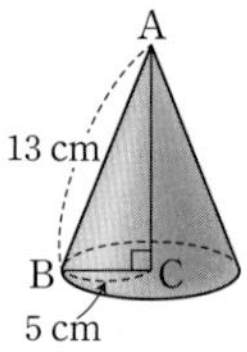

$\overline{AC}^2 + \overline{BC}^2 = \overline{AB}^2$이므로

$\overline{AC}^2 = \overline{AB}^2 - \overline{BC}^2 = 13^2 - 5^2 = 144$

에서 $\overline{AC} = 12$ cm

따라서

(원뿔의 부피) $= \dfrac{1}{3} \times \pi \times \overline{BC}^2 \times \overline{AC}$

$= \dfrac{1}{3} \times \pi \times 5^2 \times 12 = 100\pi$ (cm³)

13 (A도시에서 B도시로 고속 열차 또는 고속 버스를 이

용하여 가는 경우의 수)

= (고속 열차를 이용하여 가는 경우의 수)

+ (고속 버스를 이용하여 가는 경우의 수)

$= 4 + 7 = 11$

14 세 장의 카드에서 임의로 앞, 뒤를 고르는 모든 경우의

수는 $2 \times 2 \times 2 = 8$

또한 세 수의 곱이 홀수가 되기 위해서는 세 수가 모두

홀수이어야 하므로 이를 순서쌍으로 나타내면

$(1, 7, 5)$, $(3, 7, 5)$의 2가지

따라서 구하는 확률은

$$\frac{(세 수의 곱이 홀수인 경우의 수)}{(모든 경우의 수)} = \frac{2}{8} = \frac{1}{4}$$

15 정사면체 모양의 주사위 한 개를 두 번 던질 때, 모든 경우의 수는 $4 \times 4 = 16$

방정식 $x - y - 2 = 0$을 만족하는 경우를 순서쌍 (x, y)로 나타내면 $(3, 1)$, $(4, 2)$의 2가지

따라서 구하는 확률은 $\frac{2}{16} = \frac{1}{8}$

16 ① 주머니에 흰 구슬이 없으므로 흰 구슬이 나올 확률은 0이다.

② 8개의 구슬 중 빨간 구슬이 3개이므로 빨간 구슬이 나올 확률은 $\frac{3}{8}$이다.

③ 파란 구슬이 나올 확률은 $\frac{4}{8} = \frac{1}{2}$이고, 빨간 구슬이 나올 확률은 $\frac{3}{8}$으로 같지 않다.

④ 빨간 구슬 또는 노란 구슬이 나올 확률은

$$\frac{3}{8} + \frac{1}{8} = \frac{1}{2}$$

⑤ 파란 구슬이 나올 확률$\left(= \frac{4}{8} = \frac{1}{2} \right)$은 노란 구슬이 나올 확률$\left(= \frac{1}{8} \right)$의 4배이다.

17 서로 다른 두 개의 주사위를 동시에 던질 때, 소수의 눈이 하나도 나오지 않는 경우를 생각해보자.

두 주사위에서 모두 1, 4, 6의 눈 중 하나가 나와야 하므로 이를 순서쌍으로 나타내면

$(1, 1)$, $(1, 4)$, $(1, 6)$, $(4, 1)$, $(4, 4)$, $(4, 6)$,

$(6, 1)$, $(6, 4)$, $(6, 6)$의 9가지

따라서

(소수의 눈이 적어도 한 개 나올 확률)

$=1-$ (소수의 눈이 하나도 나오지 않을 확률)

$$= 1 - \frac{9}{36} = \frac{3}{4}$$

18 ① 주사위의 눈 중 6의 약수는 1, 2, 3, 6이므로

(한 개의 주사위를 던질 때, 6의 약수가 나올 확률)

$$= \frac{4}{6} = \frac{2}{3}$$

② 서로 다른 두 개의 동전을 던질 때, 같은 면이 나오는 경우는 (앞, 앞), (뒤, 뒤)로 2가지 경우가 있으므로 구하는 확률은 $\frac{2}{4} = \frac{1}{2}$

③ 서로 다른 세 개의 동전을 던질 때, 모두 앞면이 나오는 경우는 한 가지이므로 구하는 확률은 $\frac{1}{8}$이다.

④ 서로 다른 두 개의 주사위를 던질 때, 나온 두 눈의 수가 서로 다를 확률은

$$1 - (두 눈의 수가 서로 같을 확률) = 1 - \frac{6}{36} = \frac{5}{6}$$

⑤ 서로 다른 두 개의 주사위를 던질 때, 두 눈의 수의 합이 3 이상일 확률은

$1 - (두 눈의 수의 합이 2 이하일 확률)$

$$= 1 - \frac{1}{36} = \frac{35}{36}$$

따라서 확률이 가장 큰 것은 ⑤이다.

19 제비뽑기에 당첨될 확률이 $20\,\% \left(= \frac{1}{5} \right)$이므로

$$(두 명 모두 당첨될 확률) = \frac{1}{5} \times \frac{1}{5} = \frac{1}{25}$$

20 (O형 또는 AB형일 확률)

$= (O형일 확률) + (AB형일 확률)$

$$= \frac{30}{100} + \frac{15}{100} = \frac{9}{20}$$

21 $\triangle ABE$와 $\triangle ADF$에서

$\angle ABE = \angle ADF$, $\angle AEB = \angle AFD = 90°$

이므로 $\triangle ABE \backsim \triangle ADF$ (AA 닮음) ··· `1단계`

$\overline{AB} : \overline{BE} = \overline{AD} : \overline{DF} = 20 : 8 = 5 : 2$이므로

$\overline{BE} = \frac{2}{5} \overline{AB} = \frac{24}{5}$ (cm) ··· `2단계`

따라서

$\overline{EC} = \overline{BC} - \overline{BE} = 20 - \frac{24}{5} = \frac{76}{5}$ (cm) ··· `3단계`

채점 기준표

단계	채점 기준	배점
1단계	닮은 삼각형을 찾은 경우	1점
2단계	$\overline{BE}$의 길이를 구한 경우	2점
3단계	$\overline{EC}$의 길이를 구한 경우	2점

22 점 G는 $\triangle ABC$의 무게중심이므로

$\triangle EGB = \frac{1}{6} \times \triangle ABC$

$= \frac{1}{6} \times 144 = 24$ (cm^2) ··· `1단계`

또한 $\triangle EGB \backsim \triangle HGF$ (AA 닮음)이고, 닮음비는

$\overline{BG} : \overline{GF} = 2 : 1$이므로 ··· `2단계`

넓이의 비는 $2^2 : 1^2 = 4 : 1$이다. ··· `3단계`

따라서

$$\triangle HGF = \frac{1}{4}\triangle EGB$$
$$= \frac{1}{4}\times 24 = 6\,(cm^2)$$ ··· 4단계

채점 기준표

단계	채점 기준	배점
1단계	△EGB의 넓이를 구한 경우	1점
2단계	두 삼각형의 닮음비를 구한 경우	2점
3단계	두 삼각형의 넓이의 비를 구한 경우	1점
4단계	△HGF의 넓이를 구한 경우	1점

23 △BCD에서
$$\overline{BD}^2 = \overline{BC}^2 + \overline{CD}^2 = 24^2 + 18^2 = 900$$
이므로 $\overline{BD} = 30$ cm ··· 1단계
△BOF∽△BCD (AA 닮음)이므로
$$\overline{BO}:\overline{OF} = \overline{BC}:\overline{CD}$$
$$= 24:18 = 4:3$$ ··· 2단계
$$\overline{OF} = \frac{3}{4}\overline{BO} = \frac{3}{4}\times\frac{1}{2}\overline{BD}$$
$$= \frac{3}{8}\times 30 = \frac{45}{4}\,(cm)$$ ··· 3단계
또한 △EOD와 △FOB에서
$$\overline{BO}=\overline{OD},\ \angle EOD = \angle FOB = 90°,$$
$$\angle EDO = \angle FBO(엇각)$$
이므로 △EOD≡△FOB (ASA 합동)
따라서 $\overline{EO}=\overline{OF}$이고,
$$\overline{EF} = 2\overline{OF} = 2\times\frac{45}{4} = \frac{45}{2}\,(cm)$$ ··· 4단계

채점 기준표

단계	채점 기준	배점
1단계	$\overline{BD}$의 길이를 구한 경우	1점
2단계	닮은 삼각형을 이용하여 비례식을 세운 경우	2점
3단계	$\overline{OF}$의 길이를 구한 경우	1점
4단계	$\overline{EF}$의 길이를 구한 경우	1점

24 1부터 20까지의 자연수 중 18의 약수가 나오는 경우는
1, 2, 3, 6, 9, 18로 6가지이고, ··· 1단계
7의 배수가 나오는 경우는
7, 14로 2가지이다. ··· 2단계
따라서 구하는 경우의 수는
$$6+2=8$$ ··· 3단계

채점 기준표

단계	채점 기준	배점
1단계	18의 약수가 나오는 경우의 수를 구한 경우	2점
2단계	7의 배수가 나오는 경우의 수를 구한 경우	2점
3단계	두 경우의 수를 더해서 답을 구한 경우	1점

25 정육면체 모양의 주사위를 두 번 던질 때, 모든 경우의
수는 $6\times 6 = 36$ ··· 1단계
두 눈의 수의 합이 10 이상일 확률이 $\frac{7}{12} = \frac{21}{36}$이므로
눈의 수의 합이 10 이상인 경우의 수는 21임을 알 수
있다. ··· 2단계
x, 3, 4, 6, 7, 8 중 x를 제외한 나머지 중 두 눈의 수
의 합이 10 이상인 경우를 순서쌍으로 나타내면
$(3, 7), (3, 8),$
$(4, 6), (4, 7), (4, 8),$
$(6, 4), (6, 6), (6, 7), (6, 8),$
$(7, 3), (7, 4), (7, 6), (7, 7), (7, 8),$
$(8, 3), (8, 4), (8, 6), (8, 7), (8, 8)$
의 19가지이다. ··· 3단계
따라서 x를 포함한 두 수의 합이 10 이상인 경우가
$21-19=2$(가지)이므로
$x+3<10$, $x+4<10$, $x+6<10$,
$x+7<10$, $x+8\geq 10$
을 만족해야 한다. 이 경우, 순서쌍 $(x, 8)$과 $(8, x)$가
앞에서 구한 19가지에 추가되어 전체 경우의 수가 21
이 됨을 확인할 수 있다.
따라서 x의 값으로 가능한 자연수의 개수는 2의 1개이
다. ··· 4단계

채점 기준표

단계	채점 기준	배점
1단계	모든 경우의 수를 구한 경우	1점
2단계	눈의 수의 합이 10 이상인 경우가 21가지임을 구한 경우	1점
3단계	x를 제외한 나머지 중 두 눈의 수의 합이 10 이상인 경우가 19가지임을 구한 경우	1점
4단계	가능한 자연수 x의 개수를 구한 경우	2점

실전 모의고사 2회

본문 120~123쪽

01 ①	02 ④	03 ①	04 ⑤	05 ②
06 ⑤	07 ③	08 ①	09 ③	10 ④
11 ⑤	12 ④	13 ②	14 ⑤	15 ②
16 ③	17 ③	18 ③	19 ⑤	20 ②

21 20 cm² **22** 20 cm³ **23** $\frac{15}{2}$ cm **24** $\frac{5}{8}$ **25** $\frac{8}{15}$

01 두 사각형의 닮음비는 $\overline{BC}:\overline{FG} = 8:15$이므로

$\overline{DC} : \overline{HG} = 8 : 15$

$\overline{HG} = \dfrac{15}{8}\overline{DC} = \dfrac{75}{8}$ (cm)

또한

$\angle B = 360° - (\angle A + \angle C + \angle D)$

$\quad = 360° - (120° + 70° + 100°) = 70°$

02 $\overline{AD} = 2\overline{DB}$이므로 $\overline{AD} : \overline{AB} = 2 : 3$

△ADE∽△ABC이고, 닮음비는 $2 : 3$이므로 넓이의

비는 $2^2 : 3^2 = 4 : 9$

$\triangle ABC = \dfrac{9}{4}\triangle ADE = \dfrac{45}{2}$ (cm^2)이므로

$\square DBCE = \triangle ABC - \triangle ADE$

$\quad\quad\quad = \dfrac{45}{2} - 10 = \dfrac{25}{2}$ (cm^2)

03 △ABC와 △EBD에서

$\angle B$는 공통인 각, $\angle DAC = \angle BED$

이므로 △ABC∽△EBD (AA 닮음)

$\overline{AB} : \overline{AC} = \overline{EB} : \overline{ED} = 8 : 6 = 4 : 3$

따라서 $\overline{AC} = \dfrac{3}{4}\overline{AB} = \dfrac{3}{4} \times 15 = \dfrac{45}{4}$ (cm)

04 ① $\overline{AC} : \overline{GI} = 2 : 3$이므로 $\overline{AC} = \dfrac{2}{3}\overline{GI}$

② 점 B에 대응하는 점은 H이므로

$\quad \angle ABC = \angle GHI$

③, ④ 두 도형의 닮음비(길이의 비)가 $2 : 3$이므로

$\quad \overline{BC} : \overline{HI} = 2 : 3$, $\overline{AE} : \overline{GK} = 2 : 3$

⑤ 두 도형의 닮음비가 $2 : 3$이므로 넓이의 비는

$\quad 2^2 : 3^2 = 4 : 9$

$\quad$ 따라서 $\square HKLI = \dfrac{9}{4}\square BEFC$

05 $\overline{AB} : \overline{AD} = \overline{AC} : \overline{AE} = \overline{BC} : \overline{DE} = 1 : 3$이므로

$\overline{BC} = \dfrac{1}{3}\overline{DE} = 10$ (cm)

$\overline{AC} = \dfrac{1}{3}\overline{AE} = 26$ (cm)

△ABC에서 $\overline{AB}^2 + \overline{BC}^2 = \overline{AC}^2$이므로

$\overline{AB}^2 = \overline{AC}^2 - \overline{BC}^2 = 26^2 - 10^2 = 576$

에서 $\overline{AB} = 24$ cm

$\overline{BD} = 2\overline{AB} = 48$ (cm)

따라서

$\triangle BDC = \dfrac{1}{2} \times \overline{BC} \times \overline{BD}$

$\quad\quad\quad = \dfrac{1}{2} \times 10 \times 48 = 240$ (cm^2)

06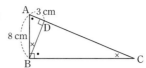

△ABD∽△ACB (AA 닮음)이므로

$\overline{AB} : \overline{AD} = \overline{AC} : \overline{AB} = 8 : 3$

$\overline{AC} = \dfrac{8}{3}\overline{AB} = \dfrac{64}{3}$ (cm)

따라서 $\overline{DC} = \overline{AC} - \overline{AD} = \dfrac{64}{3} - 3 = \dfrac{55}{3}$ (cm)

07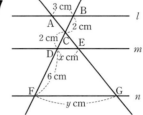

△ACB≡△ECD (ASA 합동)이므로

$\overline{AB} = \overline{ED} = 3$ cm, $x = 3$

또한 △CDE∽△CFG (AA 닮음)이므로

$\overline{CD} : \overline{CF} = \overline{DE} : \overline{FG}$

$2 : 8 = x : y = 3 : y$, $y = 12$

따라서 $x + y = 3 + 12 = 15$

08 $\overline{AC}$와 $\overline{BD}$의 교점을 O라 하자.

점 F는 △BCD의 무게중심이므

로 $\overline{OF} : \overline{FC} = 1 : 2$

또한 $\overline{AO} : \overline{OC} = 1 : 1$이므로

$\overline{AF} : \overline{FC} = 2 : 1$, $\overline{AC} : \overline{FC} = 3 : 1$

따라서 $\overline{FC} = \dfrac{1}{3}\overline{AC} = \dfrac{1}{3} \times 24 = 8$ (cm)

09 점 G는 △ABC의 무게중심이므로

$\triangle AGE = \dfrac{1}{6}\triangle ABC = \dfrac{1}{6} \times 72 = 12$ (cm^2)

또한 $\overline{AG} : \overline{GD} = 2 : 1$이므로

$\triangle AGE : \triangle GDE = 2 : 1$

따라서

$\triangle GDE = \dfrac{1}{2}\triangle AGE = \dfrac{1}{2} \times 12 = 6$ (cm^2)

10 △AEH, △BFE, △CGF,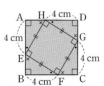

△DHG가 서로 합동인 삼각

형이므로 □EFGH는 정사각

형임을 알 수 있다.

또한 □EFGH의 넓이가 25 cm^{2}이므로

$\overline{EH} = 5$ cm

$\overline{AE}^2 + \overline{AH}^2 = \overline{EH}^2$이므로

$\overline{AH}^2 = \overline{EH}^2 - \overline{AE}^2 = 5^2 - 4^2 = 9$에서 $\overline{AH} = 3 \text{ cm}$

따라서 $\square ABCD = \overline{AD}^2 = (3+4)^2 = 49 \text{ (cm}^2)$

11 $7^2 + 24^2 = 25^2$을 만족하므로 세 변의 길이가 7 cm, 24 cm, 25 cm인 삼각형은 빗변의 길이가 25 cm인 직각삼각형이다.

따라서 구하는 삼각형의 넓이는

$\dfrac{1}{2} \times 7 \times 24 = 84 \text{ (cm}^2)$

12 두 점 A와 D에서 $\overline{BC}$에 내린 수선의 발을 각각 E, F라 하자.

$\triangle ABE \equiv \triangle DCF$ (RHA 합동)

이므로

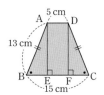

$\overline{BE} = \dfrac{1}{2}(\overline{BC} - \overline{EF}) = 5 \text{ (cm)}$

또한 $\triangle ABE$에서 $\overline{AE}^2 + \overline{BE}^2 = \overline{AB}^2$이므로

$\overline{AE}^2 = \overline{AB}^2 - \overline{BE}^2 = 13^2 - 5^2 = 144$, $\overline{AE} = 12 \text{ cm}$

따라서

$\square ABCD = \dfrac{1}{2} \times (\overline{AD} + \overline{BC}) \times \overline{AE}$

$= \dfrac{1}{2} \times 20 \times 12 = 120 \text{ (cm}^2)$

13

점 A에서 $\overline{BF}$, $\overline{CG}$를 거쳐 점 H에 도달하는 최단 거리는 $x = \overline{AH}$이다.

따라서

$x^2 = \overline{AH}^2 = \overline{AD}^2 + \overline{DH}^2 = (\overline{AB} + \overline{BC} + \overline{CD})^2 + \overline{DH}^2$

$= (3\pi + 5\pi + 3\pi)^2 + (6\pi)^2$

$= 121\pi^2 + 36\pi^2 = 157\pi^2$

14 셔츠의 종류가 7가지, 바지의 종류가 4가지이므로 각각 한 종류씩 선택하여 한 벌로 입을 수 있는 경우의 수는 $7 \times 4 = 28$

15 두 눈의 수의 합이 5가 되는 경우를 순서쌍으로 나타내면 $(1, 4), (2, 3), (3, 2), (4, 1)$의 4가지이다.

16 룰렛판을 두 번 돌릴 때, 모든 경우의 수는

$8 \times 8 = 64$

또한 나온 수의 합이 10 이상인 경우를 순서쌍으로 나

타내면

$(2, 8),$

$(3, 7), (3, 8),$

$(4, 6), (4, 7), (4, 8),$

$(5, 5), (5, 6), (5, 7), (5, 8),$

$(6, 4), (6, 5), (6, 6), (6, 7), (6, 8),$

$(7, 3), (7, 4), (7, 5), (7, 6), (7, 7), (7, 8),$

$(8, 2), (8, 3), (8, 4), (8, 5), (8, 6), (8, 7), (8, 8)$

의 28가지이다.

따라서 이벤트에 참가한 사람이 상품을 받을 확률은

$\dfrac{28}{64} = \dfrac{7}{16}$

17 두 사람이 가위바위보를 할 때, 모든 경우의 수는

$3 \times 3 = 9$

민서가 이기는 경우는

(가위, 보), (바위, 가위), (보, 바위)

를 내는 경우이므로 총 3가지이다.

따라서 민서가 이길 확률은 $\dfrac{3}{9} = \dfrac{1}{3}$

18 토요일에 비가 올 확률은 $\dfrac{25}{100} = \dfrac{1}{4}$이므로 토요일에

비가 오지 않을 확률은 $1 - \dfrac{1}{4} = \dfrac{3}{4}$

일요일에 비가 올 확률은 $\dfrac{40}{100} = \dfrac{2}{5}$이므로 일요일에

비가 오지 않을 확률은 $1 - \dfrac{2}{5} = \dfrac{3}{5}$

② 토요일과 일요일에 모두 비가 올 확률은

$\dfrac{1}{4} \times \dfrac{2}{5} = \dfrac{1}{10}$

③ 토요일과 일요일에 모두 비가 오지 않을 확률은

$\dfrac{3}{4} \times \dfrac{3}{5} = \dfrac{9}{20}$

④ 토요일에 비가 오지 않고, 일요일에 비가 올 확률은

$\dfrac{3}{4} \times \dfrac{2}{5} = \dfrac{3}{10}$

⑤ 토요일에 비가 오고, 일요일에 비가 오지 않을 확률은

$\dfrac{1}{4} \times \dfrac{3}{5} = \dfrac{3}{20}$

19 학생 A가 자유투를 던져 성공할 확률이 $\dfrac{2}{3}$이므로 실패

할 확률은 $1 - \dfrac{2}{3} = \dfrac{1}{3}$

학생 B가 자유투를 던져 성공할 확률이 $\dfrac{4}{5}$이므로 실패

할 확률은 $1 - \dfrac{4}{5} = \dfrac{1}{5}$

따라서
(적어도 한 명이 성공할 확률)
=1-(두 명 모두 실패할 확률)
$=1-\dfrac{1}{3}\times\dfrac{1}{5}=1-\dfrac{1}{15}=\dfrac{14}{15}$

20 동전을 세 번 던질 때, 모든 경우의 수는
$2\times2\times2=8$
또한 세 번 던졌을 때, 말이 다시 시작점에 위치하는 경우를 순서쌍으로 나타내면
(앞, 뒤, 뒤), (뒤, 앞, 뒤), (뒤, 뒤, 앞)
의 3가지이다. 따라서 구하는 확률은 $\dfrac{3}{8}$이다.

21 $\triangle EDF \backsim \triangle BCF$ (AA 닮음)이고,
닮음비는 $\overline{ED}:\overline{BC}=\overline{AE}:\overline{BC}=1:3$ ··· 1단계
또한 $\overline{FD}:\overline{DC}=1:2$이므로
$\triangle EDF:\triangle ECD=1:2$ ··· 2단계
따라서
$\triangle EDF=\dfrac{1}{2}\triangle ECD=\dfrac{1}{2}\triangle ABE$ ··· 3단계
$=\dfrac{1}{2}\times40=20\,(cm^2)$ ··· 4단계

채점 기준표

단계	채점 기준	배점
1단계	△EDF와 △BCF의 닮음비를 구한 경우	2점
2단계	△EDF와 △ECD의 넓이의 비를 구한 경우	1점
3단계	△ECD=△ABE임을 이용한 경우	1점
4단계	△EDF의 넓이를 구한 경우	1점

22 두 정사각뿔은 서로 닮은 도형이므로 밑면의 정사각형도 서로 닮은 도형이다.
밑면의 넓이의 비가 $80:20=4:1=2^2:1^2$이므로
두 정사각뿔의 닮음비는 $2:1$이다. ··· 1단계
(정사각뿔 B의 높이)$=\dfrac{1}{2}\times$(정사각뿔 A의 높이)
$=3\,(cm)$ ··· 2단계
따라서
(정사각뿔 B의 부피)$=\dfrac{1}{3}\times$(밑면의 넓이)$\times$(높이)
$=\dfrac{1}{3}\times20\times3$
$=20\,(cm^3)$ ··· 3단계

[다른 풀이]

(정사각뿔 A의 부피)$=\dfrac{1}{3}\times$(밑면의 넓이)$\times$(높이)
$=\dfrac{1}{3}\times80\times6=160\,(cm^3)$

두 정사각뿔 A와 B의 닮음비가 $2:1$이므로 부피의 비는 $2^3:1^3=8:1$이다.
따라서
(정사각뿔 B의 부피)$=\dfrac{1}{8}\times$(정사각뿔 A의 부피)
$=\dfrac{1}{8}\times160=20\,(cm^3)$

채점 기준표

단계	채점 기준	배점
1단계	두 정사각뿔의 닮음비를 구한 경우	2점
2단계	정사각뿔 B의 높이를 구한 경우	2점
3단계	정사각뿔 B의 부피를 구한 경우	1점

23 점 G는 △ABC의 무게중심이므로
$\overline{AG}:\overline{GD}=2:1$
$\overline{GD}=\dfrac{1}{2}\overline{AG}=5\,(cm)$ ··· 1단계
또한 $\overline{BG}:\overline{GE}=2:1$이므로
$\overline{BG}:\overline{BE}=\overline{GD}:\overline{EF}=2:3$ ··· 2단계
따라서 $\overline{EF}=\dfrac{3}{2}\overline{GD}=\dfrac{15}{2}\,(cm)$ ··· 3단계

채점 기준표

단계	채점 기준	배점
1단계	$\overline{GD}$의 길이를 구한 경우	2점
2단계	$\overline{GD}$, $\overline{EF}$의 비를 구한 경우	2점
3단계	$\overline{EF}$의 길이를 구한 경우	1점

24 5장의 카드 중 2장을 뽑아 만들 수 있는 두 자리 정수의 개수는 $4\times4=16$(개) ··· 1단계
짝수는 일의 자리의 수가 0, 2, 4이므로 짝수인 두 자리 정수의 개수는
10, 20, 30, 40, 12, 32, 42, 14, 24, 34
의 10개이다. ··· 2단계
따라서 구하는 확률은 $\dfrac{10}{16}=\dfrac{5}{8}$ ··· 3단계

채점 기준표

단계	채점 기준	배점
1단계	전체 가능한 경우가 16가지임을 구한 경우	2점
2단계	짝수인 경우가 10가지임을 구한 경우	2점
3단계	확률을 구한 경우	1점

25 A가 답을 맞힐 확률은 $\dfrac{3}{5}$이므로 A가 답을 틀릴 확률은 $1-\dfrac{3}{5}=\dfrac{2}{5}$ ··· 1단계
또한 B가 답을 맞힐 확률은 $\dfrac{1}{3}$이므로 B가 답을 틀릴 확률은 $1-\dfrac{1}{3}=\dfrac{2}{3}$ ··· 2단계

따라서

(두 학생 중 한 학생만 답을 맞힐 확률)

= (학생 A는 맞히고 학생 B는 틀릴 확률)

+ (학생 A는 틀리고 학생 B는 맞힐 확률) ··· **3단계**

$= \left(\dfrac{3}{5} \times \dfrac{2}{3}\right) + \left(\dfrac{2}{5} \times \dfrac{1}{3}\right) = \dfrac{8}{15}$ ··· **4단계**

채점 기준표

단계	채점 기준	배점
1단계	학생 A가 답을 틀릴 확률을 구한 경우	1점
2단계	학생 B가 답을 틀릴 확률을 구한 경우	1점
3단계	두 명 중 한 명만 답을 맞힐 확률을 구하는 식을 세운 경우	2점
4단계	답을 구한 경우	1점

실전 모의고사 3회

본문 124~127쪽

01 ③ **02** ③ **03** ② **04** ⑤ **05** ②

06 ① **07** ⑤ **08** ① **09** ④ **10** ④

11 ⑤ **12** ② **13** ④ **14** ⑤ **15** ③

16 ② **17** ④ **18** ⑤ **19** ③ **20** ①

21 18 cm² **22** 108 cm² **23** 15 **24** 6

25 $\dfrac{1}{6}$

01 $\overline{AD} : \overline{A'D'} = \overline{DH} : \overline{D'H'} = 6 : 4 = 3 : 2$이므로

$\overline{DH} = \dfrac{3}{2}\overline{D'H'} = \dfrac{3}{2}\overline{B'F'} = \dfrac{3}{2} \times 2 = 3 \text{ (cm)}$

02 $\triangle ABC \backsim \triangle AED$ (AA 닮음)이므로

$\overline{AB} : \overline{AC} = \overline{AE} : \overline{AD} = 6 : 5$에서

$\overline{AC} = \dfrac{5}{6}\overline{AB} = \dfrac{5}{6} \times 13 = \dfrac{65}{6} \text{ (cm)}$

따라서 $\overline{EC} = \overline{AC} - \overline{AE} = \dfrac{65}{6} - 6 = \dfrac{29}{6} \text{ (cm)}$

03 두 원뿔의 닮음비가 $4 : 6 = 2 : 3$이므로 두 원뿔의 밑면의 넓이의 비는 $2^2 : 3^2 = 4 : 9$이다.

(원뿔 A의 밑면의 넓이) : (원뿔 B의 밑면의 넓이)

$= 4 : 9$

따라서

(원뿔 B의 밑면의 넓이) $= \dfrac{9}{4} \times$ (원뿔 A의 밑면의 넓이)

$= \dfrac{9}{4} \times \dfrac{9\pi}{4} = \dfrac{81\pi}{16} \text{ (cm}^2)$

04 $\overline{MN} \parallel \overline{BC}$이므로

$\overline{AM} : \overline{MB} = \overline{DN} : \overline{NC} = 1 : 2$

오른쪽 그림과 같이 $\overline{BD}$가 $\overline{MN}$과 만나는 점을 E라 하자.

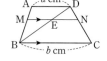

$\triangle ABD \backsim \triangle MBE$ (AA 닮음)이고,

$\overline{AB} : \overline{MB} = \overline{AD} : \overline{ME} = 3 : 2$이므로

$\overline{ME} = \dfrac{2}{3}\overline{AD} = \dfrac{2a}{3} \text{ (cm)}$

$\triangle DEN \backsim \triangle DBC$ (AA 닮음)이고,

$\overline{EN} : \overline{BC} = \overline{DN} : \overline{DC} = 1 : 3$이므로

$\overline{EN} = \dfrac{1}{3}\overline{BC} = \dfrac{b}{3} \text{ (cm)}$

따라서

$\overline{MN} = \overline{ME} + \overline{EN} = \dfrac{2a}{3} + \dfrac{b}{3} = \dfrac{2a+b}{3} \text{ (cm)}$

05 $\overline{AC} : \overline{CE} = \overline{AB} : \overline{BD} = \overline{AE} : \overline{EF} = 9 : 2$이므로

$\overline{EF} = \dfrac{2}{9}\overline{AE} = \dfrac{2}{9}(\overline{AC} + \overline{CE}) = \dfrac{2}{9} \times 11 = \dfrac{22}{9} \text{ (cm)}$

06 $\triangle ABD$에서

$\overline{BD}^2 + \overline{AD}^2 = \overline{AB}^2$이므로

$\overline{AD}^2 = \overline{AB}^2 - \overline{BD}^2$

$= 15^2 - 12^2 = 81$

에서 $\overline{AD} = 9 \text{ cm}$

또한 $\triangle ABD \backsim \triangle CAD$ (AA 닮음)이므로

$\overline{AD} : \overline{DC} = \overline{BD} : \overline{AD} = 12 : 9 = 4 : 3$

$\overline{DC} = \dfrac{3}{4}\overline{AD} = \dfrac{27}{4} \text{ (cm)}$

따라서

$\triangle ABC = \dfrac{1}{2} \times \overline{BC} \times \overline{AD} = \dfrac{1}{2} \times \left(12 + \dfrac{27}{4}\right) \times 9$

$= \dfrac{675}{8} \text{ (cm}^2)$

07

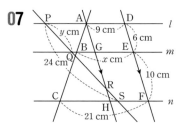

위의 그림과 같이 점 A에서 직선 DF에 평행하게 그은 직선과 두 직선 m, n과의 교점을 각각 G, H라 하자.

$\overline{BG} : \overline{CH} = \overline{AG} : \overline{AH} = 6 : 16 = 3 : 8$이므로

$\overline{BG} = \dfrac{3}{8}\overline{CH} = \dfrac{3}{8} \times (21 - 9) = \dfrac{9}{2} \text{ (cm)}$

$\overline{BE} = \overline{BG} + \overline{GE} = \dfrac{9}{2} + 9 = \dfrac{27}{2} \text{ (cm)}$

$x = \dfrac{27}{2}$

또한 $\overline{PQ} : \overline{QS} = \overline{DE} : \overline{EF} = 6 : 10 = 3 : 5$이므로

$y : (24 - y) = 3 : 5,\ 3(24 - y) = 5y$

$y = 9$

08 점 G는 △ABC의 무게중심이므로

$\overline{AG} : \overline{GD} = 2 : 1$

$\overline{AG} = 2\overline{GD} = 12\,(\text{cm}),\ x = 12$

또한 $\overline{EG} : \overline{BD} = \overline{AG} : \overline{AD} = 2 : 3$이므로

$\overline{EG} = \dfrac{2}{3}\overline{BD} = \dfrac{2}{3}\overline{DC} = \dfrac{2}{3} \times 12 = 8\,(\text{cm}),\ y = 8$

09 △DGH와 △CGE에서

$\angle DGH = \angle CGE$ (맞꼭지각),

$\angle GDH = \angle GCE$ (엇각)

이므로 △DGH∽△CGE (AA 닮음)이고, 닮음비는

$\overline{DG} : \overline{GC} = 1 : 2$

따라서 △DGH와 △CGE의 넓이의 비는

$1^2 : 2^2 = 1 : 4$이므로

$\triangle CGE = 4\triangle DGH = 24\,(\text{cm}^2)$

또한 점 G는 △ABC의 무게중심이므로

$\triangle ADG = \triangle CGE = \dfrac{1}{6}\triangle ABC$

따라서

$\triangle ADH = \triangle ADG - \triangle DGH$

$\qquad\quad = \triangle CGE - \triangle DGH$

$\qquad\quad = 24 - 6 = 18\,(\text{cm}^2)$

10 △ABC∽△DEC이므로

$\overline{AB} : \overline{DE} = \overline{AC} : \overline{DC} = \overline{BC} : \overline{EC} = 3 : 2$

따라서

(△ABC의 둘레의 길이)

$= \overline{AB} + \overline{AC} + \overline{BC} = \dfrac{3}{2}\overline{DE} + \dfrac{3}{2}\overline{DC} + \dfrac{3}{2}\overline{EC}$

$= \dfrac{3}{2}(\overline{DE} + \overline{DC} + \overline{EC}) = \dfrac{3}{2} \times (5 + 9 + 6) = 30\,(\text{cm})$

11 $\overline{AB}^2 \times \pi = 4 \times 12\pi = 48\pi$이므로 $\overline{AB}^2 = 48$

또한 $\overline{BC}^2 \times \pi = 4 \times 24\pi = 96\pi$이므로 $\overline{BC}^2 = 96$

$\overline{AC}^2 = \overline{AB}^2 + \overline{BC}^2 = 48 + 96 = 144$

따라서 $\overline{AC} = 12\ \text{cm}$

12 삼각형의 세 변의 길이가

(가장 긴 변의 길이의 제곱)

$>$(나머지 두 변의 길이의 제곱의 합)

을 만족하면 둔각삼각형이다.

① $5^2 < 3^2 + 5^2$이므로 예각삼각형이다.

② $13^2 > 5^2 + 11^2$이므로 둔각삼각형이다.

③ $10^2 = 6^2 + 8^2$이므로 직각삼각형이다.

④ $18^2 < 8^2 + 17^2$이므로 예각삼각형이다.

⑤ $10^2 < 9^2 + 10^2$이므로 예각삼각형이다.

13 12의 약수가 적힌 카드를 뽑는 경우는

1, 2, 3, 4, 6, 12의 6가지이므로 $x = 6$

소수가 적힌 카드를 뽑는 경우는

2, 3, 5, 7, 11, 13의 6가지이므로 $y = 6$

따라서 $x + y = 6 + 6 = 12$

14 남자 대표 1명과 여자 대표 1명을 뽑는 경우의 수는

$8 \times 9 = 72$

15 세 눈의 수의 합이 6보다 작은 경우를 순서쌍으로 나타내면

(ⅰ) 세 눈의 수의 합이 3인 경우

　(1, 1, 1)의 1가지

(ⅱ) 세 눈의 수의 합이 4인 경우

　(1, 1, 2), (1, 2, 1), (2, 1, 1)의 3가지

(ⅲ) 세 눈의 수의 합이 5인 경우

　(1, 2, 2), (2, 1, 2), (2, 2, 1),

　(1, 1, 3), (1, 3, 1), (3, 1, 1)의 6가지

(ⅰ)~(ⅲ)에서 구하는 경우의 수는

$1 + 3 + 6 = 10$

16 두 주사위 A, B를 던질 때, 모든 경우의 수는

$6 \times 6 = 36$

$2x = y$를 만족하는 경우를 순서쌍 (x, y)로 나타내면

$(1, 2), (3, 6), (5, 10)$

의 3가지이므로 구하는 확률은 $\dfrac{3}{36} = \dfrac{1}{12}$

17 ㄱ. $p < q$인지는 알 수 없다.

ㄴ. $0 \le p \le 1$이고 $0 \le q \le 1$이다. 또한 $p + q = 1$에서 p와 q가 동시에 1일 수 없으므로 $pq < 1$이다.

ㄷ. $p + q = 1$이므로 $p = 1 - q$

ㄹ. $0 \le p \le 1$

따라서 옳은 것은 ㄴ, ㄷ이다.

18 두 학생이 시험에 통과할 확률이 각각 $\dfrac{3}{5}$, $\dfrac{3}{4}$이므로

시험에 통과하지 못할 확률은 각각

$1-\dfrac{3}{5}=\dfrac{2}{5}$, $1-\dfrac{3}{4}=\dfrac{1}{4}$

따라서

(적어도 한 학생이 시험에 통과할 확률)

=1-(두 학생 모두 통과하지 못할 확률)

$=1-\dfrac{2}{5}\times\dfrac{1}{4}=\dfrac{9}{10}$

19 상자 A에서 홀수를 뽑을 확률은 $\dfrac{5}{8}$,

짝수를 뽑을 확률은 $\dfrac{3}{8}$이다.

상자 B에서 홀수를 뽑을 확률은 $\dfrac{6}{15}=\dfrac{2}{5}$,

짝수를 뽑을 확률은 $\dfrac{9}{15}=\dfrac{3}{5}$이다.

따라서

(두 수의 곱이 짝수일 확률)

=1-(두 수의 곱이 홀수일 확률)

$=1-\dfrac{5}{8}\times\dfrac{2}{5}=\dfrac{3}{4}$

20 서로 다른 두 개의 주사위를 던질 때, 모든 경우의 수는

$6\times6=36$

두 주사위의 눈의 수가 모두 3의 배수인 경우를 순서쌍으로 나타내면 $(3, 3)$, $(3, 6)$, $(6, 3)$, $(6, 6)$의 4가지이다.

따라서 구하는 확률은 $\dfrac{4}{36}=\dfrac{1}{9}$

21 세 원의 지름의 길이의 비가 $1 : 2 : 3$이므로 넓이의 비는

$1^2 : 2^2 : 3^2 = 1 : 4 : 9$ ··· 1단계

$\overline{AD}$를 지름으로 하는 원의 넓이가 $54\,cm^2$이므로

($\overline{AB}$를 지름으로 하는 원의 넓이)$=6\,cm^2$

($\overline{AC}$를 지름으로 하는 원의 넓이)$=24\,cm^2$ ··· 2단계

따라서

(색칠한 부분의 넓이)

$=($$\overline{AC}$를 지름으로 하는 원의 넓이$)$

$\quad-($$\overline{AB}$를 지름으로 하는 원의 넓이$)$

$=24-6=18\,(cm^2)$ ··· 3단계

채점 기준표

단계	채점 기준	배점
1단계	세 원의 넓이의 비를 구한 경우	1점
2단계	$\overline{AB}$와 $\overline{AC}$를 지름으로 하는 두 원의 넓이를 구한 경우	2점
3단계	색칠한 부분의 넓이를 구한 경우	2점

22 $\overline{DG} : \overline{GC} = 1 : 2$이므로

$\overline{GC} = 2\overline{DG} = 10\,(cm)$ ··· 1단계

$\triangle DBC$에서 $\overline{DB}^2 + \overline{BC}^2 = \overline{DC}^2$이므로

$\overline{BC}^2 = \overline{DC}^2 - \overline{DB}^2 = 15^2 - 12^2 = 81$에서

$\overline{BC} = 9\,cm$ ··· 2단계

따라서

$\triangle ABC = \dfrac{1}{2}\times\overline{BC}\times\overline{AB}$

$\qquad\quad = \dfrac{1}{2}\times9\times24 = 108\,(cm^2)$ ··· 3단계

채점 기준표

단계	채점 기준	배점
1단계	$\overline{GC}$의 길이를 구한 경우	1점
2단계	$\overline{BC}$의 길이를 구한 경우	2점
3단계	$\triangle ABC$의 넓이를 구한 경우	2점

23 점 A에서 $\overline{BC}$에 내린 수선의 발을 H라 하자. ··· 1단계

$\triangle ABH$에서 $\overline{BH}^2 + \overline{AH}^2 = \overline{AB}^2$이므로

$\overline{AH}^2 = \overline{AB}^2 - \overline{BH}^2 = 13^2 - 5^2 = 144$

에서 $\overline{AH} = \overline{DC} = 12$ ··· 2단계

또한 $\triangle DBC$에서

$\overline{BD}^2 = \overline{BC}^2 + \overline{DC}^2 = 9^2 + 12^2 = 225$

따라서 $\overline{BD} = 15$ ··· 3단계

채점 기준표

단계	채점 기준	배점
1단계	수선의 발을 내려 직각삼각형을 만든 경우	1점
2단계	$\overline{DC}$의 길이를 구한 경우	2점
3단계	$\overline{BD}$의 길이를 구한 경우	2점

24 주사위를 던질 때,

처음에는 3 또는 6의 눈이 나오고, ··· 1단계

두 번째는 2 또는 3 또는 5의 눈이 나와야 한다.

··· 2단계

따라서 순서쌍으로 나타내면

$(3, 2)$, $(3, 3)$, $(3, 5)$, $(6, 2)$, $(6, 3)$, $(6, 5)$

이므로 구하는 경우의 수는 6이다. ··· 3단계

채점 기준표

단계	채점 기준	배점
1단계	첫 번째 주사위에서 나와야 할 수를 구한 경우	2점
2단계	두 번째 주사위에서 나와야 할 수를 구한 경우	2점
3단계	답을 구한 경우	1점

25 서로 다른 주사위 두 개를 동시에 던질 때, 모든 경우의
수는 $6 \times 6 = 36$ ··· 1단계
점 P가 꼭짓점 A에 오기 위해서는 두 눈의 수의 합이
6 또는 12가 되어야 하므로 이를 순서쌍으로 나타내면
(i) 두 눈의 수의 합이 6인 경우
(1, 5), (2, 4), (3, 3), (4, 2), (5, 1)
의 5가지 ··· 2단계
(ii) 두 눈의 수의 합이 12인 경우
(6, 6)의 1가지 ··· 3단계
(i), (ii)에서 $5+1=6$ (가지)이므로 구하는 확률은
$\dfrac{6}{36} = \dfrac{1}{6}$ ··· 4단계

채점 기준표

단계	채점 기준	배점
1단계	모든 경우의 수를 구한 경우	1점
2단계	두 눈의 수의 합이 6이 되는 경우를 나열한 경우	1점
3단계	두 눈의 수의 합이 12가 되는 경우를 나열한 경우	1점
4단계	답을 구한 경우	2점

최종 마무리 50제

본문 128~135쪽

01 ②	02 ②	03 ⑤	04 ①, ②	
05 ②	06 ③	07 ②	08 ②	09 ⑤
10 ①	11 ②	12 ②	13 ④	14 ②
15 ②	16 ④	17 ①	18 ③	19 ③
20 ②	21 ①	22 ①	23 ②	24 ②
25 ②	26 ③	27 ①	28 ①	29 ③
30 ①	31 ②	32 ④	33 ②	34 ③
35 ④	36 ⑤	37 ②	38 ③	39 ③
40 ④	41 ⑤	42 ②	43 ②	44 ⑤
45 ④	46 ①	47 ⑤	48 ③	49 ③
50 ④				

01 ② 모든 이등변삼각형이 닮은 것은 아니다.

02 두 삼각형의 닮음비는 대응하는 변의 길이의 비이므로
$\overline{AB} : \overline{AE} = (2+7) : 3 = 3 : 1$

03 $\overline{GH} : \overline{G'H'} = 5 : 10 = 1 : 2$이므로 두 직육면체의 닮음비는 $1 : 2$이다.
$\overline{FG} = \dfrac{\overline{F'G'}}{2} = 4$, $\overline{D'H'} = 2\overline{DH} = 10$
따라서 $\overline{FG} + \overline{D'H'} = 4 + 10 = 14$

04 ① $\angle B = 60°$이므로 $\triangle ABC \backsim \triangle EDF$ (SAS 닮음)
② $\angle H = 30°$이므로 $\triangle ABC \backsim \triangle HGI$ (AA 닮음)

05 $\overline{AB}^2 = \overline{BD} \times \overline{BC} = \overline{BD} \times (\overline{BD} + \overline{CD})$
이므로 $12^2 = 8 \times (8 + \overline{CD})$, $144 = 64 + 8\overline{CD}$
따라서 $\overline{CD} = 10$ cm

06 $\triangle ACD$와 $\triangle BCA$에서
$\overline{AC} : \overline{BC} = 12 : 16 = 3 : 4$,
$\overline{CD} : \overline{AC} = 9 : 12 = 3 : 4$, $\angle C$는 공통
이므로 $\triangle ACD \backsim \triangle BCA$ (SAS 닮음)이고, 두 삼각형의 닮음비는 $3 : 4$이다.
따라서 $\overline{AD} : \overline{AB} = \overline{AD} : 8 = 3 : 4$이므로
$\overline{AD} = 6$ cm

07 $\triangle ABC$와 $\triangle AED$에서
$\angle A$는 공통인 각, $\angle ACB = \angle ADE$
이므로 $\triangle ABC \backsim \triangle AED$ (AA 닮음)이고, 두 삼각형의 닮음비는
$\overline{AB} : \overline{AE} = (8+4) : 6 = 2 : 1$
따라서 $\overline{AC} : \overline{AD} = (6+\overline{CE}) : 8 = 2 : 1$이므로
$\overline{CE} = 10$ cm

08 $\overline{BD}^2 = \overline{AD} \times \overline{CD}$이므로 $4^2 = 3 \times \overline{CD}$
따라서 $\overline{CD} = \dfrac{16}{3}$ cm

09 $\overline{BC} = \overline{BD} + \overline{CD} = 18 + 32 = 50$ (cm)에서
$\overline{BM} = \dfrac{50}{2} = 25$ (cm)
또한 점 M이 $\triangle ABC$의 외심이므로
$\overline{AM} = 25$ cm, $\overline{DM} = 25 - 18 = 7$ (cm)
$\overline{AD}^2 = \overline{BD} \times \overline{CD}$에서
$\overline{AD}^2 = 18 \times 32 = 576$, $\overline{AD} = 24$ cm
$\overline{AD} \times \overline{DM} = \overline{AM} \times \overline{DE}$에서 $24 \times 7 = 25 \times \overline{DE}$
따라서 $\overline{DE} = \dfrac{168}{25}$ cm

10 $\overline{DE} /\!/ \overline{BC}$에서 $\overline{AD} : \overline{AB} = \overline{DE} : \overline{BC}$이므로
$9 : 16 = \overline{DE} : 20$, $\overline{DE} = \dfrac{45}{4}$ cm

11 $\overline{BC} /\!/ \overline{DE}$이고, $\overline{ED} : \overline{BC} = 4 : 8 = 1 : 2$
$2 : x = 1 : 2$에서 $x = 4$, $y : 10 = 1 : 2$에서 $y = 5$
따라서 $x + y = 9$

12 △ABC와 △ADF에서
∠A는 공통인 각, $\overline{AD}:\overline{AB}=4:(8+4)=1:3$,
$\overline{AF}:\overline{AC}=5:(10+5)=1:3$
이므로 △ABC∽△ADF (SAS 닮음)
$\overline{BC}\parallel\overline{DF}$, ∠ACB=∠AFD
따라서 보기 중 옳은 것은 2개이
다.

13 $x:10=10:8$에서 $x=\dfrac{25}{2}$

$12:y=10:8$에서 $y=\dfrac{48}{5}$

따라서 $xy=120$

14 오른쪽 그림과 같이
점 A에서 $\overline{DC}$에 평행
한 선을 그어 $\overline{EF}$, $\overline{BC}$
와 만나는 점을 각각 G, H라 하면
$\overline{AD}=\overline{GF}=\overline{HC}=5$ cm
$\overline{BH}=\overline{BC}-\overline{CH}=13-5=8$ (cm)
$\overline{EG}:\overline{BH}=\overline{AE}:\overline{AB}=1:4$이므로 $\overline{EG}=2$ cm
따라서 $\overline{EF}=\overline{EG}+\overline{GF}=2+5=7$ (cm)

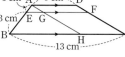

15 △ABE∽△CDE이고, △ABE와 △CDE의 닮음비
는 $10:15=2:3$
$\overline{BF}:\overline{FC}=2:3$이므로 $\overline{BF}:\overline{BC}=2:5$
따라서 $\overline{EF}:\overline{CD}=\overline{EF}:15=2:5$이므로
$\overline{EF}=6$ cm

16 ①, ②, ③, ⑤는 $2:1$, ④는 $3:1$

17 두 점 A, G를 지나는 직선이 $\overline{BC}$
와 만나는 점을 D라 하고, 두 점
A, G′를 지나는 직선이 $\overline{BC}$와 만
나는 점을 E라 하자.
$\overline{BD}=\overline{DM}$, $\overline{ME}=\overline{EC}$이므로
$\overline{DE}=\overline{DM}+\overline{ME}=\dfrac{1}{2}\overline{BM}+\dfrac{1}{2}\overline{CM}$

$\qquad=\dfrac{1}{2}(\overline{BM}+\overline{CM})=\dfrac{1}{2}\overline{BC}=9$ (cm)

따라서 $\overline{GG'}=\dfrac{2}{3}\overline{DE}=6$ (cm)

18 점 E는 $\overline{AM}$과 $\overline{BO}$의 교점
이므로 △ABC의 무게중심
이고, 점 F는 $\overline{AN}$과 $\overline{DO}$의

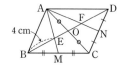

교점이므로 △ACD의 무게중심이다.
$\overline{BE}:\overline{EO}=2:1$에서 $\overline{EO}=2$ cm
$\overline{DO}=\overline{BO}=4+2=6$ (cm)
따라서 $\overline{BD}=\overline{BO}+\overline{DO}=6+6=12$ (cm)

19 $\overline{BG}:\overline{GN}=x:5=2:1$에서 $x=10$
점 M이 $\overline{BC}$의 중점이므로 $y=\dfrac{24}{2}=12$
따라서 $x+y=10+12=22$

20 △GBD$=3$△G′BD$=12$ (cm²)
△ABD$=3$△GBD$=36$ (cm²)
△ABC$=2$△ABD$=72$ (cm²)

21 직각삼각형 ABC에서 피타고라스 정리에 의하여
$\overline{BC}^2=\overline{AB}^2+\overline{AC}^2$
$289=225+\overline{AC}^2$에서 $\overline{AC}=8$ cm
따라서 △ABC$=\dfrac{1}{2}\times8\times15=60$ (cm²)

22 ① $2^2+5^2=4+25=29$
$29\neq36$이므로 직각삼각형이 아니다.

23 꼭짓점 F에서 꼭짓점 D까
지 가는 최단 거리는 직육
면체의 전개도에서 $\overline{DF}$의
길이이다.
직각삼각형 DFH에서 피타고라스 정리에 의하여
$\overline{DF}^2=\overline{DH}^2+\overline{FH}^2=25+144=169$
따라서 $\overline{DF}=13$ cm

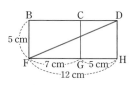

24 $\overline{AH}=23-8=15$ (cm)
직각삼각형 AEH에서 피타고라스 정리에 의하여
$\overline{EH}^2=\overline{AE}^2+\overline{AH}^2$, $\overline{EH}^2=8^2+15^2=289$
따라서 $\square EFGH=\overline{EH}^2=289$ (cm²)
다른 풀이 $\square EFGH=\square ABCD-4$△AEH

$\qquad\qquad\quad=23^2-4\times\dfrac{1}{2}\times8\times15$

$\qquad\qquad\quad=289$ (cm²)

25 직각삼각형 AOB에서 피타고라스 정리에 의하여
$\overline{AB}^2=\overline{AO}^2+\overline{BO}^2$, $17^2=\overline{AO}^2+8^2$, $\overline{AO}=15$ cm
따라서 원뿔의 부피는

$\dfrac{1}{3}\times64\pi\times15=320\pi$ (cm³)

26 $\overline{AP}=\overline{AD}=10$ cm

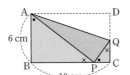

직각삼각형 ABP에서 피타
고라스 정리에 의하여
$\overline{AP}^2=\overline{AB}^2+\overline{BP}^2$
$10^2=6^2+\overline{BP}^2$
$\overline{BP}=8$ cm
$\overline{CP}=10-\overline{BP}=2$ (cm)
$\angle B=\angle C=90°$ ...... ㉠
$\angle BAP+\angle APB=90°=\angle APB+\angle CPQ$에서
$\angle BAP=\angle CPQ$ ...... ㉡
㉠, ㉡에서 $\triangle ABP\backsim\triangle PCQ$ (AA 닮음)이므로
$\overline{AB}:\overline{PC}=6:2=3:1$
$\overline{BP}:\overline{CQ}=8:\overline{CQ}=3:1$
따라서 $\overline{CQ}=\dfrac{8}{3}$ cm

27 전체 도형은 $\overline{AB}$, $\overline{AC}$를 지름으로
하는 두 반원과 한 개의 직각삼각
형으로 이루어져 있으므로 전체
넓이는

$\left\{\dfrac{1}{2}\times2^2\pi+\dfrac{1}{2}\times\left(\dfrac{3}{2}\right)^2\pi+\dfrac{1}{2}\times4\times3\right\}$ cm^2

색칠한 부분의 넓이는 전체 넓이에서 $\overline{BC}$를 지름으로
하는 반원의 넓이를 뺀 것이다.
$\triangle ABC$에서 피타고라스 정리에 의하여
$\overline{BC}^2=\overline{AB}^2+\overline{AC}^2=4^2+3^2=25$
$\overline{BC}=5$ cm
$\overline{BC}$를 지름으로 하는 반원의 넓이는
$\left\{\dfrac{1}{2}\times\left(\dfrac{5}{2}\right)^2\pi\right\}$cm^2
따라서 구하는 넓이는
$\dfrac{1}{2}\times2^2\pi+\dfrac{1}{2}\times\left(\dfrac{3}{2}\right)^2\pi+\dfrac{1}{2}\times4\times3-\dfrac{1}{2}\times\left(\dfrac{5}{2}\right)^2\pi$
$=\dfrac{1}{2}\times4\times3=6$ (cm^2)

28 $\triangle ABC$에서 피타고라스 정리
에 의하여

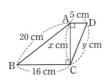

$20^2=x^2+16^2$, $x=12$
$\triangle ACD$에서 피타고라스 정리
에 의하여 $y^2=x^2+5^2=12^2+5^2=169$, $y=13$

29 점 A에서 변 BC에 내린 수선의
발을 E라 하자.

$\overline{BE}=\overline{BC}-\overline{CE}$
    $=23-15=8$ (cm)

직각삼각형 ABE에서 피타고라스 정리에 의하여
$\overline{AB}^2=\overline{AE}^2+\overline{BE}^2$
$17^2=\overline{AE}^2+8^2$, $\overline{AE}=15$ cm
따라서 구하는 넓이는
$\dfrac{1}{2}\times(15+23)\times15=285$ (cm^2)

30 작은 두 정사각형의 넓이의 합이 가장 큰 정사각형의
넓이와 같으므로 구하는 넓이는
$15^2-12^2=225-144=81$ (cm^2)

31 A, B 상자에서 나온 공에 적힌 수를 순서쌍으로 나타
내면 다음과 같다.
(i) 합이 4인 경우: (2, 2), (3, 1), (4, 0)의 3가지
(ii) 합이 6인 경우: (3, 3), (4, 2)의 2가지
따라서 구하는 경우의 수는 $3+2=5$

32 1□□ → 경우의 수는 $3\times2=6$
2□□ → 경우의 수는 $3\times2=6$
따라서 13번째 오는 수는 백의 자리 수가 3인 수 중 가
장 작은 수인 301이다.

33 합이 8이 되는 경우를 순서쌍으로 나타내면
$(2, 6), (3, 5), (4, 4), (5, 3), (6, 2)$
의 5가지이므로 구하는 경우의 수는 5이다.

34 $x=2$라면 $2a=b$를 만족해야 하므로 방정식을 만족하
는 a, b의 순서쌍 (a, b)로 나타내면
$(1, 2), (2, 4), (3, 6)$
따라서 구하는 경우의 수는 3이다.

35 기범이와 기석이가 양 끝에 서는 경우는
(기범, 지연, 민영, 기석), (기범, 민영, 지연, 기석),
(기석, 지연, 민영, 기범), (기석, 민영, 지연, 기범)
의 4가지이다.
따라서 구하는 경우의 수는 4이다.

36 (i) A가 가장 앞에 오는 경우
    A□□□□의 빈칸에 B, C, D, E를 세우는 경우
    의 수는 $4\times3\times2\times1=24$
(ii) E가 가장 앞에 오는 경우
    E□□□□의 빈칸에 A, B, C, D를 세우는 경우
    의 수는 $4\times3\times2\times1=24$
(i), (ii)에서 구하는 경우의 수는 $24+24=48$

37 (i) B지점을 지나는 경우

경우의 수는 $2 \times 3 = 6$

(ii) B지점을 지나지 않는 경우

A지점에서 C지점까지 바로 가

는 경우의 수이므로 2

(i), (ii)에서 구하는 경우의 수는

$6 + 2 = 8$

38 (i) 남학생 2명 중 회장, 부회장을 각각 1명씩 뽑는 경

우의 수는 $2 \times 1 = 2$

(ii) 여학생 2명 중 회장, 부회장을 각각 1명씩 뽑는 경

우의 수는 $2 \times 1 = 2$

(i), (ii)에서 구하는 경우의 수는 $2 \times 2 = 4$

39 (A, B), (A, C), (A, D), (B, C), (B, D), (C, D)

의 6가지 방법이 있다.

40 (i) A에 파란색을 칠하는 경우

B에 칠할 수 있는 색은 파란색을 제외한 3가지

(ii) A에 빨간색 또는 보라색을 칠하는 경우

B에 칠할 수 있는 색은 파란색과 A에 칠한 색을 제

외한 2가지

(i), (ii)에서 가능한 경우의 수는 $3 + 2 \times 2 = 7$

41 불량품인 제품을 고를 확률은 $\dfrac{6}{250} = \dfrac{3}{125}$

따라서 고른 제품이 불량품이 아닐 확률은

$1 - \dfrac{3}{125} = \dfrac{122}{125}$

42 ① 0   ② $\dfrac{2}{3}$ ③ 1   ④ $\dfrac{1}{2}$ ⑤ $\dfrac{1}{3}$

따라서 확률이 두 번째로 큰 것은 ② $\dfrac{2}{3}$ 이다.

43 1등에 당첨될 확률은 $\dfrac{1}{25}$ 이고, 2등에 당첨될 확률

은 $\dfrac{2}{25}$ 이다. 따라서 1등 또는 2등에 당첨될 확률은

$\dfrac{1}{25} + \dfrac{2}{25} = \dfrac{3}{25}$

44 (i) 월요일에만 비가 올 확률: $\dfrac{1}{4} \times \left(1 - \dfrac{2}{3}\right) = \dfrac{1}{12}$

(ii) 화요일에만 비가 올 확률: $\left(1 - \dfrac{1}{4}\right) \times \dfrac{2}{3} = \dfrac{1}{2}$

(i), (ii)에서 구하는 확률은 $\dfrac{1}{12} + \dfrac{1}{2} = \dfrac{7}{12}$

45 두 사람이 모두 약속을 지켜야 만날 수 있으므로 구하

는 확률은 $1 - \left(\dfrac{4}{5} \times \dfrac{5}{7}\right) = \dfrac{3}{7}$

46 (i) A에 4 이상의 눈이 나올 확률: $\dfrac{3}{6} = \dfrac{1}{2}$

(ii) B에 소수의 눈이 나올 확률: $\dfrac{3}{6} = \dfrac{1}{2}$

(i), (ii)에서 구하는 확률은 $\dfrac{1}{2} \times \dfrac{1}{2} = \dfrac{1}{4}$

47 5명의 학생 중 2명의 대표를 뽑는 경우의 수는 10이고,

남학생이 한 명도 뽑히지 않는 경우의 수는 1이다.

따라서 구하는 확률은 $1 - \dfrac{1}{10} = \dfrac{9}{10}$

48 한 개의 제비를 뽑을 때, 당첨 제비가 나올 확률은

$\dfrac{2}{6} = \dfrac{1}{3}$ 이므로 당첨 제비가 나오지 않을 확률은

$1 - \dfrac{1}{3} = \dfrac{2}{3}$

두 번 뽑아서 당첨 제비가 한 번도 나오지 않을 확률은

$\dfrac{2}{3} \times \dfrac{2}{3} = \dfrac{4}{9}$

따라서 적어도 한 번은 당첨 제비가 나올 확률은

$1 - \dfrac{4}{9} = \dfrac{5}{9}$

49 첫 번째에 당첨될 확률은 $\dfrac{2}{7}$ 이고, 두 번째에 당첨되지

않을 확률은 $\dfrac{5}{7}$ 이다.

두 사건은 서로 영향을 미치지 않으므로 구하는 확률은

$\dfrac{2}{7} \times \dfrac{5}{7} = \dfrac{10}{49}$

50 주사위를 두 번 던질 때, 모든 경우의 수는

$6 \times 6 = 36$

주사위를 두 번 던진 후 점 P가 꼭짓점 C에 위치하려

면 주사위를 던져 나온 두 눈의 수의 합이 2 또는 6 또

는 10이어야 한다.

(i) 두 눈의 수의 합이 2인 경우

$(1, 1)$의 1가지

(ii) 두 눈의 수의 합이 6인 경우

$(1, 5)$, $(2, 4)$, $(3, 3)$, $(4, 2)$, $(5, 1)$의 5가지

(iii) 두 눈의 수의 합이 10인 경우

$(4, 6)$, $(5, 5)$, $(6, 4)$의 3가지

따라서 구하는 확률은 $\dfrac{1 + 5 + 3}{36} = \dfrac{9}{36} = \dfrac{1}{4}$

중/학/기/본/서 베스트셀러 ————————

교과서가 달라도,
한 권으로 끝내는
자기 주도 학습서
———— 뉴런

국어 1~3 영어 1~3 수학 1(상)~3(하)

사회 ①,② 과학 1~3 역사 ①,②

문제 상황

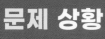 학교마다 다른 **교과서** ·····→

 자신 없는 **자기 주도 학습** ·····→

 풀이가 꼭 필요한 **수학** ·····→

뉴런으로 해결!

어떤 교과서도 통하는
중학 필수 개념 정리

All-in-One 구성(개념책/실전책/미니북),
무료 강의로 자기 주도 학습 완성

수학 강의는 문항코드가 있어
원하는 문항으로 바로 연결

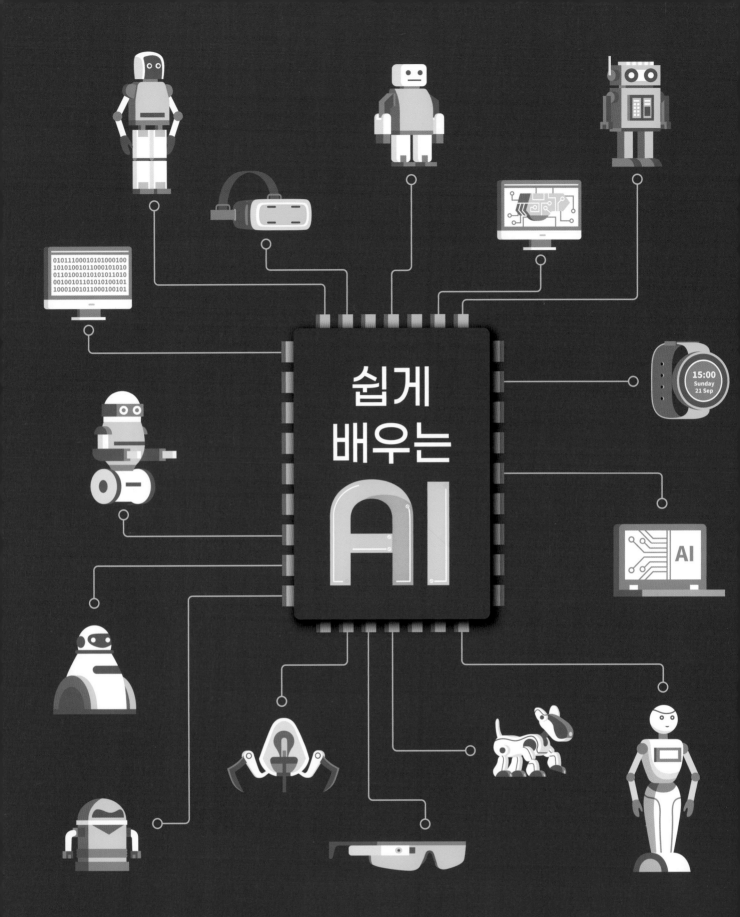

쉽게 배우는 AI

**교육과정과 융합한
쉽게 배우는
인공지능(AI) 입문서**

초등

중학

고교